北京大气降尘重金属污染特征及成因分析

熊秋林　赵文吉　潘月鹏　程朋根　李大军　肖红伟　著

中国环境出版集团・北京

图书在版编目（CIP）数据

北京大气降尘重金属污染特征及成因分析/熊秋林等著. —北京：中国环境出版集团，2021.10
ISBN 978-7-5111-4921-3

Ⅰ. ①北… Ⅱ. ①熊… Ⅲ. ①落尘—重金属污染—研究—北京 Ⅳ. ①X513

中国版本图书馆 CIP 数据核字（2021）第 205876 号

出 版 人 武德凯
责任编辑 曹 玮
责任校对 任 丽
封面设计 岳 帅

出版发行 中国环境出版集团
（100062 北京市东城区广渠门内大街 16 号）
网 址：http://www.cesp.com.cn
电子邮箱：bjgl@cesp.com.cn
联系电话：010-67112765（编辑管理部）
发行热线：010-67125803，010-67113405（传真）
印 刷 北京中科印刷有限公司
经 销 各地新华书店
版 次 2021 年 10 月第 1 版
印 次 2021 年 10 月第 1 次印刷
开 本 787×960 1/16
印 张 13.75
字 数 220 千字
定 价 58.00 元

前　言

大气降尘可以反映大气颗粒物的自然沉降量，具有重要的环境指示意义；它也是评价大气污染程度的指标之一，其重金属含量超标会引发生态环境风险及人体健康风险。大气降尘中携带的有毒重金属易沉积在植物、土壤和水体中，通过食物链的传递和累积，对人体健康、陆生植物和水生生物等造成严重危害。大气降尘的元素特征研究、重金属污染评价及成因分析对于大气环境治理以及居民健康防护意义重大。

本专著针对北京城市大气降尘元素特征、重金属污染评价及成因分析等科学问题，以环境地学理论为指导，按照“元素特征—污染评价—成因分析”的主线展开研究。首先，基于北京及周边地区大气降尘、地表土以及典型污染端元的元素含量电感耦合等离子体质谱（ICP-MS）测试结果，分析了北京大气降尘的元素特征；基于地理信息系统（GIS）地统计分析理论交叉验证，选取了北京大气降尘中主要重金属的最优空间插值模型，探讨了北京降尘重金属污染的空间分布。其次，在传统的单一重金属污染评价方法的基础上提出并构建了降尘重金属综合污染指数模型，对北京降尘重金属污染状况进行了综合评价。再次，通过各污染端元显著因子识别方法构建了北京大气降尘局部污染源重金属成分谱，并综合应用多元统计分析方法解析了北京大气降尘重金属的局地污染源；同时探讨了地表土重金属污染以及下垫面土地利用类型对北京降尘重金属污染的影响。最后，利用 HYSPLIT-4 区域传输模型，并结合区域站点实测数据，综合分析了北京大气降尘重金属污染受区域传输的影响。研究成果对于全面了解北京大气降尘重金属污染状况及最终治理大气重金属污染具有重要意义。

作者基于博士期间的研究成果，在东华理工大学工作时整理完成了本专著。本专著的出版获得了东华理工大学测绘科学与技术一流学科、测绘工程国家一流专业建设点、地理信息科学江西省一流专业建设点、江西省大气污染成因与控制重点实验室开放基金项目（项目号：AE2004）、江西省自然科学基金项目（项目号：20202BABL213030）、江西省教育厅科技项目（项目号：GJJ180419）、东华理工大学博士科研启动基金项目（项目号：DHBK2018005）、国家自然科学基金项目（项目号：42107274、41861052）、教育部产学合作协同育人项目（项目号：202101096007）等的经费资助，在此表示感谢。

熊秋林

2021 年 3 月于南昌东华理工大学广兰校区

目录

第1章 绪论

1.1 研究背景和意义

近年来，随着人们环保意识的提高，环境问题，尤其是大气污染及其潜在的健康危害已经受到全社会的广泛关注，成为当前国内外环境领域研究的热点之一，北京地区的大气降尘及其重金属污染不容忽视[1-19]。

大气降尘是环境空气中粒径较大（空气动力学当量直径通常＞10 μm）、依靠自身重力以落尘的形式自然降落于地表的颗粒物[18-21]，它可以反映空气中颗粒物的自然沉降量，是地球表层与大气层交换物质的一种重要形式，具有显著的环境指示意义[20-27]。大气降尘主要由一次土壤颗粒、地表沉积物等矿物颗粒以及烟尘颗粒等组成，它的来源受局地污染排放（如周边燃煤、工业生产、建筑扬尘、交通等）和本地土壤颗粒源的影响较大[28-31]。由于暴露于大气中的物质复杂多样，影响大气降尘含量变化的因素众多，因此大气降尘污染特征及其影响机制一直是地理科学、大气环境科学等学科研究的热点和难点。

大气降尘中的微量元素（Trace Elements，TEs），尤其是有毒重金属，易沉积在植物、土壤和水中，通过食物链的传递和累积，对生态环境和人类健康造成严重的危害[32-36]。大气降尘中的重金属具有非生物降解性和持久性，在环境中很难被降解，易形成环境污染，并可通过呼吸、食物链等途径进入植物和动物体内造成危害[37-41]。大气降尘中的重金属主要来自地表扬尘以及局地污染源排放（燃煤、汽车尾气排放、工业活动等）。近年来，我国大气降尘重金属污染形势越发严峻[42-44]。邹天森等[45]对我国 53 个城市大气重金属污染的研究结果表明，我国城市大气重金属污染严重，As、Cd、Cr、Mn、Ni 和 Pb 等主要重金属浓度均超过国外相应的年均参考限值；并且，我国的大气重金属污染主要分布在京津冀地区、环渤海地区以及珠江三角洲地区。王明仕等[46]收集了全国部分城市的现有降尘重金属研究数据，并利用 GIS 软件绘制了我国降尘重金属的空间分布图，结果表明，我国降尘重金属污染呈现东南沿海地区以及西南地区较其他地区严重的空间分布特征。

大气降尘既受天气过程的影响，又与区域性的人类活动密切相关，并且具有化学、形态学、磁学和热力学等多方面的特性。大气降尘中的重金属在环境中属持久性污染物，其污染持续的时间相当长，对自然生态环境和社会经济生活的负面影响是难以估量的。大气降尘中的重金属还可以通过重力作用、淋溶过程以及茎叶吸收作用迁移到土壤和植物中，不仅污染土壤，而且影响植物正常生长[47]。降尘是评价大气污染程度的指标之一，其重金属含量超标会引发生态环境风险及人体健康风险，不仅对人类健康和生态环境十分有害，也会对日常生活和生产活动造成负面影响。

大气降尘污染的主要对象为土壤、水体以及沉积物等环境介质，并最终影响人类的健康。随着人类社会经济的发展，人们的过度生产和不合理的生活方式深刻影响着周围的环境，使土壤污染、温室效应、农产品污染、臭氧层破坏等成为全球化的环境问题，而土壤重金属污染是其中最严重的生态环境问题之一。土壤重金属污染是指自然活动或人类活动将重金属带入土壤，引起土壤重金属积累的浓度超过农作物生长需求和可承受的程度，并造成生态环境质量恶化的现象[48]。土壤重金属污染的主要特点是重金属不能被土壤微生物分解，容易积累、转化成毒性更大的甲基化合物，甚至通过食物链在人体内累积，严重危害人体健康。城市土壤重金属污染研究是一个热点问题，大气降尘是土壤重金属的主要来源之一，而目前降尘对土壤影响的相关研究还比较少。

近年来开始有学者关注大气降尘对土壤重金属的影响，并开展了相关研究。赖木收等[48]研究了太原盆地的大气干湿沉降中重金属的含量分布特征，并计算了各重金属的年输入通量，讨论了大气干湿沉降对土壤重金属累积的影响，研究结果表明，太原盆地每年随降尘降落到土壤中的重金属含量依次为：Pb＞As＞Cd＞Hg。邹海明等[49]研究了河南省焦作市不同区域大气中总悬浮颗粒物（TSP）和降尘的污染状况以及月变化趋势，测定了大气降尘中 Hg、Cd、Pb 3 种重金属的含量，并计算出大气降尘对土壤重金属的年输入量；研究结果表明，不同区域的大气污染状况与大气降尘输入土壤的重金属的量基本一致，即矿区较严重/高，近郊和市区次之，而远郊和公园最优/低。殷汉琴等[50]评价了有色金属矿山城市——安徽省铜陵市大气降尘重金属对土壤重金属累积的影响，研究结果表明，大气降尘对土壤重金属 Cd 的输入通量较大，远高出合肥、马鞍山等城市。卢一富等[51]对铅冶炼企业周边大气降尘中 Pb、Cd、As 沉降量进行了 1 个周期年的逐月监测，研究结果表明，铅冶炼企业对周边大气降尘中 Pb、Cd、As 的含量影响显著；沉降量的时空分布与土壤污染分布现状基本一致，并且大气降尘中 Cd 对土壤污染的速度最快、风险最大。依艳丽等[52]研究了沈阳城市大气降尘和土壤中的 Pb、Cd 分布特征，结果表明，城市大气降尘 Pb 含量与城市表土 Pb 含量呈极显著相关。魏兆轩等[53]研究了湘江下游农田土壤中重金属污染的输入途径及其影响程度，结果表明，农田土壤中重金属 Cd、As、Pb 等主要以大气降尘的方式输入，而重金属 Hg 以灌溉的方式输入为主；养殖形成的排泄物和废弃物也可对土壤产生一定的重金属污染风险；几种输入途径的影响程度依次为：大气干湿沉降＞灌溉＞施用化肥＞养殖。

随着城市化和工业化的不断推进，我国城市降尘量大量增加，其携带的部分重金属含量也明显增加。我国大部分城市，尤其是东部沿海地区以及西南地区的城市中大气降尘重金属含量普遍高于当地的土壤元素背景值，出现了不同程度的降尘重金属污染[46]，严重影响了城市空气质量和居民健康，日益成为社会关注的热点环境问题。了解并客观评价大气降尘重金属污染空间分布及其影响因素，是政府相关职能部门进行降尘重金属污染治理的前提与基础。

北京是我国政治、文化和对外交流中心，又是《京津冀协同发展规划纲要》中明确提出的京津冀“一核、两城、三轴、四区、多节点城市发展”空间布局中的核心城市。针对北京城市大气降尘元素特征与重金属污染成因分析这一科学问题，本研究以环境地学理论为指导，分析了北京降尘中重金属元素、过渡金属元素、稀土元素的统计特征和富集特征以及重金属元素的空间特征；提出并构建了降尘重金属综合污染指数模型，对北京大气降尘重金属的污染状况进行了综合评价，并在降尘重金属污染评价基础上探讨了北京降尘重金属污染的空间分布；构建了降尘局部污染源重金属成分谱，并综合解析了北京大气降尘重金属的局地污染源；综合分析了北京大气降尘重金属的区域传输影响，探讨了地表土重金属污染以及下垫面土地利用类型对北京降尘重金属污染的影响。本研究对于全面了解北京大气降尘重金属的污染状况，并最终治理大气降尘重金属污染具有重要科学意义。

1.2 国内外研究现状

大气降尘重金属污染研究是评估城市环境及其生态效应的重要手段之一[54]。国外对大气降尘重金属的研究工作开展较早，早在 20 世纪 70 年代，就有研究报道了丹麦哥本哈根地区大气降尘中 Cu、Cd、Zn、Pb、Ni、Cr 等重金属的沉降特性，并探讨了哥本哈根地区重金属浓度的区域差异[55]。目前国内外学者针对大气降尘元素特征与重金属污染成因问题，围绕大气降尘元素分布特征、大气降尘重金属污染评价、大气降尘重金属影响因素等若干研究方向展开了大量研究。

1.2.1 大气降尘元素分布特征

受局地污染源、异地传输、下垫面土地利用状况、地形条件以及气象因子等诸多因素的影响，城市大气降尘元素，尤其是重金属元素的时空分布极不均一。在不同的空间位置以及不同时期，大气降尘重金属含量存在明显的差异。

国内有部分研究报道了我国降尘重金属元素含量在不同功能区的分布特征[56-58]。例如，罗莹华等[59]研究发现广东韶关大气降尘中的重金属 Cd、Pb、Zn 在工业区的含量最高；向丽等[60]研究发现北京市各功能区大气降尘中重金属 Cd、Hg、Cr、Cu、Ni、Pb、Zn 的含量存在显著差异，居民区和绿化区降尘中重金属含量较低，而在机动车密度较大的道路交通区降尘中重金属污染较严重；于瑞莲等[61]研究发现福建泉州大气降尘重金属 Cd、Ni 和 Zn 的含量在工业区最高，Pb 的含量在交通繁忙区最高，Cr 的含量在居民区最高，而 Cu 的含量在商业区最高；李萍等[62]研究发现兰州市降尘中重金属 Cd、Cr、Cu、Ni、Pb、Zn 的含量在不同功能区差异较大。

大气降尘重金属元素分布不仅与功能区有关，而且在空间区域上存在显著差异[63,64]。例如，郑晓霞等[65]研究发现北京市大气降尘重金属 Cd、Co、Cr、Mo、Pb 含量的空间分布具有明显的阶梯变化（即由核心区向外围郊区逐渐递增）特征；王明仕等[46]通过文献调研收集了国内部分城市降尘重金属数据，并研究了全国降尘重金属的空间分布，发现我国东南沿海地区和西南地区的大气降尘重金属污染较其他地区严重。

大气降尘重金属元素分布除具有功能区分布特征、空间分布特征外，还表现出一定的时间分布特征，主要表现为季节差异。李萍等[62]研究发现，兰州大气降尘重金属污染一般在 4—8 月污染程度相对较轻，而在 9 月—次年 3 月污染相对较重。焦荔等[66]研究发现，杭州降尘重金属 Cd、Cu、Pb 的富集状况呈现一定的季节变化，即秋、冬季重金属的富集程度一般大于春、夏季。

1.2.2 大气降尘重金属污染评价

大气降尘中的重金属具有不可降解性，它们的存在对于环境来说是一种潜在的威胁[67-70]。国内外许多研究评价了大气降尘中主要重金属元素（Pb、Cd、Ni、Mn、Zn、Cu 等）的污染状况[71-73]。FAIZ 等[74]研究了伊斯兰堡大气降尘中重金属 Cd、Cu、Ni、Pb、Zn 的污染状况，发现上述 5 种重金属污染等级由大到小依次为：Cu＞Pb＞Zn＞Cd＞Ni，且均处于轻度或中度污染水平。WEI 和 YANG[75]综合对比研究了 1999—2009 年中国 20 个城市道路尘重金属（Cr、Ni、Cu、Pb、Zn、Cd 等）的浓度以及污染等级，结果表明，几乎所有重金属浓度均高于背景值，并且不同城市重金属的污染等级存在较大差异。

富集因子法和地累积指数法等单一重金属污染评价方法被大量应用于大气降尘重金属污染分析评价[76,77]，以了解主要重金属的污染状况，为研究区大气降尘及其重金属污染治理提供辅助决策依据。李萍等[62]利用富集因子法和地累积指数法研究了兰州市大气降尘重金属 Cu、Cd、Cr、Ni、Pb、Zn 的污染程度，发现 Pb、Cd 极强富集，Cu、Cr 较强富集；Cd 全年严重至极度污染，Pb、Cu 处于轻度至偏重度污染。方文稳等[78]通过富集因子法研究发现，安庆市大气降尘中重金属 Zn 和 Cd 极强富集；通过地累积指数法研究发现，Zn 处于中度污染到重度污染之间，Cd 处于重度污染到严重污染之间。杨春等[79]利用地累积指数法研究了新疆准东煤田降尘样品中 Cu、Pb、Zn 等重金属的污染状况，结果表明，3 种重金属的污染均较严重，其中 Cu、Pb 为轻度到中度污染，而 Zn 为严重污染。

1.2.3 大气降尘重金属影响因素

大气降尘重金属污染通常是一种由诸多人为源（燃煤尘、汽车尾气、工业粉尘、金属冶炼、垃圾焚烧、建筑尘等）和自然源（风沙扬尘和地面土壤尘）构成的多源复合污染。它既受局地污染源排放的影响，又受区域传输贡献的影响，同时还受局部环境（地表土重金属污染、气象条件、下垫面土地利用状况以及道路交通等）的影响。

相关分析法、主成分分析法/因子分析法、聚类分析法等多元统计分析方法被广泛运用于研究大气降尘重金属污染的局地污染源影响[80-86]。综合运用多元统计分析方法是目前主流的局地污染源解析方法。李湘凌等[87]利用主成分分析法和层次聚类法识别出安徽省铜陵市大气降尘重金属的主要来源为采矿和冶金，其次是交通、燃煤和土壤扬尘。刘章现等[88]利用因子分析方法研究了河南平顶山大气降尘及其重金属的来源，结果表明，平顶山降尘重金属污染来源复杂，主要包括地面土壤尘、工业粉尘、燃煤尘、建筑尘、金属冶炼尘、燃油尘、汽车尾气以及垃圾焚烧。崔邢涛等[89]利用相关分析法以及主成分分析法解析了石家庄市大气降尘重金属的两类主要污染源：一是燃煤活动和道路交通；二是工业废气排放。代杰瑞等[90]利用相关分析法和因子分析法解析了济宁市城区大气降尘重金属的 4 类主要污染源，即企业燃煤、交通扬尘产生的二次污染、汽车尾气排放以及土壤粉尘的沉降。张春荣等[91]综合运用多种统计学方法（富集因子法、聚类分析法、因子分析法等）探究了青岛市大气降尘重金属的主要来源，结果表明，城区大气降尘中 Cu、Cr、Zn 受燃煤和工业污染的综合影响，Cd 和 Pb 主要受交通活动的影响，Ni 可能受海洋和工业污染的影响；而城郊大气降尘重金属 Cr、Ni 主要受工业污染的影响，Cd、Cu、Pb、Zn 则受工业、燃煤和交通活动的综合影响。

在多元统计分析方法的基础上，部分学者结合特征元素判别法以及污染端元重金属的地球化学特征来识别大气降尘来源。黄顺生等[92]综合运用多元统计分析方法结合特征元素判别法，解析出南京市大气降尘重金属的主要来源为燃煤活动、化学工业排放、汽车尾气排放等人为源以及土壤颗粒等自然源。庞绪贵等[93]利用主成分分析法和相关分析法，结合不同污染端元重金属特征研究了济南市城区大气降尘的污染来源，结果表明，企业（冶炼厂、热电厂、化工厂等）燃煤、汽车尾气排放以及交通污染是济南市大气降尘重金属的主要污染源。还有一些学者利用铅同位素方法解析了大气降尘重金属的污染源[94-97]。此外，大气降尘的磁学性质也被用来识别污染源[98-100]。

近年来有不少研究开始关注影响降尘重金属空间分布的因素。WEI 等[101]研究发现乌鲁木齐市大气降尘中 Cu、Cr、Pb、Zn 等 4 种重金属的热点区域均分布在交通密集区；而 Ni 和 Mn 空间分布特征相似，均受工业区的影响；Co 和 U 则主要受土壤的影响。TANG 等[102]利用 GIS 空间插值方法研究发现，北京大气降尘中重金属 Cu、Cr、Pb 的空间分布格局比较相似，3 种重金属含量的高值区均主要集中在市中心，而交通、工地以及其他人类活动同样会影响降尘重金属含量高值区的分布。庞绪贵等[93]利用济南大气降尘及不同污染端元重金属含量数据，分析了大气降尘的空间分布特征，发现大气降尘中 Cd、Cu、Pb 等元素高值区与热电厂、冶炼厂、化工厂等燃煤污染源空间分布相一致。代杰瑞等[90]研究发现济宁市城区大气降尘中重金属 Cd、Pb、Zn 等的高值区与燃煤污染源空间分布相吻合。

国内外研究人员在大气降尘元素分布特征、重金属污染评价和影响因素等方面开展了大量研究工作，取得了一系列的研究成果，为了解大气降尘重金属污染的形成规律奠定了一定的基础。但当前研究还存在以下问题和不足：

（1）大气降尘元素分布特征研究局限于空间点位差异或不同功能区的统计差异，难以揭示内在的空间分布规律。

现有的降尘元素分布特征研究大多局限于降尘重金属污染的空间点位差异或不同功能区的统计差异，较少关注降尘重金属污染在研究区的空间模式及空间分布[103-106]。目前降尘重金属的分布特征研究多关注个别地区或少数采样点的降尘重金属含量的站点之间或者其代表的功能区之间的差异，而对于区域大气降尘重金属的连续空间分布的研究相对较少。这种“以点代面”的研究忽视了大气重金属污染程度在空间上的局部差异。降尘重金属样本数据的严重不足导致无法获得真正意义上的大气重金属污染区域空间分布，无法满足区域大气降尘重金属污染研究的需要。此外，常规的统计学方法不能全面地揭示降尘重金属在研究区的空间分布格局；GIS 地统计分析方法在土壤重金属研究中应用较多，而在大气降尘重金属研究方面应用较少。

（2）大气降尘重金属污染评价方法单一，且与生态风险评价割裂分离，较少涉及大气降尘重金属污染的潜在生态风险。

已有的降尘重金属污染评价方法单一，不能全面反映研究区降尘重金属综合污染程度；并且与生态风险评价割裂分离，较少涉及大气降尘重金属污染的潜在生态风险，造成对降尘重金属污染认识的片面性。当前研究多通过某种单一评价方法，将计算结果以统计表格的形式反映研究区少数离散采样点的大气降尘重金属污染状况，并不能直观而全面地表达出整个研究区域的大气降尘重金属污染状况。并且已有的大气重金属研究往往局限于常见重金属，而对其他微量重金属的研究普遍缺乏。

此外，城市近地表大气降尘及其中的重金属污染物质随着向近地表的沉降，进入水体、土壤、植物、动物体内等，形成二次污染，对人们所生活的周边生态环境质量造成严重影响，从而形成较大的危害。因此，大气降尘重金属污染评价研究还应该考虑其潜在的生态风险。

（3）大气降尘重金属影响因素研究缺乏对局地源排放、区域传输的贡献以及局部环境的综合影响的系统研究。

已有的降尘重金属影响因素研究，多采用 1～2 种数理统计方法探讨局地污染源排放以及某一种或几种外部因子的影响，很少系统全面地考虑局地源排放、区域传输的贡献以及局部环境的综合影响。

目前大气降尘重金属污染影响因素研究运用相关分析法、主成分分析法/因子分析法、聚类分析法等对大气降尘重金属的局地污染排放源进行识别，取得了一定的研究成果。但由于降尘重金属污染成因复杂，任何单一的分析方法都难以克服研究结论的片面性，也就难以揭示城市降尘重金属污染的影响机制。

1.3 研究目标与主要内容

1.3.1 研究目标

针对当前国内外城市大气降尘元素特征与重金属污染研究中存在的不足，本研究提出以下研究目标：

（1）研究北京降尘中元素的统计特征和富集特征，重点探讨重金属元素的城郊差异、含量空间分布、富集程度空间分布等空间特征。

（2）在传统的单一重金属污染评价方法的基础上，结合潜在生态风险指数法构建降尘重金属综合污染指数，综合评价北京降尘重金属污染状况。

（3）综合解析北京大气降尘重金属的局地污染源，重点研究局地污染源排放、地表土重金属污染、下垫面类型以及区域传输对北京大气降尘重金属污染的影响。

1.3.2 研究内容

本研究基于北京大气降尘、地表土和典型污染端元的空间采样以及元素含量ICP-MS分析测试结果，重点探讨了北京大气降尘的元素特征、主要重金属（Bi、Cd、Cr、Co、Ni、Cu、V、Zn、Mo、Pb等）的污染特征及其影响因素。

（1）北京大气降尘元素特征

分析北京大气降尘中重金属元素、过渡金属元素和稀土金属元素的描述统计特征、富集特征以及重金属元素的空间特征，并基于GIS地统计分析理论交叉验证并选取北京降尘中主要重金属的最优空间插值模型，探讨北京降尘重金属含量以及富集程度的空间分布。

（2）北京大气降尘重金属污染特征

分析北京大气降尘重金属污染水平，研究北京大气降尘中主要重金属的单因子污染指数、地累积指数以及潜在生态风险指数，评价降尘重金属的单一污染特征；并在上述单一污染评价方法的基础上构建降尘重金属综合污染指数，对北京大气降尘重金属污染状况进行综合评价。

（3）北京大气降尘重金属污染成因分析

构建北京大气降尘局部污染源重金属成分谱，解析北京大气降尘重金属的局地污染源，探讨地表土重金属污染以及下垫面土地利用类型对北京大气降尘重金属污染的影响，综合分析北京大气降尘重金属的区域传输影响。

1.3.3 研究思路

针对本研究提出的研究目标和研究内容，提出以下研究思路。

首先，基于北京大气降尘、地表土和典型污染端元的空间采样以及元素含量ICP-MS分析测试结果，研究北京大气降尘元素的描述统计特征、富集特征，并基于GIS地统计分析理论探索北京降尘重金属元素的正态分布、半变异函数云图以及全局趋势，交叉验证并选取北京降尘中主要重金属的最优空间插值模型，探讨北京降尘重金属元素含量及富集程度的空间分布。

其次，在传统的单因子污染指数、地累积指数、潜在生态风险指数等单一重金属污染评价的基础上构建降尘重金属综合污染指数，对北京大气降尘中主要重金属（V、Cr、Co、Ni、Cu、Zn、Mo、Cd、Bi、Pb等）的污染状况进行综合评价。

再次，运用多元统计分析方法（聚类分析法、相关分析法、主成分分析法等）结合实地调查构建的典型污染端元重金属成分谱，综合解析北京大气降尘重金属的主要局地污染源；同时利用遥感解译、统计相关分析以及空间相关分析探讨地表土重金属污染以及下垫面土地利用类型对北京降尘重金属污染的影响。

最后，利用拉格朗日混合单粒子轨道（Hysplit-4）模型计算周边城市的传输贡献，并结合河北和天津的同步采样数据对北京降尘重金属污染的区域传输影响进行半定量评估。

1.4 章节结构

本专著分为9章。

第1章绪论，介绍了本研究意义，总结了当前国内外研究中存在的问题和不足，提出了研究内容和技术路线。

第2章实验与研究方法，介绍了研究区概况，叙述了降尘、地表土及典型污染端元采样的实验设计、重金属含量 ICP-MS 测试分析的流程、辅助数据的来源和数据分析软件以及本研究的主要研究方法。

第 3 章北京大气 $PM_{2.5}$ 中金属元素污染特征及来源，研究了北京市春季 $PM_{2.5}$ 中金属元素含量及污染特征，于 2015 年 5 月在北京城区和郊区分别设置采样点采集 $PM_{2.5}$ 样品，系统分析了北京城区及郊区春季大气 $PM_{2.5}$ 样品中 15 种金属元素的质量浓度，利用富集因子探讨了北京 $PM_{2.5}$ 中金属元素的污染特征，并通过 Pearson 相关分析、因子分析方法以及污染源排放的特征元素探讨了北京春季大气 $PM_{2.5}$ 中金属元素的主要来源。

第 4 章北京大气降尘中金属元素富集特征，分析了北京不同时期（供暖期和非供暖期）大气降尘中重金属元素、过渡金属元素、稀土金属元素等 40 种金属元素的描述统计特征和富集特征，统计了北京大气降尘中金属元素含量的空间分异，最后探讨了北京大气降尘中金属元素的空间分布特征。

第 5 章北京大气降尘中金属元素空间分布，分析了北京大气降尘中金属元素含量的城郊差异，并从数据分布检验、半变异函数云图以及全局趋势等角度对大气降尘中金属元素进行了空间探索性数据分析；构建并选取了合适的空间地统计插值模型，探究了北京大气降尘中金属元素含量的空间分布。

第 6 章北京城区大气金属元素干湿沉降特征，采用主动采样和被动采样两种方法同步收集大气沉降样品，旨在研究北京城区大气中金属的干湿沉降特征。

第 7 章北京大气降尘重金属污染评价，研究了北京降尘中重金属污染水平；利用单因子污染指数、富集因子、地累积指数、潜在生态风险指数等方法评价了降尘重金属单一污染特征；构建了降尘重金属综合污染指数，并探讨了降尘重金属的综合污染特征。

第 8 章北京表土重金属污染特征及大气沉降贡献，用沉析法对采集的北京市不同功能区的表土样品进行沉降和分级，研究了不同功能区表土重金属的浓度特征及粒径分布特征，通过地累积指数法以及潜在生态风险评价法探讨了北京表土中主要重金属的污染特征及潜在生态风险，并对大气沉降贡献进行了定量表征。

第 9 章北京大气降尘重金属污染成因分析，对北京大气降尘重金属污染的局地污染源排放影响和区域传输贡献进行定量研究和半定量评估；利用统计相关分析和空间相关分析，探讨了地表土重金属与降尘重金属的统计相关性和空间相关性；并结合遥感解译的研究区土地利用分类图，研究了下垫面类型对降尘重金属的影响。

参考文献

[1] KAN H，CHEN R，TONG S. Ambient air pollution，climate change and population health in China[J]. Environment International，2012，42：10-19.

[2] 中国科学技术协会学会学术部. 环境污染与人体健康[M]. 北京：中国科学技术出版社，2007.

[3] 周侃，樊杰. 中国环境污染源的区域差异及其社会经济影响因素——基于 339 个地级行政单元截面数据的实证分析[J]. 地理学报，2016，11：1911-1925.

[4] ROHDE R A，MULLER R A. Air pollution in China：Mapping of concentrations and Sources[J]. PloSone，2015，10（8）：e0135749.

[5] 贺克斌，杨复沫，段凤魁，等. 大气颗粒物与区域复合污染[M]. 北京：科学出版社，2011.

[6] ZHAO S P，YU Y，YIN D Y，et al. Annual and diurnal variations of gaseous and particulate pollutants in 31 provincial capital cities based on in situ air quality monitoring data from China National Environmental Monitoring Center[J]. Environmental International，2016，86：92-106.

[7] 潘小川，李国星，高婷. 危险的呼吸[M]. 北京：中国环境科学出版社，2012.

[8] ORRU H，TEINEMAA E，LAI T，et al. Health impact assessment of particulate pollution in Tallinn using fine spatial resolution and modeling techniques [J]. Environmental Health，2009，8（7）：1-9.

[9] 魏复盛，CHAPMAN R S. 空气污染对呼吸健康影响研究[M]. 北京：中国环境科学出版社，2001.

[10] 曹军骥，等. $PM_{2.5}$与环境[M]. 北京：科学出版社，2014.

[11] CAO C，JIANG W，WANG B，et al. Inhalable microorganisms in Beijing's $PM_{2.5}$ and PM_{10} pollutants during a severe smog event[J]. Environmental Science & Technology，2014，48（3）：1499-1507.

[12] LIANG Y J，FANG L Q，PAN H，et al. $PM_{2.5}$ in Beijing - temporal pattern and its association with influenza[J]. Environmental Health，2014，13：102-102.

[13] XIONG Q.L，ZHAO W.J，GONG Z.N，et al. Fine particulate matter pollution and hospital admissions for respiratory diseases during heating period in Beijing，China[J]. International Journal of Environmental Research and Public Health，2015，12（9），11880-11892；doi：10.339 0/ijerph120911880.

[14] 贺克斌，贾英韬，马永亮，等. 北京大气颗粒物污染的区域性本质[J]. 环境科学学报，2009，29（3）：482-487.

[15] SUN Y L，ZHUANG G S，WANG Y，et al. The air-borne particulate pollution in Beijing-concentration，composition，distribution and sources[J]. Atmospheric Environment，2004，38（35）：5991-6004.

[16] XIONG，Q，ZHAO，W，GONG，Z，et al. Spatial and temporal distribution of inhalable particulate matter pollution in Beijing City during 2007-2012[J]. Advanced Materials Research，2013，779-780：1580-1587.

[17] WEICHENTHAL P J，VILLENEUVE R T，BURNETT. Long-term exposure to fine particulate matter：association with nonaccidental and cardiovascular mortality in the agricultural health study cohort [J]. Environmental Health Perspectives，2014，122：609-615.

[18] ZHAO C X，WANG Y Q，WANG Y J. Temporal and spatial distribution of $PM_{2.5}$ and PM_{10} pollution status and the correlation of particulate matters and meteorological factors during winter and spring in Beijing [J]. Environmental Science，2014，35：418-427.

[19] ZHOU B，SHEN H，HUANG Y，et al. Daily variations of size-segregated ambient particulate matter in Beijing [J]. Environmental Pollution，2015，197：36-42.

[20] 杜佩轩，田晖，韩永明. 城市灰尘概念、研究内容与方法[J]. 陕西地质，2004（1）：73-79.

[21] CHEN H，LU X.W，LI L.Y，et al. Metal contamination in campus dust of Xi’an，China：a study based on multivariate statistics and spatial distribution [J]. Science of the Total Environment，2014，484：27-35.

[22] DAY J P，HARL M，ROBINSON M S. Lead in urban street dust[J]. Nature，1975，253：343-345（31 January 1975）；doi：10.103 8/253343a0.

[23] 环境保护部，国家质量监督检验检疫总局. 环境空气质量标准 GB 3095—2012[M]. 北京：中国环境科学出版社，2012.

[24] LIU T S，GU X F，AN Z S，et al. The dust fall in Beijing，China on April 18，1980[J]. Special

Paper of Geological Society of America，1981，186：149-157.

[25] XIONG Q L，ZHAO W J，GUO X Y，et al. Dustfall heavy metal pollution during winter in North China[J]. Bulletin of Environmental Contamination and Toxicology，2015，95：548-554.

[26] VALLACK H W，SHILLITO D E. Suggested guidelines for deposited ambient dust[J]. Atmospheric Environment，1998，32（16）：2740-2744.

[27] ZHENG X X，ZHAO W J，YAN X，et al. Pollution characteristics and health risk assessment of airborne heavy metals collected from Beijing bus stations[J]. International Journal of Environmental Research and Public Health，2015，12，9658-9671.

[28] ZHENG X X，GUO X Y，ZHAO W J，et al. Spatial variation and provenance of atmospheric trace elemental deposition in Beijing [J]. Atmospheric Pollution Research，2016，7：260-267.

[29] WEI X，GAO B，WANG P，et al. Pollution characteristics and health risk assessment of heavy metals in street dusts from different functional areas in Beijing，China[J]. Ecotoxicology and Environmental Safety，2015，112，186-192.

[30] 蔡奎，栾文楼，李随民，等. 石家庄市大气降尘重金属元素来源分析[J]. 地球与环境，2012，1：40-43.

[31] 陈天虎，徐惠芳. 大气降尘 TEM 观察及其环境矿物学意义[J]. 岩石矿物学杂志，2003，（4）：425-428.

[32] 邓昌州，孙广义，杨文，等. 黑龙江甘南县大气降尘重金属元素沉降通量及来源分析[J]. 地球与环境，2012，3：342-348.

[33] PAN Y P，WANG Y S. Atmospheric wet and dry deposition of trace elements at 10 sites in Northern China[J]. Atmospheric Chemistry and Physics，2015，15：951-972.

[34] 姜伟. 重庆主城降尘中六种金属及其化学形态研究[D]. 重庆：西南大学，2008.

[35] KAMPA M，CASTANAS E. Human health effects of air pollution[J]. Environmental Pollution，2008，151：362-367.

[36] 阚海东，陈秉衡. 我国大气颗粒物暴露与人群健康效应关系[J]. 环境与健康杂志，2002，19（6）：422-424.

[37] 程文亮，王永刚，靳霞，等. 临钢降尘重金属含量及风险评价[J]. 山西师范大学学报（自然科学版），2010，4：109-113.

[38] 方文稳. 安庆市大气降尘重金属污染及其风险评价[D]. 兰州：兰州大学，2016.

[39] 方文稳，张丽，DEMBELE B，等. 兰州市降尘重金属的来源与生态风险研究[J]. 兰州大学学报（自然科学版），2016，1：24-30.

[40] 李晗. 焦作市大气降尘重金属分布特征及健康风险评价[D]. 焦作：河南理工大学，2015.

[41] 莫治新. 大气降尘对塔里木盆地植被的影响研究[M]. 成都：西南财经大学出版社，2012.

[42] 刘蕊，张辉，勾昕，等. 健康风险评估方法在中国重金属污染中的应用及暴露评估模型的研究进展[J]. 生态环境学报，2014，7：1239-1244.

[43] 谭吉华，段菁春. 中国大气颗粒物重金属污染、来源及控制建议[J]. 中国科学院研究生院学报，2013，2：145-155.

[44] 姚琳，廖欣峰，张海洋，等. 中国大气重金属污染研究进展与趋势[J]. 环境科学与管理，2012，9：41-44.

[45] 邹天森，康文婷，张金良，等. 我国主要城市大气重金属的污染水平及分布特征[J]. 环境科学研究，2015，28（7）：1053-1061.

[46] 王明仕，李晗，王明娅，等. 中国降尘重金属分布特征及生态风险评价[J]. 干旱区资源与环境，2015，12：164-169.

[47] 侯艳军. 准东地区降尘—土壤—植物重金属迁移过程及生态效应研究[D]. 乌鲁木齐：新疆大学，2015.

[48] 赖木收，杨忠芳，王洪翠，等. 太原盆地农田区大气降尘对土壤重金属元素累积的影响及其来源探讨[J]. 地质通报，2008，2：240-245.

[49] 邹海明，李粉茹，官楠，等. 大气中 TSP 和降尘对土壤重金属累积的影响[J]. 中国农学通报，2006，5：393-395.

[50] 殷汉琴，周涛发，陈永宁，等. 铜陵市大气降尘中 Cd 元素污染特征及其对土壤的影响[J]. 地质论评，2011，2：218-222.

[51] 卢一富，邱坤艳. 铅冶炼企业周边大气降尘中铅、镉、砷量及其对土壤的影响[J]. 环境监测管理与技术，2014，3：60-63.

[52] 依艳丽，王义，张大庆，等. 沈阳城市土壤—旱柳—降尘系统中铅、镉的分布迁移特征研究[J]. 土壤通报，2010，6：1466-1470.

[53] 魏兆轩，张建新. 湘江下游农田土壤重金属污染输入途径及影响程度探析[J]. 国土资源导刊，2015，4：67-69.

[54] 郝社锋，陈素兰，朱佰万. 城市环境大气降尘重金属研究进展[J]. 地质学刊，2012，4：

418-422.

[55] ANDERSEN A，HOVMAND M.F，JOHNSEN I. Atmospheric heavy metal deposition in the Copenhagen area[J]. Environmental Metal Pollution，1970（2）：133-151.

[56] 李海燕，石安邦. 城市地表颗粒物重金属分布特征及其影响因素分析[J]. 生态环境学报，2014，11：1852-1860.

[57] 梁俊宁，刘杰，陈洁，等. 陕西西部某工业园区大气降尘重金属特征[J]. 环境科学学报，2014，2：318-324.

[58] 王济，张一修，高翔. 城市地表灰尘重金属研究进展及展望[J]. 地理研究，2012，31（5）：821-830.

[59] 罗莹华，梁凯，刘明，等. 大气颗粒物重金属环境地球化学研究进展[J]. 广东微量元素科学，2006，2：1-6.

[60] 向丽，李迎霞，史江红，等. 北京城区道路灰尘重金属和多环芳烃污染状况探析[J]. 环境科学，2010，1：159-167.

[61] 于瑞莲，胡恭任，戚红璐，等. 泉州市不同功能区大气降尘重金属污染及生态风险评价[J]. 环境化学，2010，6：1086-1090.

[62] 李萍，薛粟尹，王胜利，等. 兰州市大气降尘重金属污染评价及健康风险评价[J]. 环境科学，2014，3：1021-1028.

[63] 李超，栾文楼，蔡奎，等. 石家庄近地表降尘重金属的分布特征及来源分析[J]. 现代地质，2012，2：415-420.

[64] 李万伟，李晓红，徐东群. 大气颗粒物中重金属分布特征和来源的研究进展[J]. 环境与健康杂志，2011，7：654-657.

[65] 郑晓霞，赵文吉，郭逍宇. 北京大气降尘中微量元素的空间变异[J]. 中国环境科学，2015，8：2251-2260.

[66] 焦荔，沈建东，姚琳，等. 杭州市大气降尘重金属污染特征及来源研究[J]. 环境污染与防治，2013，1：73-76，80.

[67] 刘玮玲，肖文胜，张家泉，等. 黄石市大气降尘中重金属污染及其化学形态特征研究[J]. 湖北理工学院学报，2014，2：32-40.

[68] 马建华，王晓云，侯千，等. 某城市幼儿园地表灰尘重金属污染及潜在生态风险[J]. 地理研究，2011，3：486-495.

[69] 邱媛，管东生. 经济快速发展区域的城市植被叶面降尘粒级和重金属特征[J]. 环境科学学报，2007，12：2080-2087.

[70] 施泽明，倪师军，张成江. 成都市近地表大气尘的地球化学特征[J]. 地球与环境，2004，Z1：53-58.

[71] WONG C S C，LI X D，ZHANG G，et al. Atmospheric deposition of heavy metals in the Pearl River Delta，China[J]. Atmospheric Environment，2003，40：767-776.

[72] 杨忠平，卢文喜，龙玉桥. 长春市城区重金属大气干湿降尘特征[J]. 环境科学研究，2009，22（1）：28-34.

[73] AYAKO O，SHIGENOBU T，HAJIME O. Atmospheric deposition of trace metals to the western North Pacific Ocean observed at coastal station in Japan[J]. Atmospheric Research，2013，129-130：20-32.

[74] FAIZ Y，TUFAIL M，TAYYEBJAVED M，et al. Road dust pollution of Cd，Cu，Ni，Pb and Zn along Islamabad Expressway，Pakistan[J]. Microchemical Journal，2009，92：186-192.

[75] WEI B G，YANG L S. A review of heavy metal contaminations in urban soils，urban road dusts and agricultural soils from China [J]. Microchemical Journal，2010，94：99-107.

[76] 胡恭任，于瑞莲，林燕萍，等. TCLP 法评价泉州市大气降尘重金属的生态环境风险[J]. 矿物学报，2013，1：1-9.

[77] 范拴喜. 土壤重金属污染与控制[M]. 北京：中国环境科学出版社，2011：154-165.

[78] 方文稳，张丽，叶生霞，等. 安庆市降尘重金属的污染评价与健康风险评价[J]. 中国环境科学，2015，12：4095-3803.

[79] 杨春，塔西甫拉提 •特依拜，侯艳军，等. 新疆准东煤田降尘重金属污染及健康风险评价[J]. 环境科学，2016，7：2453-2461.

[80] 李随民，栾文楼，宋泽峰，等. 河北省南部平原区大气降尘来源及分布特征[J]. 中国地质，2010，6：1769 -1774.

[81] 卢美娇，介冬梅，李应硕，等. 长春市 2006—2007 年大气降尘来源研究[J]. 中国粉体技术，2014，4：33-40，42.

[82] 王红宇，李金娟，孙哲，等. 贵州盘县大气降尘重金属污染含量特征与来源分析[J]. 贵州大学学报（自然科学版），2014，4：124-127，136.

[83] 温先华，胡恭任，于瑞莲，等. 大气颗粒物中重金属生态风险评价与源解析[J]. 广东微量

元素科学，2014，7：11-19.

[84] 杨弘，张君秋，王维，等. 太原市大气颗粒物中重金属的污染特征及来源解析[J]. 中国环境监测，2015，2：24-28.

[85] 王红宇，李金娟，孙哲，等. 贵州典型酸雨城市降尘中有毒重金属时空分布及来源分析[J]. 地球与环境，2014，6：750-756.

[86] 于瑞莲，胡恭任，袁星，等. 大气降尘中重金属污染源解析研究进展[J]. 地球与环境，2009，1：73-79.

[87] 李湘凌，周涛发，殷汉琴，等. 基于层次聚类法和主成分分析法的铜陵市大气降尘污染元素来源解析研究[J]. 地质论评，2010，2：283-288.

[88] 刘章现，王国贞，郭瑞，等. 河南省平顶山市大气降尘的化学特征及其来源解析[J]. 环境化学，2011，4：825-831.

[89] 魏疆，张海珍，张克磊. 乌鲁木齐市大气降尘中重金属来源分析[J]. 干旱区地理，2015，38（3）：463-468.

[90] 代杰瑞，祝德成，庞绪贵，等. 济宁市近地表大气降尘地球化学特征及污染来源解析[J]. 中国环境科学，2014，1：40-48.

[91] 张春荣，吴正龙，田红，等. 青岛市区大气降尘重金属的特征和来源分析[J]. 环境化学，2014，7：1187-1193.

[92] 黄顺生，华明，金洋，等. 南京市大气降尘重金属含量特征及来源研究[J]. 地学前缘，2008，5：161-166.

[93] 庞绪贵，王晓梅，代杰瑞，等. 济南市大气降尘地球化学特征及污染端元研究[J]. 中国地质，2014，1：285-293.

[94] 高志友，尹观. 铅同位素在示踪城市环境污染源研究中的应用[J]. 广东微量元素科学，2005，7：17-21.

[95] 胡恭任，于瑞莲，胡起超，等. 铅同位素示踪在大气降尘重金属污染来源解析中的应用[J]. 吉林大学学报（地球科学版），2016，5：1520-1526.

[96] 温先华. 厦门市大气降尘和总悬浮颗粒物中重金属污染与铅、锶同位素示踪研究[D]. 厦门：华侨大学，2014.

[97] 赵多勇，魏益民，魏帅，等. 基于同位素解析技术的大气降尘铅污染来源研究[J]. 安全与环境学报，2013，4：107-110.

[98] 李勇，邹长明，姚洁. 不同源区大气降尘的磁学性质及其环境意义[J]. 华东师范大学学报（自然科学版），2016，4：158-168.

[99] 乔庆庆，黄宝春，张春霞. 华北地区大气降尘和地表土壤磁学特征及污染来源[J]. 科学通报，2014，18：1748-1760.

[100] 夏敦胜，余晔，马剑英，等. 大气降尘磁学特征对城市污染源的指示[J]. 干旱区资源与环境，2007，12：110-115.

[101] WEI B G，JIANG F Q，LI X M，et al. Spatial distribution and contamination assessment of heavy metals in urban road dust from Urumqi，NW China [J]. Microchemical Journal，2009，93：147-152.

[102] TANG R L，MA K M，ZHANG Y X，et al. The spatial characteristics and pollution levels of metals in urban street dust of Beijing，China [J]. Applied Geochemistry，2013，35：88-89.

[103] 张斌. 南京市大气降尘特征及源解析[D]. 南京：南京大学，2013.

[104] 魏敏，冯海艳，杨忠芳. 北京市大气颗粒物中 Cd 的地球化学分布特征及其生态风险评估[J]. 现代地质，2012，5：983-988.

[105] 闫军，叶芝祥，闫琰，等. 成雅高速公路两侧大气颗粒物中重金属分布规律研究[J]. 四川环境，2008，1：19-21，26.

[106] 余涛，程新彬，杨忠芳，等. 辽宁省典型地区大气颗粒物重金属元素分布特征及对土地质量影响研究[J]. 地学前缘，2008，5：146-154.

第2章 实验与研究方法

本章介绍了研究区概况，叙述了大气降尘、地表土及典型污染端元采样的实验设计、重金属含量 ICP-MS 分析流程以及主要研究方法。

2.1 研究区概况

北京市地处华北平原西北部的太行山和燕山之间（北纬 39°26′～41°03′，东经 115°25′～117°30′），东面与天津市毗连，其余均与河北省相邻，总面积约 1.6 万 km^2。北京的地貌分为丘陵、中山、低山、平原和盆地，地势西北高、东南低，西部和北部为中低山区，面积约占全市总面积的 62%；东南部是缓斜的平原，西北部是延庆盆地，二者面积之和约占 38%（图 2-1）。

北京市为暖温带半温润半干旱季风气候，夏季气温高且雨水丰富，冬季则寒冷干燥，而春、秋季节较短促。它是我国华北少雨地区之一，年均降水量只有 630 mm 左右（图 2-2），且全年降水的 80%以上集中在夏季（6—8 月），7 月、8 月有大雨，而春、秋、冬季的降水量不到全年降水量的 20%。近年来，北京逆温、静风发生频繁，大气污染物扩散条件差。

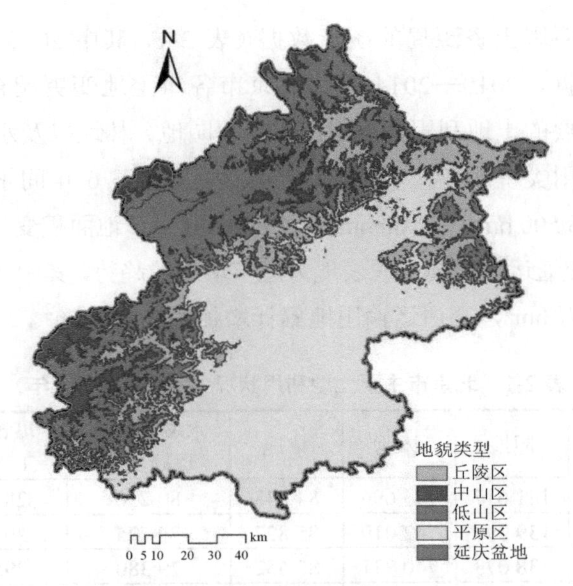

图 2-1　北京市地貌类型分布

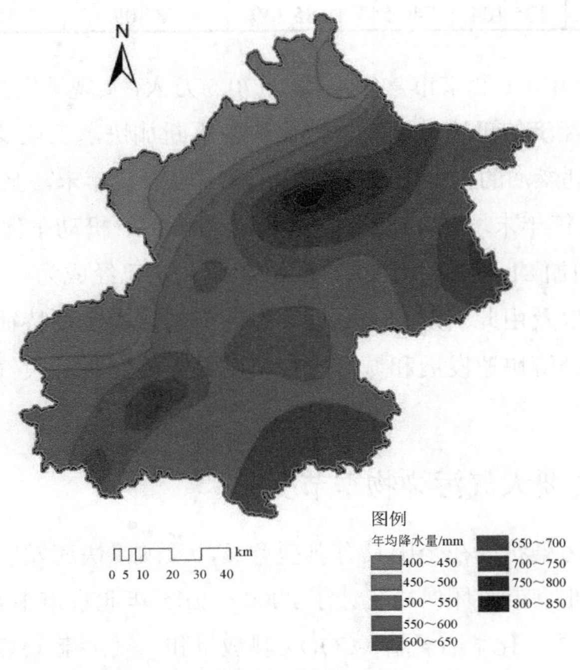

图 2-2　北京市年降水量等值线分布

根据北京市原国土资源局的统计数据（表 2-1，其中 2009 年数据为第二次全国土地调查数据，2010—2014 年为北京市各年土地变更调查数据），2009—2014 年北京市主要的土地利用类型中，耕地、园地、林地以及水域及水利设施用地等 4 种土地利用类型面积基本呈现逐年减少的趋势，6 年间累计减少面积分别约为 7 200 hm^2、6 500 hm^2、3 100 hm^2 和 1 800 hm^2；草地面积变化不大；而城镇村及工矿用地以及交通运输用地面积表现为逐年增加的趋势，其中城镇村及工矿用地累计增加约 1.81 万 hm^2，交通运输用地累计增加约 2 600 hm^2。

表 2-1　北京市主要土地利用状况（2009—2014 年）　单位：hm^2

年份	耕地	园地	林地	草地	水域及水利设施用地	城镇村及工矿用地	交通运输用地
2009	227 170	141 617	743 696	84 843	80 236	284 792	44 446
2010	223 779	139 299	742 019	85 827	79 775	290 782	45 336
2011	221 956	138 073	740 731	85 652	79 380	295 117	45 453
2012	220 856	140 118	739 633	85 491	79 088	297 759	46 328
2013	221 157	135 573	738 036	85 349	78 740	300 848	46 626
2014	219 949	135 104	740 543	85 139	78 409	302 939	47 006

截至 2015 年年末，北京市常住人口 2 170.5 万人，实现地区生产总值 22 968.6 亿元。随着北京经济的迅速发展，城市化进程不断加快，工业及居民生活燃煤消耗大增，同时消耗燃油的机动车数量不断增长。2015 年年末，全市达到 6 852 万 t 标准煤，比 2010 年年末增加 472 万 t，增长率为 7.4%；机动车保有量 561.9 万辆，比 2010 年年末增加 81 万辆，增长率为 16.8%。北京已经成为一个以高人口密度、快速城市化进程以及由此引发的一系列环境污染问题为主要特征的发展中国家超大城市。在北京经济快速发展和城市建设日新月异的同时，大气环境也面临着巨大压力。

2.1.1 北京主要大气污染物季节变化

北京的大气污染状况在全国具有典型意义，反映了快速发展中的城市环境面临的共同问题。北京市原环保局统计了 2000—2015 年北京市主要大气环境指标，如表 2-2 所示。其中，化学需氧量（COD）排放量和二氧化硫（SO_2）排放量指标自 2011 年起调整统计口径和核算方法。从表 2-2 可以看出，近年来北京市主要大气

污染物 SO_2 年日均值及排放量呈逐渐下降趋势且降幅较大，而可吸入颗粒物（PM_{10}）、二氧化氮（NO_2）年日均值以及 COD 排放量下降幅度相比则不够明显。

表 2-2　北京市主要大气环境指标（2000—2015 年）

年份	年日均值/（μg/m³）			排放量/万 t	
	PM_{10}	SO_2	NO_2	COD	SO_2
2000	162	71	71	17.9	22.4
2001	165	64	71	17	20.1
2002	166	67	76	15.3	19.2
2003	141	61	72	13.4	18.3
2004	149	55	71	13	19.1
2005	142	50	66	11.6	19.1
2006	161	53	66	11	17.6
2007	148	47	66	10.7	15.2
2008	122	36	49	10.1	12.3
2009	121	34	53	9.9	11.9
2010	121	32	57	9.2	11.5
2011	114	28	55	19.3	9.8
2012	109	28	52	18.7	9.4
2013	108	27	56	17.8	8.7
2014	116	22	57	16.9	7.9
2015	102	14	50	16.2	7.1

为了加强大气污染物的监测研究，北京市环境监测中心建立了由 35 个监测子站组成的北京市空气质量自动监测系统，每个监测子站都配备 SO_2、NO_2、一氧化碳（CO）、臭氧（O_3）、PM_{10} 和细颗粒物（$PM_{2.5}$）的自动监测仪器，实时获取并通过“北京空气质量”网站（http：//zx.bjmemc.com.cn/）向社会发布北京市 6 项主要空气污染物 $PM_{2.5}$、PM_{10}、SO_2、NO_2、O_3 和 CO 的小时浓度数据。35 个监测子站按照监测功能分为 4 类：①城市环境评价点（23 个）：用以评估城市环境下空气质量的平均状况与变化规律，其中城区环境评价点 12 个、郊区环境评价点 11 个。②城市清洁对照点（1 个）：用以反映不受当地城市污染影响的城市地区空气质量背景水平。③区域背景传输点（6 个）：用以表征区域环境背景水平，并可反映区域内污染的传输情况。④交通污染监控点（5 个）：用以监测道路交通

污染源对环境空气质量产生的影响。

近年来，北京市大气污染物浓度[①]年际变化总体呈下降趋势，但仍存在不同程度的超标。2015 年，全市空气中 $PM_{2.5}$ 年平均浓度值为 80.6 μg/m^3，超过国家标准 1.30 倍；SO_2 年平均浓度值为 13.5 μg/m^3，达到国家标准；NO_2 年平均浓度值为 50.0 μg/m^3，超过国家标准 0.25 倍；PM_{10} 年平均浓度值为 101.5 μg/m^3，超过国家标准 0.45 倍。O_3 超标出现在 4—10 月，全日高浓度时段主要集中于下午到傍晚。目前北京市大气首要污染物为 $PM_{2.5}$，其次是 PM_{10} 和 NO_2。NO_2 既是机动车尾气排放量的表征，同时又是 $PM_{2.5}$ 和 PM_{10} 的重要前体物。北京大气污染的主要污染源是机动车尾气排放，这与 2014 年北京市大气污染源解析结果相一致。

2.1.2 北京主要大气污染物空间格局

（1）主要大气污染物年均浓度空间分布

基于北京市 35 个大气环境监测站点的 $PM_{2.5}$、PM_{10}、SO_2、NO_2、O_3 和 CO 浓度，利用统计分析的方法描述北京城区主要大气污染物（$PM_{2.5}$、PM_{10}、CO、NO_2、SO_2 和 O_3）的统计特征；利用 ArcGIS 地统计插值模块，采用地统计中的反距离权法（IDW）对大气环境监测站点 2014 年 6 月—2015 年 5 月 $PM_{2.5}$、PM_{10}、SO_2、NO_2、O_3 和 CO 浓度数据进行空间插值，并在空间分析的基础上模拟整个北京市年均 $PM_{2.5}$、PM_{10}、NO_2、SO_2、CO 和 O_3 浓度的空间分布，进而分析北京市主要大气污染物的时空特征。

2014 年 6 月—2015 年 5 月，35 个大气环境监测站点 $PM_{2.5}$ 浓度年均值范围在 53～110 μg/m^3，整体呈现不同程度污染，所有站点均超过大气环境年均 $PM_{2.5}$ 一级限值（35 μg/m^3）。其中，北部和西北部地区 $PM_{2.5}$ 浓度较低，污染较轻。城区以及南部和东南部部分地区 $PM_{2.5}$ 污染较重。

2014 年 6 月—2015 年 5 月，35 个大气环境监测站点 PM_{10} 浓度年均值范围在 78～152 μg/m^3，整体呈现不同程度污染，所有站点均超过大气环境年均 PM_{10} 二级限值（70 μg/m^3）。其中，北部和西北部地区有轻度 PM_{10} 污染，城区以及南部和东南部部分地区有中度 PM_{10} 污染。

2014 年 6 月—2015 年 5 月，35 个大气环境监测站点 NO_2 浓度年均值范围在

① 本章所述浓度均指质量浓度。

11～101 μg/m^3，不同监测站点之间 NO_2 浓度的差异较大，且大部分监测站点的 NO_2 浓度超出大气环境年均 NO_2 二级限值（40 μg/m^3），整体呈现明显的区域分布特征，即北部和东北部监测站点 NO_2 浓度较低，主城区以及南部地区 NO_2 浓度较高，反映出不同程度的机动车尾气排放导致的 NO_2 污染。

2014年6月—2015年5月，35个大气环境监测站点 SO_2 浓度年均值范围在9～23 μg/m^3，不同监测站点之间 SO_2 浓度的差异较小，且均低于大气环境年均 SO_2 二级限值（60 μg/m^3），整体状况为优到良，北部和西北部个别地区 SO_2 质量达到优，城区以及南部和东南部部分地区 SO_2 质量良好。

2014年6月—2015年5月，35个大气环境监测站点CO浓度年均值范围在1～1.9 mg/m^3，不同监测站点之间CO浓度的差异较小，整体状况为优到良，北部和西北部个别地区CO质量达到优，城区以及南部和东南部部分地区CO质量良好。

2014年6月—2015年5月，35个大气环境监测站点 O_3 浓度年均值范围在31～88 μg/m^3，整体污染较轻，除北部和东北部监测站点 O_3 浓度较高外，其余地区 O_3 浓度较低，未出现污染。

（2）首要污染物（$PM_{2.5}$）月均浓度空间分布

基于2014年6月—2015年5月北京市35个大气环境监测站点的首要污染物（$PM_{2.5}$）月均浓度，利用ArcGIS地统计插值模块，分析了北京市年内逐月 $PM_{2.5}$ 浓度的空间分布。

2014年6月，35个大气环境监测站点 $PM_{2.5}$ 浓度均值范围在38～89 μg/m^3。整体 $PM_{2.5}$ 污染较轻，北部和西北部地区 $PM_{2.5}$ 浓度较低，在大气环境24小时平均 $PM_{2.5}$ 二级限值（75 μg/m^3）内。城区以及南部和东南部部分地区有轻度 $PM_{2.5}$ 污染。2014年7月，35个大气环境监测站点 $PM_{2.5}$ 浓度均值范围在64～112 μg/m^3，与2014年6月 $PM_{2.5}$ 浓度相比明显上升。$PM_{2.5}$ 整体污染较轻，东北部、西部和西南部地区浓度较低；以城区为代表的中部地区以及东部部分地区有轻度到中度污染。2014年8月，35个大气环境监测站点 $PM_{2.5}$ 浓度均值范围在40～77 μg/m^3，监测站点间 $PM_{2.5}$ 浓度差异较前两个月小，且绝大部分站点的 $PM_{2.5}$ 浓度在大气环境24小时平均 $PM_{2.5}$ 二级限值（75 μg/m^3）内。$PM_{2.5}$ 整体污染较轻，北部和西北部地区浓度较低，城区以及南部和东南部部分地区有轻度污染。

2014年9月，35个大气环境监测站点 $PM_{2.5}$ 浓度均值范围在47～85 μg/m^3。

与 2014 年 8 月相似，整体污染较轻，北部和西北部地区浓度较低，在大气环境 24 小时平均 $PM_{2.5}$ 二级限值（75 μg/m^3）内。城区以及南部和东南部部分地区有轻度 $PM_{2.5}$ 污染。2014 年 10 月，35 个大气环境监测站点 $PM_{2.5}$ 浓度均值范围在 96～161 μg/m^3。整个北京市均呈现不同程度的 $PM_{2.5}$ 污染，北部和西北部地区污染较轻，为轻度污染；城区以及南部和东南部部分地区为中度污染。2014 年 11 月，35 个大气环境监测站点 $PM_{2.5}$ 浓度均值范围在 61～192 μg/m^3。与 2014 年 10 月相似，整个北京市均呈现不同程度的 $PM_{2.5}$ 污染，北部和西北部地区污染较轻，为轻度污染；城区以及南部和东南部部分地区为中度污染。

2014 年 12 月，35 个大气环境监测站点 $PM_{2.5}$ 浓度均值范围在 30～142 μg/m^3。由于 2014 年 12 月北京及周边六省市实施区域联合削减大气污染物排放措施以保障 APEC 会议期间的空气质量，整体污染程度较 2014 年 10 月和 11 月明显减轻，北部和西北部地区浓度较低，在大气环境 24 小时平均 $PM_{2.5}$ 二级限值（75 μg/m^3）内，城区以及南部和东南部部分地区有轻度污染。2015 年 1 月，35 个大气环境监测站点 $PM_{2.5}$ 浓度均值范围在 55～159 μg/m^3。整体 $PM_{2.5}$ 污染较轻，北部和西北部地区浓度较低，在大气环境 24 小时平均 $PM_{2.5}$ 二级限值（75 μg/m^3）内。城区以及南部和东南部部分地区有轻度到中度污染。2015 年 2 月，35 个大气环境监测站点 $PM_{2.5}$ 浓度均值范围在 29～108 μg/m^3。整体污染较轻，北部和西北部地区浓度较低，在大气环境 24 小时平均 $PM_{2.5}$ 二级限值（75 μg/m^3）内，城区以及南部和东南部部分地区有轻度污染。

2015 年 3 月，35 个大气环境监测站点 $PM_{2.5}$ 浓度均值范围在 70～129 μg/m^3。整体污染较轻，北部和西北部地区 $PM_{2.5}$ 浓度较低，在大气环境 24 小时平均 $PM_{2.5}$ 二级限值（75 μg/m^3）内，城区以及南部和东南部部分地区有轻度污染。2015 年 4 月，35 个大气环境监测站点 $PM_{2.5}$ 浓度均值范围在 48～95 μg/m^3。整体污染较轻，北部和西北部地区浓度较低，在大气环境 24 小时平均 $PM_{2.5}$ 二级限值（75 μg/m^3）内，城区以及南部和东南部部分地区有轻度污染。2014 年 6 月，35 个大气环境监测站点 $PM_{2.5}$ 浓度均值范围在 39～72 μg/m^3。所有监测站点 $PM_{2.5}$ 浓度均值均在大气环境 24 小时平均 $PM_{2.5}$ 二级限值（75 μg/m^3）内。整体状况为优到良，北部和西北部个别地区质量达到优，城区以及南部和东南部部分地区质量良好。

2.2 样品采集与分析

2.2.1 大气 $PM_{2.5}$ 采样与分析

（1）大气 $PM_{2.5}$ 采样

1）城区采样点：北京市海淀区首都师范大学校本部（39°57′N，116°17′E）三维重点实验室二楼楼顶（离地面高度约 10 m），周围 3 km 以内为 10～50 m 高的建筑群，周边环境基本代表了北京城区的典型环境。

2）郊区采样点：北京市房山区首都师范大学良乡校区（39°43′N，116°10′E），采样点设在良乡校区科技楼楼顶（距离地面约 20 m），周围 500 m 范围内无高大建筑物和大型工厂企业，无单一特定污染源的影响，可代表北京郊区的典型环境。

（2）采样仪器

首都师范大学校本部利用美国 TEI 公司的大流量 $PM_{2.5}$ 采样器 TE-6070DV（流量为 1.13 m^3/min）采集城区 $PM_{2.5}$ 样品；首都师范大学良乡校区利用美国 BGI 公司的 PQ200 环境级精细颗粒物采样器（流量为 16.7 L/min）采集郊区 $PM_{2.5}$ 样品（图 2-3）。

图 2-3　大气 $PM_{2.5}$ 采样器

（3）采样时间

2015 年 5 月 25—30 日，分别利用 TE-6070DV 和 PQ200 采样器同步采集北京城区和郊区的 $PM_{2.5}$ 样品，每次采样均为 12 h 连续采样（白天，当日 9：00—21：00；晚上，当日 21：00—次日 9：00）。采样滤膜为 Whatman 公司的 203 mm×254 mm 石英超细纤维滤膜（用于大流量采样器）以及直径为 47 mm 的石英超细纤维滤膜（用于中流量采样器），使用前均严格按照环境空气颗粒物采样技术要求准备。采样前后将滤膜放置于恒温恒湿箱平衡 24 h 后使用十万分之一精度的电子天平（TB-215D 型，美国丹佛）进行称量，称量操作均在特设的洁净天平室中完成。样品空白除不参与采集 $PM_{2.5}$ 外，其余过程完全相同。2015 年春季共采集了 13 个有效 $PM_{2.5}$ 样品。

（4）大气 $PM_{2.5}$ 元素含量分析

采用重量法对 $PM_{2.5}$ 的浓度进行测定，采用 ICP-MS 测定 $PM_{2.5}$ 样品中金属元素含量。

1）样品前处理

测定 $PM_{2.5}$ 中金属及其他无机元素时，采用微波消解的方法处理样品膜：在整张石英样品膜上切割下部分采样膜（约为总样品采样面积的 1/4），用塑料剪刀剪碎，置于 50 mL 聚四氟乙烯消解罐中。本研究使用 HNO_3-HCl-HF 消解，样品全部浸没其中。样品消解结束后，待消解罐冷却后将消解液过滤至 50 mL 聚四氟乙烯容量瓶中，高纯水定容至 50 mL，后置于 50 mL 药用聚四氟乙烯小瓶中保存。实验过程中用空白滤膜做对照实验，并用消解液做空白实验。该消解方法已成功应用在田世丽等[1]、孙颖等[2]的研究中。

2）样品分析

通过美国 ICP-MS 测定北京城区和郊区 $PM_{2.5}$ 样品中 15 种化学元素（Pb、As、Cu、Ni、Fe、Mn、Cr、Ca、K、Al、Mg、Na、Zn、Mo、Ba）的含量：配制标准溶液系列（50 μg/mL、10 μg/mL、2 μg/mL、0.5 μg/mL），绘制标准曲线。标准溶液系列由多元素标准储备液用 5%硝酸溶液逐级稀释而成，配制好的混合标准溶液贮存于聚四氟乙烯瓶中，放入 4℃冰箱保存。用内标法测定各元素浓度。ICP-MS 检测内标溶液为 Li、Sc、Ge、Y、In、Tb、Bi 7 种元素的混合溶液（10 μg/mL），内标使用液的浓度为 50 μg/mL，配制完成后置于聚四氟乙烯瓶中在 4℃冰箱中保存，分析过程中仪器在线自动将内标溶液加入所有的空白溶液、标准溶液和样品溶液中，节省了内标物质，保证了内标物质在分析过程中的稳定性。ICP-MS 可以实现多元素分析，具有灵敏度高、检出限低、分析取样量少等优点，它可以同时测量周期表中的大多数元素，测定的分析物浓度可低至 ng/L 水平[5]。样品分析过程中测试了空白膜样品的元素浓度并进行了空白扣除[3]。

3）质量控制

采样过程中的质量控制如下：

①采样前，需要对仪器进行清洁，特别是其粒径切割器部分（在使用过程中或是存放过程中，切割器可能会沉积杂质或灰尘，对采样产生影响）；此外，检查抽气泵的碳刷是否需要更换，并对采样仪器进行流量校正。

②每次更换滤膜时，检查采样滤膜，确保没有缺损、污染等；并用无水乙醇清洗滤膜夹。

③样品采集期间，需要核查采样的流量记录情况，如遇到突然断电或是流量记录不稳定的情况，及时处理并详细记录；不宜在雨、雪天气及大风等非正常天气状况采样。

④样品采集完成，应妥善保存，防止传输过程或存放环节样品损坏或损失。

2.2.2 大气降尘及地表土采样与分析

（1）大气降尘及地表土采样

大气降尘样品的采集工作严格参照《环境空气　降尘的测定　重量法》（GB/T 15265—1994）[4]进行。大气降尘样品收集容器选用一定规格（高 30 cm、内径 15 cm、缸底平整）的圆筒形玻璃缸。在考虑样品的合理性和代表性的前提下，遵循“随机、均匀”的布点原则，于 2013 年 6 月 15 日—10 月 15 日（非供暖期）和 2013 年 11 月 15 日—2014 年 3 月 5 日（供暖期），先后在北京地区布置采样点（其中城区 36 个采样点，郊区 13 个采样点）[5]，如图 2-4 所示。实际采样时，先参照下垫面土地利用类型初步定点，然后采用手持式 GPS 测定采样点的地理坐标，使用 GPS 定点的误差应小于 10 m。采样点布设、降尘样品采集的具体情况参考熊秋林等[5,6]发表的相关论文中的详细说明。

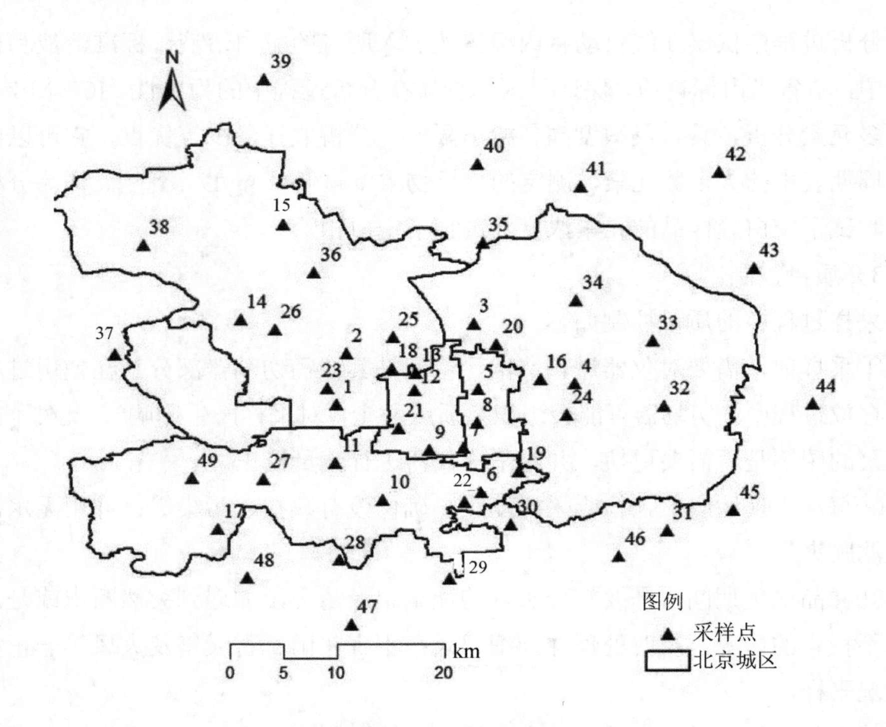

图 2-4 北京大气降尘采样点分布

此外，供暖期同步收集了采样点附近 0～5 cm 的地表土样品，去除杂草、砾石等杂物后，用专用塑料袋密封保存。地表土采样时，以《土壤环境质量标准》(GB 15618—2008)[7]为原则，采样点基本覆盖了北京城区的主要功能区（商业区 8 个、居民区 8 个、道路交通 9 个、工业区 8 个、城乡接合部 7 个和公园绿地 9 个），且避开了近期搬运来的垃圾土、堆积土和草地。采集的地表土原始重量应不低于 200 g，确保地表土样品经干燥、烘干后重量不少于 100 g[8]。

（2）大气降尘及地表土分析

ICP-MS 常用来分析测试空气和废气颗粒物中 Pb 等金属元素的含量[9-11]。本研究利用 ICP-MS（所用的仪器为美国 Perkin Elmer 公司生产的 Elan DRCⅡ型电感耦合等离子体质谱仪）测试了采集的大气降尘样品、地表土样品以及典型污染端元样品中金属元素的含量，符合国家相关标准［《全国土壤污染状况详查土壤样品分析测试方法技术规定》以及《土壤环境质量标准》(GB 15618—2008)］中有关金属元素分析测试方法的要求[7,12]。样品消解在如图 2-5 所示的聚四氟乙烯（PTFE）内胆的溶样罐中进行。

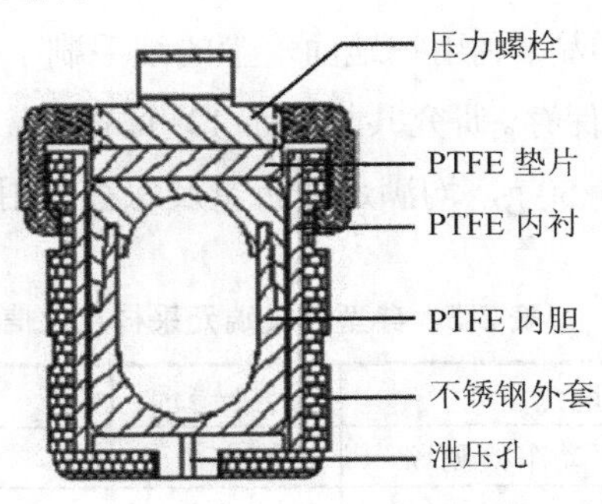

图 2-5　溶样罐示意图

所有样品均使用玛瑙研钵充分研磨，过 100 目筛。准确称取 40 mg 样品粉末于 PTFE 内胆中，加入 0.6 mL HNO_3 和 2 mL HF，封盖。待静置后，放入防腐高效溶样罐罐体，在防腐烘箱内 150℃加热 24 h。待冷却后，加 0.5 mL $HClO_4$，并敞口放置在 120℃的防腐电热板上至半干。随后加入 1 mL HNO_3 和 1 mL H_2O，密闭置于防腐烘箱 150℃回溶 12 h。冷却后将溶液转移至聚酯瓶内，并用高纯水定容至 40 g。配制标准溶液系列（50 μg/mL、10 μg/mL、2 μg/mL、0.5 μg/mL），绘制标准曲线。采用深海沉积物成分分析标准物质 GBW07315 和 GBW07316，以及美国地质调查局玄武岩标准物质 BCR-2 和 BHVO-2 进行质量控制。

在本研究中，通过 ICP-MS 测试了降尘和地表土样品中 Cd、Pb、Cr、Cu、Ni、Zn、Co、V、Bi、Mo 等 10 种重金属元素，U、Be、Hf、Ta、Cs、W、Th、Zr、Rb、Sr、Ba、Nb、Ga、Li 等 14 种过渡金属元素以及 La、Ce、Dy、Ho、Er、Pr、Nd、Sm、Eu、Gd、Tb、Tm、Yb、Lu、Sc、Y 等 16 种稀土金属元素的含量。以上金属元素含量 ICP-MS 测试工作均在中国科学院海洋研究所完成。

2.2.3　典型污染端元采样与分析

大气降尘颗粒较大，不容易远距离传输，主要受局地污染源排放的影响。为了研究局地污染端元（汽车尘、建筑尘、工业尘、燃煤尘等）对北京降尘重金属的影响，本研究详细调查了北京市及周边河北省保定市的工业、交通、建筑等分布状况，对废气排放量大、污染严重的工业尘、燃煤尘、汽车尘和建筑尘等进行选点采样，采样点信息如表 2-3 所示。参考庞绪贵[13]的降尘污染端元样品采集方法，采集北京及周边的典型污染端元样品。利用扫地面落尘的细毛刷子把不同类型污染源附近的落尘收集到样品袋，密封保存。研究共收集了 13 个采样点 26 份局地污染端元样品。以上采集的样品量在 20～50 g，均满足分析量及保存备用量的要求。

表 2-3　典型污染端元采样点位信息

采样点号	取样地点	污染端元	备注
1	北京・首汽机动车检测场	汽车尘	/
3	北京・门头沟七棵树西街	建筑尘	/
6	北京・房山区燕山石化东区	化工尘	/
7	北京・房山区燕山石化西区	化工尘	/
9	河北・保定毅顺化工	工业混合尘	水泥尘、化工尘、钢铁尘混合
12	河北・保定顺平鼎天水泥厂	水泥尘	道路旁取样，可能受交通影响
13	河北・保定高于铺镇	煤渣	/
15	河北・保定腰山精细化工	化工尘	道路旁取样，可能受交通影响
18	河北・保定大唐热电厂北区	工业尘	/
21	河北・保定涞源奥宇钢铁厂	钢铁尘	/
24	北京・门头沟担礼村	燃煤尘	两房屋中间土路取样
25	北京・门头沟担礼村	煤渣	/
26	北京・门头沟龙泉雾村	燃煤尘	烟囱下取样

通过 ICP-MS 测试了典型污染端元样品中 V、Cr、Ni、Cu、Zn、Mo、Cd 和 Pb 等 8 种重金属元素以及 Sb、Ba、Th 等 3 种过渡金属元素的含量。

2.3　研究方法

本研究用到的主要数据包括 ICP-MS 测定的北京大气降尘样品、地表土样品以及典型污染端元的重金属含量。辅助数据主要有遥感影像图、行政区划图、2013 年北京市土地利用数据、北京城区人口数据、北京环路矢量图和主要道路数据等。

研究中采用 SPSS 17.0 统计分析软件进行数据的描述性统计分析、相关分析、聚类分析、主成分分析、正态分布检验、方差分析、回归分析等。绘图软件采用 Origin 9.0。利用地理信息系统软件 ArcGIS 10.1 进行地统计分析（空间变异结构分析、半方差模型拟合和空间插值）、空间相关分析和地理加权回归分析等。

2.3.1　空间统计分析

空间统计分析是 GIS 空间分析中常用的一种功能，主要解决如何用数学统计模型来描述和模拟空间现象和过程的问题。数据的空间统计分析是基于空间对象的地理位置、空间关系，研究既具有随机性又具有空间相关性和依赖性的空间现象和过程的方法[13]。本研究涉及的空间统计分析包括数据分布检验、半变异函数分析、全局趋势分析以及空间插值，详见 5.2 节大气降尘金属元素探索性数据分析。

2.3.2　多元统计分析

多元统计分析简称多元分析，是一种经典数理统计学的综合分析方法，能在多个对象和多个指标互相关联的情况下分析它们之间的统计规律，适合环境科学多目标多变量的研究[15]。主要内容包括多元正态分布、多元方差分析、相关分析、回归分析、聚类分析、主成分分析、判别分析、Shannon 信息量及其应用。近年来，聚类分析[16]、主成分分析[17, 18]等多元数理统计分析方法被广泛应用于大气降尘及其重金属的来源分析中。本研究用到的多元数理统计分析包括聚类分析、相关分析和主成分分析等。聚类分析（cluster analysis）也叫群分析，是一种多元统计分析方法，按照“物以类聚”对样品或指标进行分类。近年来聚类分析被大量运用于大气环境研究，特别是大气降尘重金属来源分析。相关分析是研究两个或多个随机变量之间的相关关系（具体的相关程度及相关方向）的一种统计学方法，按变量是否符合正态分布可分为两类：①Pearson 相关系数；②Spearman 和 Kendall 相关系数。主成分分析是通过计算变量方差和协方差矩阵的特征量，把原来的多个指标简化为处理后的少数几个互不相关的综合指标的一种多元统计方法，从而达到简化数据、揭示变量之间的内在关系、方便进行统计解释等目的，可为进一步分析多个变量的总体性质以及数据的统计特征提供重要信息[19]。

2.3.3 HYSPLIT 模型

拉格朗日混合单粒子轨道（HYSPLIT）模型是用来计算、分析大气污染物输送和扩散轨迹的专业模型[20]。根据 HYSPLIT 模型模拟的气团来源方向和途经区域可以判断污染物的区域传输源及潜在源区，已被广泛应用于大气污染物在不同地区的传输和扩散研究[21]。

2.4 本章小结

本章主要介绍了研究区概况（地理位置、地貌特征、气候条件等自然地理概况，能源消耗、机动车保有量等社会经济发展概况以及大气环境状况）、实验设计（大气降尘及地表土采样、典型污染端元采样、ICP-MS 元素分析等），并对本研究的研究方法（空间统计分析、多元统计分析、HYSPLIT 模型等）的原理、分析过程、适用条件等进行了较详尽的描述。

参考文献

[1] 田世丽，潘月鹏，刘子锐，等. 不同材质滤膜测量大气颗粒物质量浓度和化学组分的适用性——以安德森分级采样器为例[J]. 中国环境科学，2014，4：817-826.

[2] 孙颖，潘月鹏，李杏茹，等. 京津冀典型城市大气颗粒物化学成分同步观测研究[J]. 环境科学，2011，9：2732-2740.

[3] 熊秋林，赵文吉，王皓飞，等. 北京市春季 $PM_{2.5}$ 中金属元素污染特征及来源分析[J]. 生态环境学报，2016，25（7）：1181-1187.

[4] 国家环境保护局，国家环境监督局. 环境空气　降尘的测定　重量法 GB/T 15265—1994[S]. 北京：中国环境科学出版社，1994.

[5] 熊秋林，赵文吉，郭逍宇，等. 北京城区冬季降尘微量元素分布特征及来源分析[J]. 环境科学，2015，36（8）：2735-2742.

[6] 熊秋林，赵文吉，束同同，等. 北京降尘重金属污染水平及空间变异特征[J]. 环境科学研究，2016，29（12）：1743-1750.

[7] 环境保护部，国家质量监督检验检疫总局. 土壤环境质量标准 GB 15618—2008 [S]. 北京：中国环境科学出版社，2008.

[8] 熊秋林，赵佳茵，赵文吉，等. 北京市地表土重金属污染特征及潜在生态风险[J]. 中国环境科学，2017，37（6）：2211-2221.

[9] 潘月鹏，王跃思，杨勇杰，等. 区域大气颗粒物干沉降采集及金属元素分析方法[J]. 环境科学，2010，3：553-559.

[10] 环境保护部，国家质量监督检验检疫总局. 空气和废气　颗粒物中铅等金属元素的测定 电感耦合等离子体质谱法 HJ 657—2013[S]. 北京：中国环境科学出版社，2013.

[11] 汪玉洁，涂振权，周理，等. 大气颗粒物重金属元素分析技术研究进展[J]. 光谱学与光谱分析，2015，4：1030-1032.

[12] 国家环境分析测试中心. 全国土壤污染状况详查土壤样品分析测试方法技术规定[EB/OL]. http：//www. cneac.com/Page/153/InfoID/ 5578/ SourceId/799/PubDate/2017-02-24/default.aspx，2017-03-01.

[13] 庞绪贵，王晓梅，代杰瑞，等. 济南市大气降尘地球化学特征及污染端元研究[J]. 中国地质，2014，1：285-293.

[14] 汤国安，杨昕. ArcGIS 地理信息系统空间分析实验教程[M]. 北京：科学出版社，2010.

[15] 林燕萍，赵阳，胡恭任，等. 多元统计在土壤重金属污染源解析中的应用[J]. 地球与环境，2011，39（4）：536-542.

[16] 江开忠，古晞，许伯生，等. 多元统计分析在数学建模中的应用[J]. 上海工程技术大学学报，2012，1：84-89.

[17] 杨晓华，刘瑞民，曾勇. 环境统计分析[M]. 北京：北京师范大学出版社，2008.

[18] 冉延平. 城市表层土壤重金属污染多元统计分析和污染评价[J]. 安徽农业科学，2012，40（9）：5454-5458.

[19] 闫欣荣. 运用多元统计分析研究城市表层土壤重金属污染[J]. 广州化工，2015，43（18）：123-125.

[20] 沈浩，刘端阳. 基于拉格朗日混合单粒子轨道模型的大气污染物扩散预报系统研究[J]. 环境污染与防治，2016，38（7）：31-35.

[21] HAN L，CHENG S，ZHUANG G，et al. The changes and long-range transport of $PM_{2.5}$ in Beijing in the past decade[J]. Atmospheric Environment，2015，110：186-195.

第3章 北京大气 $PM_{2.5}$ 中金属元素污染特征及来源

$PM_{2.5}$ 是我国大部分城市大气污染中的首要污染物，它使得大气能见度降低，影响城市交通和居民出行[1]。$PM_{2.5}$ 中携带的金属元素尤其是有毒有害重金属，其质量浓度超标会引发生态环境风险及人体健康风险[2]。

本章研究了北京市春季（城区和郊区，白天和晚上）$PM_{2.5}$ 中金属元素含量及污染特征，于 2015 年 5 月在北京城区和郊区分别设置采样点（首都师范大学校本部和良乡校区）采集 $PM_{2.5}$ 样品，测定了北京城区和郊区春季大气 $PM_{2.5}$ 样品中 15 种金属元素的质量浓度，利用富集因子法分析了北京 $PM_{2.5}$ 中金属元素的污染特征，并通过 Pearson 相关分析、因子分析方法探讨了北京春季 $PM_{2.5}$ 中金属元素的主要来源。

3.1 大气 $PM_{2.5}$ 中金属元素的浓度水平

采样期间（2015 年 5 月 25—29 日），北京天气状况如表 3-1 所示。北京市 34 个大气环境监测站点（第 20 号监测点“前门东大街”缺失数据）$PM_{2.5}$ 质量浓度① 日均值分别为 102.4 μg/m^3、88.8 μg/m^3、92.2 μg/m^3、113.7 μg/m^3 和 61.0 μg/m^3，除 5 月 29 日，其余 4 天均超过大气环境国家二级标准限值，呈现轻度污染。

① 本章所述浓度均指质量浓度。

表 3-1　采样期间北京天气状况

日期	最高气温/℃	最低气温/℃	天气	风向	风力	$PM_{2.5}$ 质量浓度/（μg/m³）
2015/5/25	35	21	晴	南风	4～5 级、3～4 级	102.4
2015/5/26	35	21	晴～多云	南风	3～4 级	88.8
2015/5/27	32	21	多云	无持续风向	微风	92.2
2015/5/28	31	21	雷雨	南风～无持续风向	3～4 级、微风	113.7
2015/5/29	29	18	多云	无持续风向	微风	61.0

2015 年春季北京城区和郊区，白天和晚上 $PM_{2.5}$ 中 15 种元素的浓度平均值和组成百分比（研究中元素组成百分比为该元素质量浓度占 15 种测量元素总量的比例）见表 3-2 和表 3-3。由表 3-2 可知，在 2015 年春季，白天城区 $PM_{2.5}$ 中各元素浓度大小依次为：Na＞Ca＞Mg＞Al＞Fe＞K＞Mo＞Zn＞Pb＞Cu＞Mn＞Ba＞Cr＞As＞Ni；白天郊区 $PM_{2.5}$ 中各元素浓度大小依次为：Na＞Ca＞Mg＞Al＞Fe＞K＞Mo＞As＞Pb＞Zn＞Mn＞Ba＞Cr＞Cu＞Ni。该结果与宋宇等[3]的研究结论（不考虑燃煤源，Na 含量与 Ca 含量相当，但高于 Mg、Al、Fe 含量）基本一致。由此可见，从浓度上看，2015 年春季城区和郊区白天 $PM_{2.5}$ 中 15 种元素浓度大小排序稍有差别；但从元素组成上看，无论是城区还是郊区，$PM_{2.5}$ 中元素组成百分比具有较高的一致性：Na 和 Ca 含量最高，两元素含量之和分别占元素总量的 72.23%（城区）和 71.96%（郊区）；Mg、Al、Fe、K 含量较高，这 4 种元素含量之和占元素总量的 25.84%（城区）和 26.35%（郊区）。城区 Mo、Zn、Pb、Cu、Mn 含量较低，这 5 种元素含量之和占元素总量的 1.72%；Ba、Cr、As、Ni 含量最低，这 4 种元素含量之和占元素总量的 0.2%。郊区 Mo、As、Pb、Zn、Mn 含量较低，这 5 种元素含量之和占元素总量的 1.51%；Ba、Cr、Cu、Ni 含量最低，这 4 种元素含量之和占元素总量的 0.183%。此外，城区与郊区春季 $PM_{2.5}$ 中 Mg、K、Cr、Ca、Al、Na、Fe、Mn、Mo、Ba、Pb 等 11 种元素浓度比的变化范围在 0.7～0.95，说明城区 $PM_{2.5}$ 中大部分元素浓度较郊区均有所下降，下降比例在 5%～30%。As 的城区与郊区浓度比极低，仅为 0.03。以上 12 种金属元素的分析结果与张小玲等[4]

的采样分析结果（城区元素的浓度均高于郊区元素浓度）差异较大。而 Zn、Ni、Cu 的城区与郊区浓度比分别上升 173%、359%、497%，说明 Zn、Ni、Cu 3 种重金属浓度在城区明显高于郊区，与张小玲等[4]的采样分析结果一致。

表 3-2　北京白天 $PM_{2.5}$ 中元素浓度和组成百分比

元素	城区		郊区		浓度比（城区/郊区）	白天浓度的平均值/（ng/m^3）
	平均浓度/（ng/m^3）	百分比/%	平均浓度/（ng/m^3）	百分比/%		
Na	4 089.8	52.41	5 533.1	52.09	0.74	4 811.5
Mg	769.8	9.86	1 095.4	10.31	0.70	932.6
Al	698.0	8.94	951.6	8.96	0.73	824.8
K	252.8	3.24	352.5	3.32	0.72	302.6
Ca	1 546.7	19.82	2 111.3	19.87	0.73	1 829.0
Fe	296.5	3.80	399.4	3.76	0.74	347.9
Cr	5.3	0.07	7.3	0.07	0.73	6.3
Mn	10.8	0.14	14.5	0.14	0.75	12.6
Ni	1.5	0.02	0.3	0.003	4.59	0.9
Cu	12.4	0.16	2.1	0.02	5.97	7.2
Zn	40.7	0.52	14.9	0.14	2.73	27.8
As	1.6	0.02	46.1	0.43	0.03	23.8
Mo	46.7	0.60	60.5	0.57	0.77	53.6
Ba	7.3	0.09	9.4	0.09	0.78	8.4
Pb	23.3	0.30	24.6	0.23	0.95	24.0

由表 3-3 可知，在 2015 年春季城区晚上 $PM_{2.5}$ 中各元素浓度大小依次为：Na＞Ca＞Mg＞Al＞K＞Zn＞Fe＞Mo＞Pb＞Cu＞Mn＞Ba＞Cr＞Ni＞As。无论是白天还是晚上，$PM_{2.5}$ 中元素组成百分比都具有较高的一致性：Na 和 Ca 含量最高，两元素含量之和分别占元素总量的 72.23%（白天）和 70.59%（晚上）；Mg、Al、Fe、K 含量较高，这 4 种元素含量之和占元素总量的 25.84%（白天）和 24.83%（晚上）。白天 Mo、Zn、Pb、Cu、Mn 含量较低，这 5 种元素含量之和占元素总量的 1.72%；Ba、Cr、As、Ni 含量最低，这 4 种元素含量之和占元素总量的 0.2%。晚上，Zn 含量较高，占元素总量的 3.27%；Mo、Pb、Cu、Mn 含量较低，这 4 种元素含量之和占元素总量的 1.12%；Ba、Cr、Ni、As 含量最低，这 4 种元素含量

之和占元素总量的 0.19%。此外，城区白天与晚上 $PM_{2.5}$ 中 Zn、Cu、Ni、K、Cr、Ca、Mg、Mn、Na、Al、As 等 11 种元素浓度比的变化范围在 0.15～0.98，说明白天 $PM_{2.5}$ 中大部分元素浓度较晚上均有所下降，下降比例在 2%～85%，其中白天 Zn 含量明显低于晚上。Mo 元素浓度白天与晚上相当，无变化。Ba、Fe、Pb 的白天与晚上浓度比分别上升 4%、8%、13%，说明 Ba、Fe、Pb 3 种重金属浓度在白天略高于晚上。

表 3-3　北京城区 $PM_{2.5}$ 中元素浓度和组成百分比

元素	白天		晚上		浓度比（白天/晚上）	城区浓度的平均值/（ng/m³）
	平均浓度/（ng/m³）	百分比/%	平均浓度/（ng/m³）	百分比/%		
Na	4 089.8	52.41	4 366.6	50.94	0.94	4 228.2
Mg	769.8	9.86	830.5	9.69	0.93	800.1
Al	698.0	8.94	727.4	8.48	0.96	712.7
K	252.8	3.24	297.5	3.47	0.85	275.2
Ca	1 546.7	19.82	1 684.8	19.65	0.92	1 615.8
Fe	296.5	3.80	273.5	3.19	1.08	285.0
Cr	5.3	0.07	5.9	0.07	0.89	5.6
Mn	10.8	0.14	11.6	0.13	0.94	11.2
Ni	1.5	0.02	2.0	0.02	0.76	1.8
Cu	12.4	0.16	16.9	0.20	0.73	14.7
Zn	40.7	0.52	280.2	3.27	0.15	160.5
As	1.6	0.02	1.6	0.02	0.98	1.6
Mo	46.7	0.60	46.7	0.54	1.00	46.7
Ba	7.3	0.09	7.0	0.08	1.04	7.2
Pb	23.3	0.30	20.6	0.24	1.13	22.0

3.2　大气 $PM_{2.5}$ 中金属元素的富集特征

富集因子法是用于研究大气颗粒物中元素的富集程度以及判断、评价元素的自然来源和人为来源的普遍方法[3,5-8]。富集因子（enrichment factor，EF）的计算公式为

$$\mathrm{EF} = (\rho_i / \rho_n)_{\mathrm{sample}} / (\rho_i / \rho_n)_{\mathrm{background}} \tag{3-1}$$

式中：ρ_i —— 研究元素的质量浓度或质量分数（w_i）；

ρ_n —— 所选参比元素的质量浓度或质量分数（w_n）；

$(\rho_i / \rho_n)_{\mathrm{sample}}$ 和 $(\rho_i / \rho_n)_{\mathrm{background}}$ —— 分别为环境样品中和土壤背景中研究元素与参比元素浓度的比值。

参比元素的选择要求不易受所在环境与分析测试过程的影响，性质比较稳定。由于 Fe 在土壤中比较稳定，人为污染较小且在 $PM_{2.5}$ 中也普遍存在，因此本研究选择 Fe 为参比元素。各元素的背景值取中国土壤平均值[9]。一般而言，$PM_{2.5}$ 中某元素 EF 值的大小不仅可以反映该元素的富集程度，还可定性判断和评价该元素的初步来源及其对污染的贡献。根据 $PM_{2.5}$ 中元素 EF 值的大小，本研究将 $PM_{2.5}$ 中元素的富集程度分为 5 个级别，具体分级情况见表 3-4。北京城区和郊区春季 $PM_{2.5}$ 中各元素的 EF 值计算结果见表 3-5。

表 3-4　EF 与 $PM_{2.5}$ 中元素的富集程度的关系

EF	EF≤1	1＜EF≤10	10＜EF≤100	100＜EF≤1 000	EF＞1 000
富集程度	基本无富集或微量富集	轻度富集	中度富集	高度富集	超富集
等　级	1	2	3	4	5
来　源	地壳或土壤源	自然源和人为源共同作用	人为污染源	人为污染源	人为污染源

表 3-5　北京城区和郊区 $PM_{2.5}$ 中各元素的 EF 值计算结果

元素	城区			郊区		
	EF	等级	富集程度	EF	等级	富集程度
Al	1.1	2	轻度富集	1.1	2	轻度富集
As	14.9	3	中度富集	302.8	4	高度富集
Ba	1.6	2	轻度富集	1.5	2	轻度富集
Ca	10.8	3	中度富集	10.1	3	中度富集
Cr	9.5	2	轻度富集	8.8	2	轻度富集
Cu	67.0	3	中度富集	6.8	2	轻度富集
K	1.5	2	轻度富集	1.4	2	轻度富集
Mg	10.6	3	中度富集	10.3	3	中度富集
Mn	2.0	2	轻度富集	1.8	2	轻度富集

元素	城区			郊区		
	EF	等级	富集程度	EF	等级	富集程度
Mo	2 407.7	5	超富集	2 227.3	5	超富集
Na	42.8	3	中度富集	39.9	3	中度富集
Ni	6.8	2	轻度富集	0.9	1	基本无富集
Pb	87.1	3	中度富集	69.8	3	中度富集
Zn	223.1	4	高度富集	14.8	3	中度富集

由表 3-5 可知，As 元素的 EF 值由郊区的 302.8 降为城区的 14.9，富集程度由高度富集降为中度富集；Ni 元素的 EF 值由郊区的 0.9 升为城区的 6.8，富集程度由基本无富集升为轻度富集；Zn 元素的 EF 值由郊区的 14.8 升为城区的 223.1，富集程度由中度富集升为高度富集。由此说明 2015 年春季北京城区 $PM_{2.5}$ 中虽然 As 元素的富集程度较郊区有明显减轻，但是 Ni 和 Zn 两种元素的富集程度较郊区有明显上升，存在不同程度的富集，尤其是城区中 Zn 处于高度富集水平。除 As、Ni 和 Zn 外，2015 年春季北京城区和郊区 $PM_{2.5}$ 中各元素的 EF 值对应的等级和富集程度均表现出一致性：$PM_{2.5}$ 中 Al、K、Ba、Mn、Cr 元素的 EF 值均在 1～10，为轻度富集，说明它们一部分来源于地壳或土壤，另一部分来源于人为污染；Mg、Ca、Na、Pb 元素的 EF 值均在 10～100，为中度富集，说明它们主要来自人为污染；Mo 元素的 EF 值均超过了 1 000，为超富集，说明 Mo 元素不管是在城区还是郊区，$PM_{2.5}$ 中的污染已经非常严重，主要来源于人为污染，受土壤扬尘的影响很小。与杨复沫等[5]的研究结果相比，近年来 Pb、Mn 等重金属的 EF 值显著下降，说明 Pb、Mn 等重金属的人为污染程度有所降低。

3.3　大气 $PM_{2.5}$ 中金属元素的来源分析

3.3.1　$PM_{2.5}$ 元素含量的相关分析

运用统计软件 SPSS 对 $PM_{2.5}$ 中 Pb、As、Cu、Ni、Fe、Mn、Cr、Ca、K、Al、Mg、Na、Zn、Mo、Ba 等 15 种元素进行相关分析。用直方图对变量进行正态分布检验发现，15 种元素均呈正态分布。对 15 种元素进行 Pearson 相关分析（表 3-6），从表 3-6 可以看出，Ca、K、Al、Mg、Na、As；Fe、Mn、Cr、Mo、Ba；Cu、Ni、Zn 3 组元素分别在置信度为 0.01 或 0.05 时两两极显著相关，说明 3 组金属元素（Ca、K、Al、Mg、Na、As；Fe、Mn、Cr、Mo、Ba；Cu、Ni、Zn）分别来自 3 类不同的来源。Pb 仅与 Mn 在置信度为 0.01 时极显著相关，与其他元素相关性不显著，说明 Pb 来自另外一种污染源。

表 3-6 $PM_{2.5}$ 元素含量的 Pearson 相关矩阵（N=13）

	Na	Mg	Al	K	Ca	Fe	Cr	Mn	Ni	Cu	Zn	As	Mo	Ba	Pb
Na	1														
Mg	0.94**	1													
Al	0.97**	0.93**	1												
K	0.74**	0.78**	0.74**	1											
Ca	0.97**	0.97**	0.98**	0.79**	1										
Fe	0.40	0.45	0.58*	0.41	0.52	1									
Cr	0.43	0.58*	0.47	0.49	0.55	0.70**	1								
Mn	0.37	0.40	0.47	0.58*	0.46	0.85**	0.72**	1							
Ni	−0.70**	−0.78**	−0.73**	−0.56*	−0.73**	−0.54	−0.58*	−0.36	1						
Cu	−0.43	−0.49	−0.42	−0.27	−0.42	−0.43	−0.49	−0.33	0.81**	1					
Zn	−0.35	−0.39	−0.44	−0.28	−0.38	−0.24	−0.02	0.04	0.69**	0.47	1				
As	0.70**	0.75**	0.67*	0.73**	0.70**	0.53	0.69**	0.63*	−0.81**	−0.72**	0.30	1			
Mo	0.54	0.60*	0.62*	0.37	0.63*	0.84**	0.88**	0.75**	−0.61*	0.48	0.15	0.62*	1		
Ba	0.44	0.48	0.60*	0.49	0.57*	0.97**	0.72**	0.87**	0.52	0.33	0.21	0.55	0.87**	1	
Pb	0.04	−0.01	0.09	0.45	0.07	0.44	0.23	0.72**	0.03	0.04	0.05	0.36	0.28	0.55	1

注：*表示在 0.05 水平（双侧）上显著相关；**表示在 0.01 水平（双侧）上显著相关。

3.3.2 $PM_{2.5}$元素含量的因子分析

因子分析最常用的分析方法是主成分分析法，熊秋林等[10]利用主成分分析法识别了北京城区冬季降尘的来源主要由地壳来源和化石燃料燃烧构成。为研究 2015 年春季北京 $PM_{2.5}$ 中 Pb、As、Cu、Ni、Fe、Mn、Cr、Ca、K、Al、Mg、Na、Zn、Mo、Ba 等 15 种元素的来源，本研究对各金属元素浓度进行主成分因子分析，根据特征向量选取准则（特征值＞1.0），共提取 3 个主成分，结果见表 3-7 和表 3-8。从表 3-7 中可以看出，这 3 个主成分可以解释原始变量的 84.031%，其中第一主成分占解释变量的 58.583%，提取的 3 个主成分代表了 2015 年春季北京 $PM_{2.5}$ 中金属元素的主要来源。

表 3-7　主成分解释的总方差

成分	特征值	方差占比/%	累积占比/%
1	8.787	58.583	58.583
2	2.472	16.481	75.064
3	1.345	8.968	84.031

经最大公差旋转后，各主成分因子负荷矩阵见表 3-8。从表 3-8 中可以看出，第一主成分主要由 Na、Mg、Al、K、Ca、Fe、Cr、Mn、As、Mo 和 Ba 构成，其因子负荷分别为 0.83、0.87、0.88、0.77、0.89、0.78、0.77、0.74、0.86、0.83 和 0.80；第二主成分主要由 Pb 和 Mn 构成，其因子负荷分别为 0.68 和 0.64；第三主成分主要由 Cu 构成，其因子负荷为 0.61。因子分析结果表明，2015 年春季 $PM_{2.5}$ 中金属元素主要有三类污染源，与 Pearson 相关分析结果较为一致。

表 3-8　$PM_{2.5}$ 微量元素的成分矩阵

成分	Na	Mg	Al	K	Ca	Fe	Cr	Mn	Ni	Cu	Zn	As	Mo	Ba	Pb
1	0.83	0.87	0.88	0.77	0.89	0.78	0.77	0.74	−0.84	−0.62	−0.40	0.86	0.83	0.80	0.32
2	−0.41	−0.39	−0.30	−0.08	−0.32	0.46	0.32	0.64	0.35	0.23	0.49	−0.05	0.32	0.50	0.68
3	0.31	0.21	0.25	0.47	0.28	−0.21	−0.19	0.07	0.35	0.61	0.37	−0.06	−0.22	−0.07	0.26

$PM_{2.5}$ 中元素组成与其来源相关，通过对比各类污染源排放的特征元素与 $PM_{2.5}$ 中元素成分，可进一步判断和分析 $PM_{2.5}$ 的来源[11-12]，各类污染源排放的特征元素见表 3-9。对比分析表 3-9 中污染源排放特征元素和因子分析结果可知：第一主成分以常量金属 Ca、Al、Mg、Fe 以及重金属 Cr、Mn、Mo 等为代表，主要代表了地壳来源（包括土壤尘和建筑尘）以及冶金源；第二主成分主要由 Pb 和 Mn 构成，主要代表了机动车源和冶金源；第三主成分主要由 Cu 构成，代表了冶金源。由此说明北京春季 $PM_{2.5}$ 中金属元素主要有三大来源，地壳来源（土壤尘和建筑尘）、机动车源和冶金源[13]。

表 3-9 各类污染源排放的特征元素

污染源	土壤尘	建筑尘	燃煤	冶金	机动车	燃油	垃圾焚烧	生物质燃烧
最强特征元素	Si、Al	Ca	As、Se	Zn、Mo、Fe、Mn	Pb	V、Ni、Co	Zn	K
较强特征元素	Ti、K、Mn	Mg、Na	Sb、Hg、S	Ni、Cu	Br、Ba、Cl	Cu、S	Sb、Cd、Cu	—

3.4 本章小结

（1）2015 年春季北京城区和郊区白天 $PM_{2.5}$ 中元素组成百分比具有较高的一致性：Na 和 Ca 含量最高，两元素含量之和占元素总量的 72.23%（城区）和 71.96%（郊区）；Mg、Al、Fe、K 含量较高，这 4 种元素含量之和占元素总量的 25.84%（城区）和 26.35%（郊区）。北京城区 $PM_{2.5}$ 中大部分元素浓度较郊区均有所下降，下降比例为 5%～30%；而 Zn、Ni、Cu 3 种重金属浓度在城区明显高于郊区。

（2）北京春季城区白天与晚上 $PM_{2.5}$ 中 Zn、Cu、Ni、K、Cr、Ca、Mg、Mn、Na、Al、As 等 11 种元素浓度比率的变化范围在 0.15～0.98，说明白天 $PM_{2.5}$ 中大部分元素浓度较晚上均有所下降，下降比例为 2%～85%，其中白天 Zn 含量明显低于晚上，而 Ba、Fe、Pb 3 种重金属浓度在白天略高于晚上。

（3）富集因子分析表明，2015 年春季北京 $PM_{2.5}$ 中 Fe、Al、K、Ba、Mn、Cr 元素的 EF 值均在 1～10，为轻度富集，说明它们部分来源于地壳或土壤，部分来源于人为污染；Mg、Ca、Na、Cu、Pb 元素的 EF 值均在 10～100，为中度富集，说明它们主要来自人为污染；Mo 元素的 EF 值均超过了 1 000，为超富集，说明 Mo 元素不管是在北京城区还是郊区 $PM_{2.5}$ 中的污染已经非常严重，主要来源于人为污染，受土壤扬尘的影响很小。

（4）由 Pearson 相关分析、因子分析结果以及各类污染源排放的特征元素判断和分析得出，北京春季 $PM_{2.5}$ 中金属元素主要有三大来源，即地壳来源（土壤尘和建筑尘）、机动车源和冶金源。

参考文献

[1] KAN H，CHEN R，TONG S. Ambient air pollution，climate change，and population health in China[J]. Environment International，2012，42：10-19.

[2] 谭吉华，段菁春. 中国大气颗粒物重金属污染、来源及控制建议[J]. 中国科学院研究生院学报，2013，2：145-155.

[3] 宋宇，唐孝炎，方晨，等. 北京市大气细粒子的来源分析[J]. 环境科学，2002，23（6）：11-16.

[4] 张小玲，赵秀娟，蒲维维，等. 北京城区和远郊区大气细颗粒 $PM_{2.5}$ 元素特征对比分析[J]. 中国粉体技术，2010，16（1）：28-34.

[5] 杨复沫，贺克斌，马永亮，等. 北京大气 $PM_{2.5}$ 中微量元素的浓度变化特征与来源[J]. 环境科学，2003，24（6）：33-37.

[6] 王晴晴，马永亮，谭吉华，等. 北京市冬季 $PM_{2.5}$ 中水溶性重金属污染特征[J]. 中国环境科学，2014，34（9）：2204-2210.

[7] 李丽娟，温彦平，彭林，等. 太原市采暖季 $PM_{2.5}$ 中元素特征及重金属健康风险评价[J]. 环境科学，2014，35（12）：4431-4438.

[8] 李友平，慧芳，周洪，等. 成都市 $PM_{2.5}$ 中有毒重金属污染特征及健康风险评价[J]. 中国环境科学，2015，35（7）：2225-2232.

[9] 中国环境监测总站. 中国土壤元素背景值[M]. 北京：中国环境科学出版社，1990.

[10] 熊秋林，赵文吉，郭逍宇，等. 北京城区冬季降尘微量元素分布特征及来源分析[J]. 环境科学，2015，35（8）：2735-2742.

[11] SONG Shaojie，WU Ye，JIANG Jingkun，et al. Chemical characteristics of size-resolved $PM_{2.5}$ at a roadside environment in Beijing，China[J]. Environmental Pollution，2012，161：215-221.

[12] GAO Jiajia，TIAN Hezhong，CHENG Ke，et al. Seasonal and spatial variation of trace elements in multi-size airborne particulate matters of Beijing，China：Mass concentration，enrichment characteristics，source apportionment，chemical speciation and bioavailability[J]. Atmospheric Environment，2014，99：257-265.

[13] 熊秋林，赵文吉，王皓飞，等. 北京市春季 $PM_{2.5}$ 中金属元素污染特征及来源分析[J]. 生态环境学报，2016，25（7）：1181-1187.

第4章 北京大气降尘中金属元素富集特征

本章分析了北京不同时期（供暖期和非供暖期）大气降尘中重金属元素、过渡金属元素、稀土金属元素等40种金属元素的描述统计特征和富集特征，统计了北京大气降尘中金属元素含量的空间分异，最后探讨了北京大气降尘中金属元素的空间分布特征。

4.1 大气降尘金属元素描述统计特征

根据大气降尘样品中金属元素含量ICP-MS测试结果，本节分别研究了北京（城区）非供暖期和供暖期大气降尘中重金属元素、过渡金属元素、稀土金属元素等40种金属元素含量的描述性统计特征。

4.1.1 大气降尘重金属元素描述统计特征

（1）非供暖期大气降尘重金属元素描述统计特征

非供暖期北京城区大气降尘样品中10种重金属元素（Cd、Pb、Cr、Cu、Ni、Zn、Co、V、Bi、Mo）的描述统计量（全距①、极小值、极大值、均值、标准差、变异系数②、偏度和峰度）如表4-1所示。

表4-1 非供暖期北京城区大气降尘重金属含量统计　单位：mg/kg

项目	N	全距	极小值	极大值	均值	标准差	变异系数/%	偏度	峰度
Bi	13	3.9	0.8	4.7	2.2	1.3	59.5	1.1	0.1
Cd	13	32.7	0.8	33.4	5.3	8.6	161.9	3.4	12.1
Co	13	11.9	5.8	17.7	10.5	3.6	68.8	0.7	0.2

① 极大值与极小值之差。

② 变异系数=（标准差/均值）×100%。

项目	N	全距	极小值	极大值	均值	标准差	变异系数/%	偏度	峰度
Cr	13	92.7	55.1	147.7	91.5	26.4	34.4	0.8	0.4
Cu	13	146.4	40.3	186.7	107.1	48.8	29.3	0.4	−1.2
Mo	13	14.7	2.4	17.1	5.6	3.8	33.7	2.5	7.1
Ni	13	38.4	21.2	59.7	35.8	10.5	28.8	0.7	0.9
Pb	13	456.8	43.2	500.0	177.2	151.6	45.6	1.7	1.9
V	13	68.5	28.1	96.6	59.2	20.0	85.6	0.1	−0.5
Zn	13	808	192	1 000	822.0	269.3	32.8	−1.4	0.9

从表 4-1 中可以看出，非供暖期北京城区大气降尘样品中重金属元素平均含量由低到高的顺序为：Bi＜Cd＜Mo＜Co＜Ni＜V＜Cr＜Cu＜Pb＜Zn，其中 Bi、Cd 和 Mo 等 3 种重金属元素含量的均值不足 10 mg/kg，而 Cu、Pb 和 Zn 等 3 种重金属元素含量的均值则超过 100 mg/kg，其余 4 种重金属元素含量的均值在 10～100 mg/kg。重金属的全距能反映重金属的绝对波动状况，从表 4-1 中的全距可以看出 Cu、Pb、Zn 等 3 种重金属的绝对波动范围较大，极小值与极大值之差均超过 100 mg/kg，其中 Zn 的全距最大，达到 808 mg/kg；而 Bi、Co、Mo 的绝对波动范围较小，不足 15 mg/kg，其中 Bi 的全距最小，仅为 3.9 mg/kg。重金属的标准差排序与全距的顺序一致，即 Bi、Co、Mo 等 3 种重金属的标准差较小，而 Cu、Pb、Zn 等的标准差较大。

重金属的极值比①可以反映重金属的相对波动状况，通过计算可知，重金属 Cr、Ni、Co、V 的极值比相对较小，均小于 3.5；而 Zn、Bi、Mo、Pb、Cd 等 5 种重金属的极值比相对较大，均大于 5，其中 Pb 和 Cd 的极值比分别高达 11.6 和 42，相对波动极大，其含量值在北京城区的分布非常离散。重金属的变异系数能反映重金属的空间变异状况，Cr、Ni、Zn、Mo、Cu 等 5 种重金属的变异系数均小于 35%，空间变异程度较低；而 V、Co、Cd 等 3 种重金属的变异系数均大于 65%，空间变异程度极高，其中 Cd 的变异系数最高，为 161.9%。

为直观地表示主要重金属含量值的分布，本研究应用 Origin 9.0 绘图软件分别制作了重金属 Cd-Co-Mo-Bi（图 4-1）以及 Pb-Cr-V-Ni-Cu（图 4-2）的箱线图（超过半数降尘样品中 Zn 的含量超过检测限值 1 000 mg/kg，不便制图）。从箱线图可

① 极大值与极小值的比值。

以看出，重金属 Cd、Mo、Pb 存在极端异常值；Co、Bi、Cu 和 V 的含量分布相对其他 5 种重金属更对称、更集中。峰度和偏度这两个参数常用来检验数据的分布，从表 4-1 可知，重金属 Zn 为左偏态平顶曲线分布，V 和 Cu 为近似对称平顶曲线分布，Ni、Co、Cr 和 Bi 为右偏态平顶曲线分布，Pb 为右偏态水平矩形分布，Mo 和 Cd 为极右偏态尖顶曲线分布。

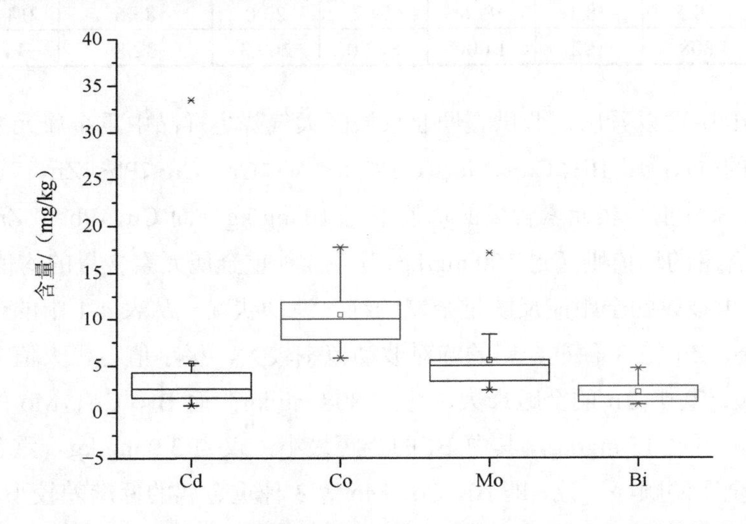

图 4-1　非供暖期北京城区大气降尘重金属 Cd-Co-Mo-Bi 箱线图

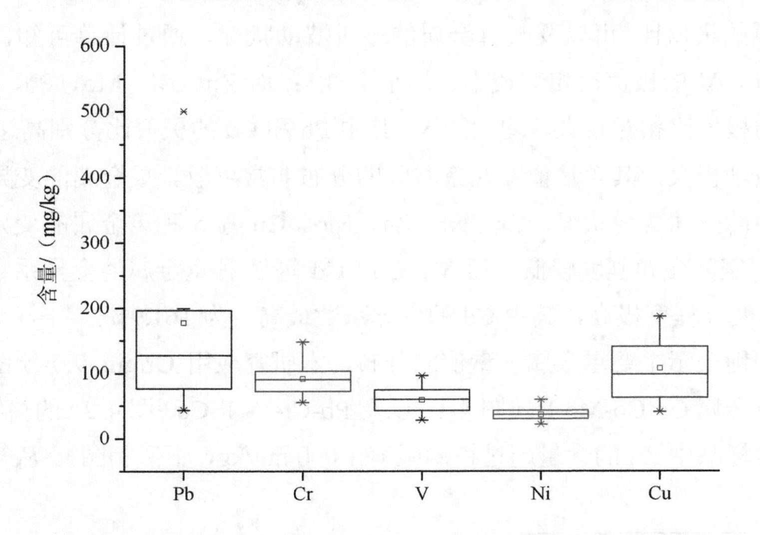

图 4-2　非供暖期北京城区降尘重金属 Pb-Cr-V-Ni-Cu 箱线图

（2）供暖期北京大气降尘重金属元素描述统计特征

供暖期北京市大气降尘样品中 10 种重金属元素的描述统计量（全距、极小值、极大值、均值、标准差、变异系数、偏度和峰度）如表 4-2 所示。

表 4-2　供暖期北京降尘重金属含量统计　　单位：mg/kg

项目	N	全距	极小值	极大值	均值	标准差	变异系数/%	偏度	峰度
Bi	49	9.14	0.76	9.89	3.02	1.82	60.4	1.76	4.31
Cd	49	12.2	0.90	13.1	2.71	1.84	67.7	4.13	21.9
Co	49	30.5	10.9	41.4	16.0	5.63	35.2	3.26	11.3
Cr	49	1 156	85.9	1 242	177	225	126.9	4.61	20.6
Cu	49	448	75.9	524	211	106	50.4	1.17	1.09
Mo	49	35.7	2.9	38.6	8.67	5.60	64.6	3.31	16.4
Ni	49	65.2	30.7	95.8	57.9	16.6	28.6	0.72	−0.47
Pb	49	460	40.3	500	132	98.8	74.6	3.28	10.4
V	49	70.7	53.4	124	80.8	12.2	15.1	0.77	2.76
Zn	49	765	235	1 000	660	261	39.6	0.16	−1.41

从表 4-2 中可以看出，北京市供暖期降尘样品中重金属元素平均含量由低到高的顺序为：Cd＜Bi＜Mo＜Co＜Ni＜V＜Pb＜Cr＜Cu＜Zn，其中 Cd、Bi 和 Mo 等 3 种重金属元素含量的均值不足 10 mg/kg，而 Pb、Cr、Cu 和 Zn 等 4 种重金属元素含量的均值则超过 100 mg/kg，其余 3 种重金属元素含量的均值在 10～100 mg/kg。重金属的全距能反映重金属的绝对波动状况，从表 4-2 中的全距可以看出 Cu、Pb、Zn、Cr 等 4 种重金属的绝对波动范围较大，全距均超过 400 mg/kg，其中 Cr 的全距最大，达到 1 156 mg/kg；而 Bi 和 Cd 的绝对波动范围较小，不足 15 mg/kg，其中 Bi 的全距最小，为 9.14 mg/kg。重金属的标准差排序与全距的顺序基本一致，即重金属 Bi 和 Cd 的标准差较小，而 Cu、Pb、Zn、Cr 等的标准差较大。

重金属的极值比可以反映重金属的相对波动状况，通过计算可知，重金属 V、Ni、Co 的极值比相对较小，均小于 3.8；而 Pb、Bi、Mo、Cr、Cd 等 5 种重金属的极值比较高，均大于 10，其中 Cr 和 Cd 的极值比分别高达 14.46 和 14.64，相对波动极大，其含量值在北京城区的分布非常离散。重金属的变异系数能反映重金属的空间变异状况，V、Ni、Co、Zn 等 4 种重金属的变异系数均小于 40%，空间变异程度较低，其中 V 的变异系数低至 15.1%；而 Bi、Mo、Cd、Pb、Cr 等 5 种重金属的变异系数均大于 60%，空间变异程度极高，其中 Cr 的变异系数最高，为 126.9%。

为直观地表现出主要重金属含量值的分布，本研究运用 Origin 9.0 绘图软件分别制作了重金属 Co-Mo-Cd-Bi（图 4-3）以及 V-Cr-Ni-Cu-Zn-Pb（图 4-4）的箱线图。从箱线图中可以看出，重金属 Co、Cd、Mo、Bi、Cr、Pb 存在极端异常值；Ni、Zn、Cu 和 V 的含量分布相对其他 6 种重金属更对称、更集中。峰度和偏度这两个参数常用来检验数据的分布，由表 4-2 可知，重金属 Zn 为近似对称平顶曲线分布，Ni 和 Cu 为左偏态平顶曲线分布，V 为近似正态分布，Bi 为右偏态尖顶曲线分布，Co、Pb、Mo、Cd 和 Cr 为极右偏态极尖顶曲线分布。

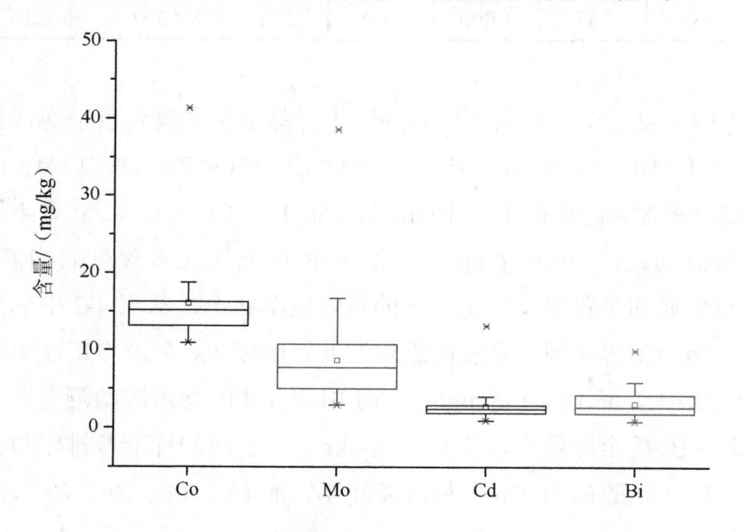

图 4-3 供暖期北京大气降尘重金属 Co-Mo-Cd-Bi 箱线图

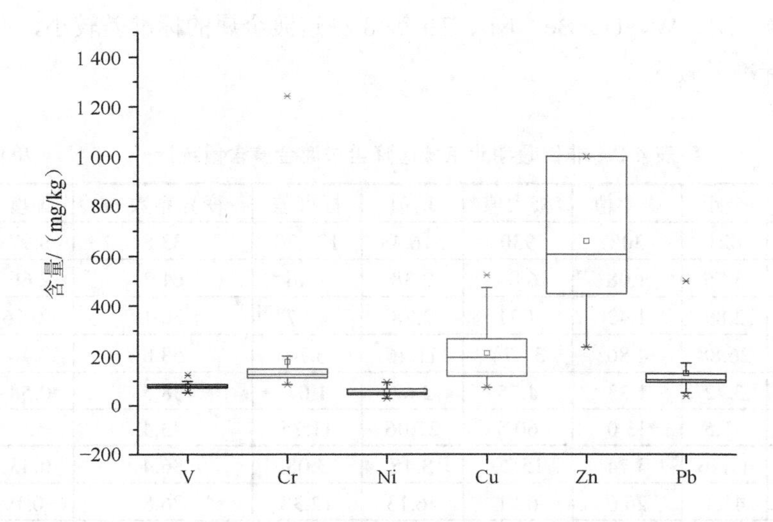

图 4-4　供暖期北京大气降尘重金属 V-Cr-Ni-Cu-Zn-Pb 箱线图

4.1.2　大气降尘过渡金属元素描述统计特征

（1）非供暖期北京城区降尘过渡金属元素描述统计特征

非供暖期北京城区大气降尘样品中 14 种过渡金属元素［铀（U）、铍（Be）、铪（Hf）、钽（Ta）、铯（Cs）、钨（W）、钍（Th）、锆（Zr）、铷（Rb）、锶（Sr）、钡（Ba）、铌（Nb）、镓（Ga）、锂（Li）］的描述统计量（全距、极小值、极大值、均值、标准差、变异系数、偏度和峰度）如表 4-3 所示。

从表 4-3 中可以看出，北京城区非供暖期降尘样品中过渡金属元素平均含量由低到高的顺序为：Ta＜U＜Be＜Hf＜Cs＜W＜Th＜Nb＜Ga＜Li＜Rb＜Zr＜Sr＜Ba，其中 Ta、U、Be、Hf、Cs、W、Th、Nb 等 8 种过渡金属元素含量的均值不足 10 mg/kg，而 Zr、Sr 和 Ba 等 3 种过渡金属元素含量的均值则超过 100 mg/kg，其余 3 种过渡金属元素含量的均值在 10～100 mg/kg。过渡金属的全距能反映过渡金属的绝对波动状况，从表 4-3 中的全距可以看出 Zr、Sr 和 Ba 等 3 种过渡金属的绝对波动范围较大，全距均超过 100 mg/kg，其中 Ba 的全距最大，达到 621 mg/kg；而 Ta、Cs、Hf、W、U、Be、Nb、Th 的绝对波动范围较小，不足 15 mg/kg，其中 Ta 的全距最小，仅为 0.62 mg/kg。过渡金属的标准差排序与全距的顺序一致，即 Ta、Cs、Hf、W、U、Be、Nb、Th 等 8 种过渡金属的标准差较小，而 Zr、Sr 和 Ba 的标准差较大。

表 4-3 非供暖期北京城区降尘过渡金属含量统计 单位：mg/kg

项目	N	全距	极小值	极大值	均值	标准差	变异系数/%	偏度	峰度
Ba	13	621	308	930	516.43	174.70	33.8	0.97	1.29
Be	13	5.75	1.08	6.84	2.38	1.46	61.3	2.66	8.26
Cs	13	2.89	1.42	4.31	2.88	0.87	30.1	−0.16	−0.89
Ga	13	26.88	4.86	31.74	11.46	6.74	58.8	2.46	7.65
Hf	13	3.42	1.33	4.75	2.62	1.01	38.5	0.58	−0.09
Li	13	47.5	13.0	60.5	27.06	11.75	43.4	2	5.6
Nb	13	11.46	3.74	15.20	8.45	3.08	36.4	0.43	0.67
Rb	13	41.1	26.0	67.1	46.13	12.38	26.8	−0.19	−0.93
Sr	13	463	150	613	254.2	118.3	46.5	2.58	8.00
Ta	13	0.62	0.23	0.85	0.51	0.17	34.0	0.30	−0.08
Th	13	13.27	2.86	16.13	6.80	3.30	48.5	1.89	5.38
U	13	5.56	0.79	6.34	2.00	1.39	69.3	2.86	9.41
W	13	4.48	1.79	6.27	3.48	1.39	40.0	0.65	−0.47
Zr	13	148.0	56.7	204.7	107.9	42.8	39.6	0.82	0.64

过渡金属的极值比可以反映过渡金属的相对波动状况，通过计算可知，过渡金属 Rb、Ba、Cs、W、Hf 的极值比相对较小，均小于 3.6；而 Th、Be、Ga、U 等 4 种过渡金属的极值比相对较大，均大于 5，其中 U 的极值比（8.07）最高，相对波动最大，其含量值在北京城区的分布非常离散。过渡金属的变异系数能反映过渡金属的空间变异状况，Rb、Cs、Ba、Ta 等 4 种过渡金属的变异系数均小于 35%，空间变异程度较低；而 Ga、Be、U 等 3 种过渡金属的变异系数均大于 55%，空间变异程度极高，其中 U 的变异系数最高，为 69.3%。

为直观地表现出主要过渡金属含量值的分布，本研究运用 Origin 9.0 绘图软件分别制作了过渡金属 Be-Cs-Hf-Ta-W-U（图 4-5）、Li-Ga-Rb-Nb-Th（图 4-6）以及 Sr-Zr-Ba（图 4-7）的箱线图。可以看出，过渡金属 Be、Li、Ga、Th、Sr、Ba 存在极端异常值；Cs、Hf、Ta 和 Zr 的含量分布相对其他 10 种过渡金属更对称、更集中。峰度和偏度这两个参数常用来检验数据的分布，由表 4-3 可知，过渡金属 Rb、Cs、Ta 和 Nb 为近似对称平顶曲线分布，Hf、W、Zr 和 Ba 为右偏态平顶曲线分布，Th 和 Li 为右偏态尖顶曲线分布，Ga、Sr、Be 和 U 为极右偏态尖顶曲线分布。

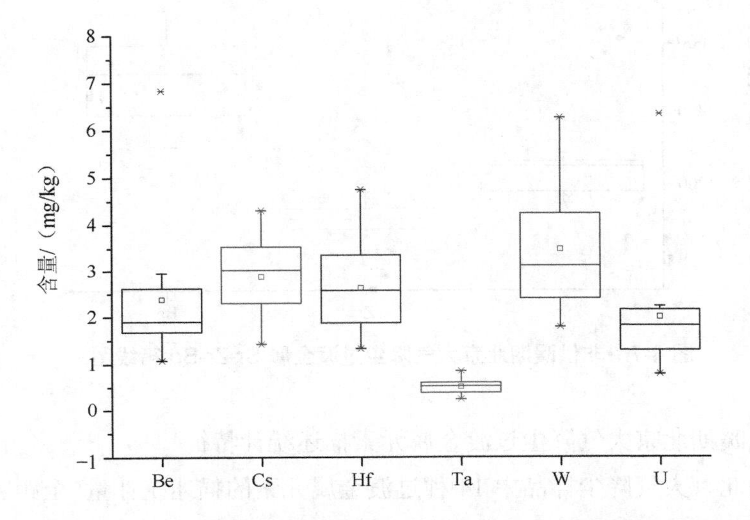

图 4-5　非供暖期北京大气降尘过渡金属 Be-Cs-Hf-Ta-W-U 箱线图

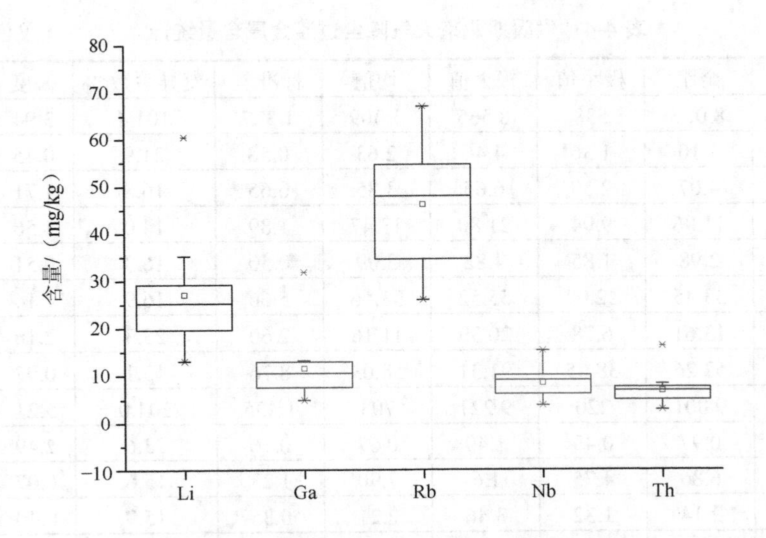

图 4-6　非供暖期北京大气降尘过渡金属 Li-Ga-Rb-Nb-Th 箱线图

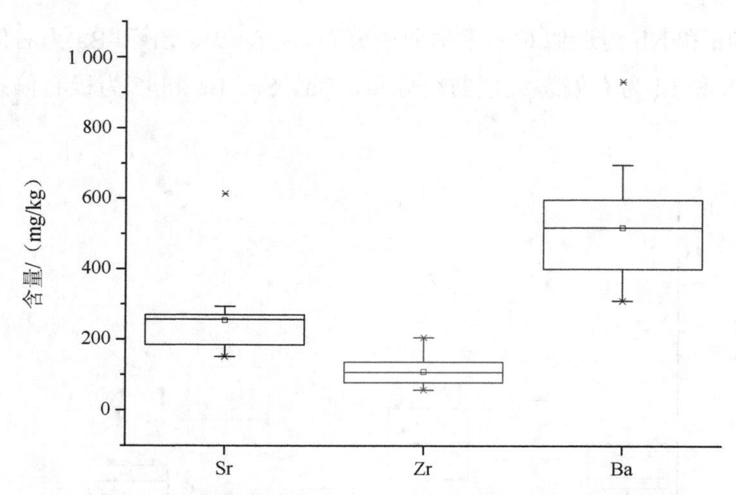

图 4-7 非供暖期北京大气降尘过渡金属 Sr-Zr-Ba 箱线图

（2）供暖期北京大气降尘过渡金属元素描述统计特征

供暖期北京大气降尘样品中 14 种过渡金属元素的描述统计量（全距、极小值、极大值、均值、标准差、变异系数、偏度和峰度）如表 4-4 所示。

表 4-4 供暖期北京大气降尘过渡金属含量统计 单位：mg/kg

项目	*N*	全距	极小值	极大值	均值	标准差	变异系数/%	偏度	峰度
Ba	49	8 027	538	8 565	1 309	1 327	101.4	3.94	18.80
Be	49	3.10	1.36	4.46	2.63	0.58	21.9	0.45	1.44
Cs	49	4.07	2.59	6.65	3.85	0.65	16.8	1.71	6.20
Ga	49	11.86	9.94	21.80	13.47	1.89	14.0	1.56	6.87
Hf	49	2.98	1.85	4.82	3.09	0.50	16.3	0.51	2.15
Li	49	33.45	22.07	55.52	33.56	5.66	16.9	1.14	3.77
Nb	49	13.61	6.78	20.39	11.16	2.60	23.3	2.10	5.89
Rb	49	53.26	38.05	91.31	58.03	8.76	15.1	0.97	3.59
Sr	49	9 001	220	9 221	703	1 435	204.0	5.21	28.40
Ta	49	0.97	0.43	1.40	0.67	0.16	23.6	2.49	9.79
Th	49	6.86	4.75	11.61	7.90	1.23	15.6	0.07	1.26
U	49	2.14	1.32	3.46	2.21	0.35	15.9	0.40	2.84
W	49	21.45	2.18	23.63	6.42	3.76	58.6	2.89	10.08
Zr	49	155	81	236	138	31	22.2	1.40	2.83

从表 4-4 中可以看出，北京市供暖期大气降尘样品中过渡金属元素平均含量由低到高的顺序为：Ta＜U＜Be＜Hf＜Cs＜W＜Th＜Nb＜Ga＜Li＜Rb＜Zr＜Sr＜Ba，其中 Ta、U、Be、Hf、Cs、W、Th 等 7 种过渡金属元素含量的均值不足 10 mg/kg，Ta 均值低至 0.69 mg/kg；而 Zr、Sr、Ba 等 3 种过渡金属元素含量的均值则超过 100 mg/kg，Ba 均值高达 1 309 mg/kg；其余 4 种过渡金属元素含量的均值在 10～100 mg/kg。过渡金属的全距能反映过渡金属的绝对波动状况，从表 4-4 可以看出，Zr、Ba、Sr 等 3 种过渡金属的绝对波动范围较大，全距均超过 150 mg/kg，其中 Ba 和 Sr 的全距极大，分别高达 8 027 mg/kg 和 9 001 mg/kg；而 Ta、U、Hf、Be、Cs、Th 的绝对波动范围较小，不足 7 mg/kg，其中 Ta 的全距最小，为 0.97 mg/kg。过渡金属的标准差排序与全距的顺序基本一致，即过渡金属 Ta、U、Hf、Be、Cs 的标准差较小，而 Ba 和 Sr 等的标准差较大。

过渡金属的极值比可以反映过渡金属的相对波动状况，通过计算可知，过渡金属 Ga、Rb、Th、Li、Cs、Hf、U、Zr、Nb、Ta、Be 的极值比相对较小，均不超过 3.3；而 W、Ba、Sr 等 3 种过渡金属的极值比较高，均大于 10，其中 Ba 和 Sr 的极值比分别高达 15.9 和 42.0，相对波动极大，其含量值在北京城区的分布非常离散。过渡金属的变异系数能反映过渡金属的空间变异状况，Ga、Rb、Th、U、Hf、Cs、Li、Be、Zr、Nb、Ta 等 11 种过渡金属的变异系数均小于 24%，空间变异程度极低，其中 Ga 的变异系数低至 14%；而 W、Ba、Sr 等 3 种过渡金属的变异系数均大于 58%，空间变异程度极高，其中 Ba 和 Sr 的变异系数分别高达 101.4% 和 204.0%。

为直观地表现出主要过渡金属含量值的分布，本研究运用 Origin 9.0 绘图软件分别制作了过渡金属 Be-Cs-Hf-Ta-U（图 4-8）、Li-Ga-Rb-Nb-W-Th（图 4-9）以及 Sr-Zr-Ba（图 4-10）的箱线图。从箱线图中可以看出，过渡金属 Cs、Sr、Ba 存在极端异常值；Be、Hf、U、Li、Rb 和 Nb 的含量分布相对其他 8 种过渡金属更对称、更集中。峰度和偏度这两个参数常用来检验数据的分布，从表 4-4 可知，过渡金属 Th 为对称平顶曲线分布，U 为近似对称正态分布，Be 和 Hf 为近似对称平顶曲线分布，Rb、Li、Ga、Cs、Nb、Ta、W 为右偏态尖顶曲线分布，Zr 为右偏态平顶曲线分布，Ba 和 Sr 为极右偏态极尖顶曲线分布。

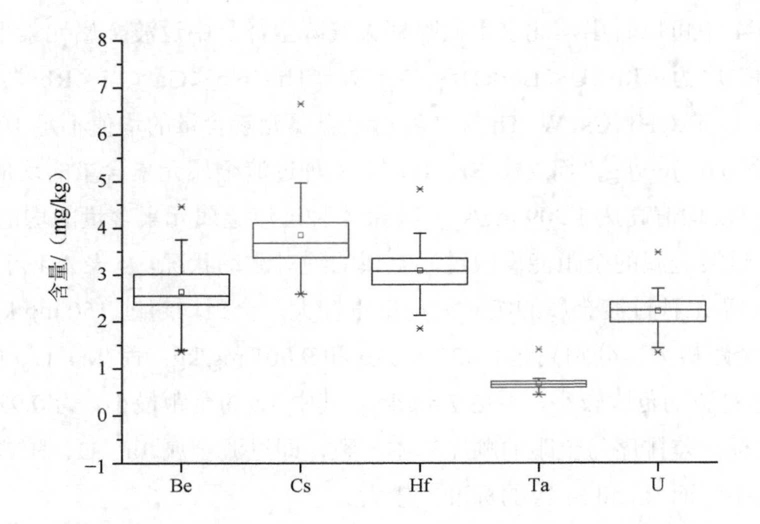

图 4-8 供暖期北京大气降尘过渡金属 Be-Cs-Hf-Ta-U 的箱线图

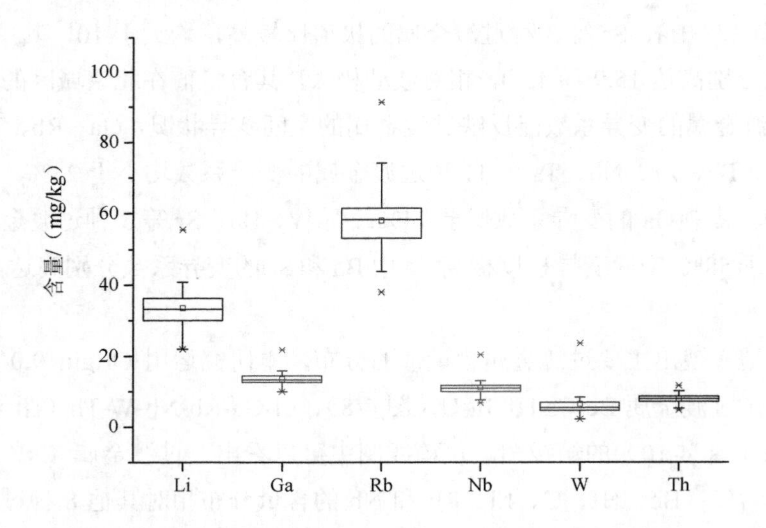

图 4-9 供暖期北京大气降尘过渡金属 Li-Ga-Rb-Nb-W-Th 的箱线图

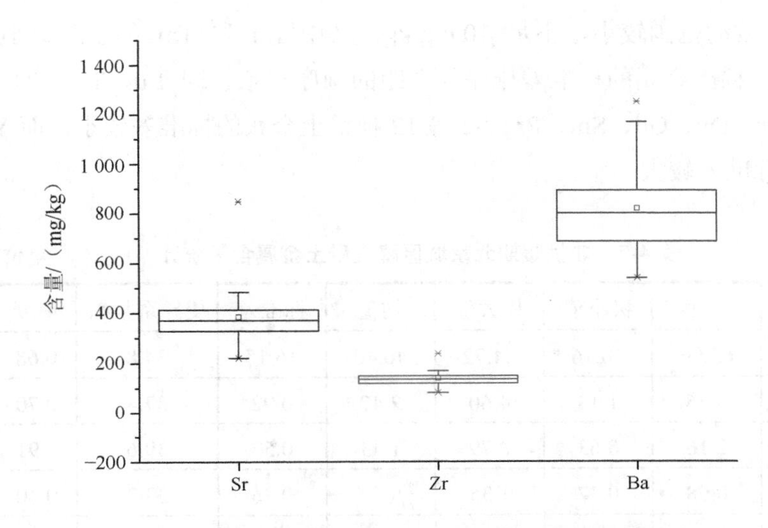

图 4-10　供暖期北京市降尘过渡金属 Sr-Zr-Ba 的箱线图

4.1.3　大气降尘稀土金属元素描述统计特征

（1）非供暖期北京大气降尘稀土金属元素描述统计特征

非供暖期北京大气降尘样品中 16 种稀土金属元素［镧（La）、铈（Ce）、镨（Pr）、钕（Nd）、钐（Sm）、铕（Eu）、钆（Gd）、铽（Tb）、镝（Dy）、钬（Ho）、铒（Er）、铥（Tm）、镱（Yb）、镥（Lu）等镧系元素和类似镧系元素钪（Sc）、钇（Y）］的描述统计量（全距、极小值、极大值、均值、标准差、变异系数、偏度和峰度）如表 4-5 所示。

从表 4-5 中可以看出，北京城区非供暖期大气降尘样品中稀土金属元素平均含量由低到高的顺序为：Lu=Tm＜Tb＜Ho＜Eu＜Yb＜Er＜Dy＜Gd＜Sm＜Pr＜Sc＜Y＜Nd＜La＜Ce，其中 Lu、Tm、Tb、Ho、Eu、Yb、Er、Dy、Gd、Sm、Pr、Sc 等 12 种稀土金属元素含量的均值不足 6 mg/kg，而 Y、Nd、La、Ce 等 4 种稀土金属元素含量的均值在 14.75～46.4 mg/kg。稀土金属的全距能反映稀土金属的绝对波动状况，从表 4-5 可以看出，Y、Nd、La、Ce 等 4 种稀土金属的绝对波动范围较大，全距均超过 20 mg/kg，其中 Ce 的全距最大，达到 63.96 mg/kg；而 Lu、Tm、Tb、Ho、Eu、Yb、Er、Dy、Gd、Sm、Pr、Sc 等 12 种稀土金属元素含量的绝对波动范围较小，不足 10 mg/kg，其中 Lu 和 Tm 的全距最小，仅为 0.32 mg/kg。稀土金属的标准差排序与全距的顺序一致，即 Lu、Tm、Tb、Ho、Eu、Yb、Er、Dy、Gd、Sm、Pr、Sc 等 12 种稀土金属的标准差较小，而 Y、Nd、La、Ce 的标准差较大。

表 4-5　非供暖期北京城区降尘稀土金属含量统计　　单位：mg/kg

项目	*N*	全距	极小值	极大值	均值	标准差	变异系数/%	偏度	峰度
Ce	13	63.96	20.76	84.72	46.40	16.15	34.8	0.68	1.82
Dy	13	3.46	1.14	4.60	2.47	0.92	37.4	0.70	1.18
Er	13	2.16	0.63	2.79	1.43	0.57	39.6	0.91	1.65
Eu	13	0.98	0.37	1.35	0.79	0.26	33.7	0.40	0.35
Gd	13	4.58	1.60	6.18	3.45	1.20	34.8	0.59	1.03
Ho	13	0.79	0.22	1.02	0.53	0.22	40.3	0.69	0.75
La	13	34.04	10.74	44.78	24.03	8.51	35.4	0.82	2.21
Lu	13	0.32	0.09	0.41	0.21	0.08	39.6	0.82	1.46
Nd	13	25.35	8.52	33.87	18.93	6.50	34.4	0.57	1.35
Pr	13	6.96	2.30	9.26	5.15	1.78	34.6	0.58	1.41
Sc	13	7.02	2.72	9.73	5.68	1.94	34.1	0.38	0.09
Sm	13	4.63	1.55	6.18	3.48	1.22	35.1	0.48	0.76
Tb	13	0.63	0.24	0.87	0.46	0.17	36.4	0.89	1.78
Tm	13	0.32	0.09	0.41	0.21	0.08	39.4	0.82	1.45
Y	13	21.91	6.52	28.43	14.75	5.66	38.4	0.94	1.80
Yb	13	2.02	0.58	2.60	1.36	0.54	39.4	0.71	1.08

稀土金属的极值比可以反映稀土金属的相对波动状况，通过计算可知，稀土金属 Sc、Eu、Tb、Gd、Nd、Sm、Pr、Dy 的极值比相对较小，均不超过 4；而 Ce、La、Y、Er、Yb、Ho、Lu、Tm 等 8 种稀土金属的极值比略大，在 4.1～4.6，相对波动较大，其含量值在北京城区的分布比较离散。稀土金属的变异系数能反映稀土金属的空间变异状况，Eu、Sc、Nd、Pr、Ce、Gd 等 6 种稀土金属的变异

系数均小于 35%，空间变异程度较低；而 Sm、La、Tb、Dy、Y、Yb、Tm、Er、Lu 等 9 种稀土金属的变异系数为 35.1%～39.6%，空间变异程度略高；Ho 的变异系数最高，为 40.3%，空间变异程度较高。

为直观地表现出主要稀土金属含量值的分布，本研究运用 Origin 9.0 绘图软件分别制作了稀土金属 Eu-Tb-Ho-Er-Tm-Yb-Lu（图 4-11）、La-Ce-Nd（图 4-12）以及 Sc-Y-Pr-Sm-Gd-Dy（图 4-13）的箱线图。从箱线图中可以看出，稀土金属 Tb、Er、Tm、Yb、Lu、La、Ce、Nd、Y、Pr、Dy 存在极端异常值；Eu、Ho、Sc、Sm 和 Gd 的含量分布相对其他 11 种稀土金属更对称、更集中。峰度和偏度这两个参数常用来检验数据的分布，由表 4-5 可知，稀土金属 Sc、Eu、Sm 为近似对称平顶曲线分布，Nd、Pr、Gd、Ho、Dy、Yb、Lu、Tm 为右偏态平顶曲线分布，Ce、Tb、Er、Y 为右偏态水平矩形分布，La 为近似正态分布。

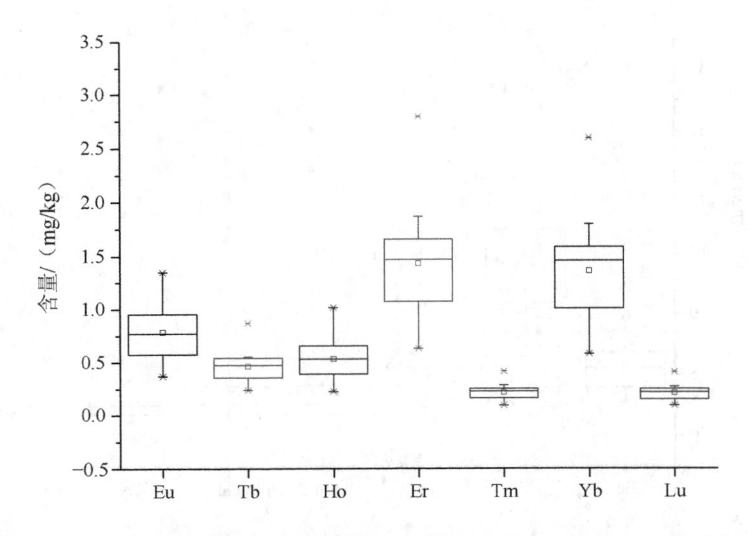

图 4-11　非供暖期北京大气降尘稀土金属 Eu-Tb-Ho-Er-Tm-Yb-Lu 的箱线图

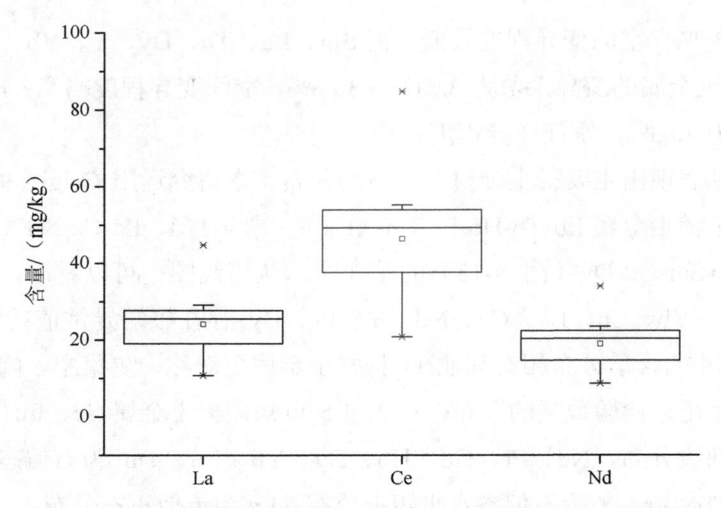

图 4-12 非供暖期北京大气降尘稀土金属 La-Ce-Nd 的箱线图

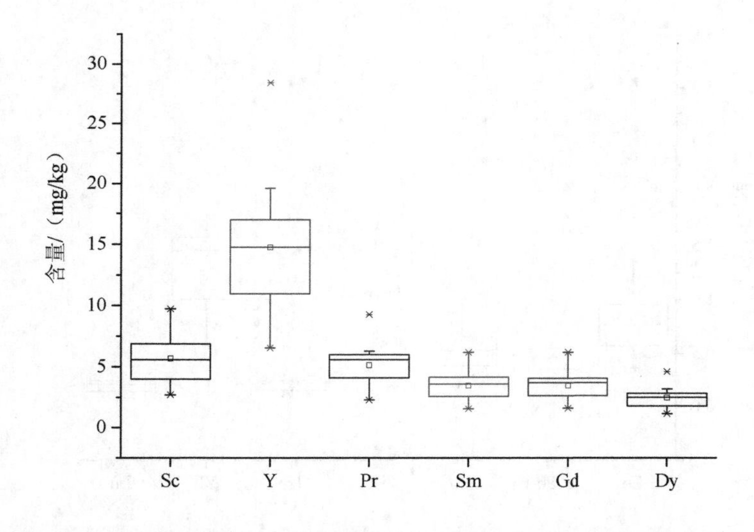

图 4-13 非供暖期北京大气降尘稀土金属 Sc-Y-Pr-Sm-Gd-Dy 的箱线图

（2）供暖期北京市大气降尘稀土金属元素描述统计特征

供暖期北京市大气降尘样品中 16 种稀土金属元素的描述统计量（全距、极小值、极大值、均值、标准差、变异系数、偏度和峰度）如表 4-6 所示。

从表 4-6 中可以看出，北京市供暖期大气降尘样品中稀土金属元素平均含量由低到高的顺序为：Lu＜Tm＜Tb＜Ho＜Eu＜Yb＜Er＜Dy＜Sm＜Gd＜Pr＜Sc＜Y＜Nd＜La＜Ce，其中 Lu、Tm、Tb、Ho、Eu、Yb、Er、Dy、Sm、Gd、Pr、Sc 等 12 种稀土金属元素含量的均值不足 10 mg/kg，Lu 均值低至 0.25 mg/kg；而 Y、Nd、La、Ce 等 4 种稀土金属元素含量的均值在 10～100 mg/kg，Ce 均值最高，为 94 mg/kg。稀土金属的全距能反映稀土金属的绝对波动状况，从表 4-6 可以看出，Y、La、Ce 等 3 种稀土金属的绝对波动范围较大，全距均超过 40 mg/kg，其中 La 和 Ce 的全距极大，分别高达 668 mg/kg 和 1 380 mg/kg；而 Lu、Tm、Tb、Ho、Eu 的绝对波动范围极小，不足 1 mg/kg，其中 Lu 的全距最小，为 0.21 mg/kg。稀土金属的标准差排序与全距的顺序基本一致，即稀土金属 Lu、Tm、Tb、Ho、Eu、Yb、Er、Sm、Gd 的标准差较小，而 La 和 Ce 等的标准差较大。

表 4-6　供暖期北京降尘稀土金属含量统计　　单位：mg/kg

项目	N	全距	极小值	极大值	均值	标准差	变异系数/%	偏度	峰度
Ce	49	1 380	38	1 417	94	206	218.8	6.02	37.86
Dy	49	8.84	1.95	10.79	3.37	1.33	39.5	4.42	22.24
Er	49	1.48	1.20	2.68	1.83	0.26	14.0	−0.08	2.12
Eu	49	0.75	0.57	1.32	0.94	0.15	15.7	−0.19	0.64
Gd	49	5.63	2.66	8.29	4.48	0.83	18.4	1.69	9.02
Ho	49	0.57	0.39	0.96	0.65	0.10	15.2	−0.02	2.12
La	49	668	19	687	43	94	219.3	7	48
Lu	49	0.21	0.16	0.37	0.25	0.04	14.5	−0.04	1.85
Nd	49	25.43	14.67	40.10	23.92	4.21	17.6	1.02	4.23
Pr	49	8.86	4.00	12.86	6.52	1.37	21.1	2.07	9.19
Sc	49	19.41	5.57	24.97	8.98	2.95	32.9	3.49	17.54
Sm	49	3.37	2.74	6.10	4.28	0.66	15.5	−0.14	0.71
Tb	49	0.50	0.40	0.90	0.61	0.09	14.4	0.02	1.91
Tm	49	0.23	0.16	0.40	0.27	0.04	14.8	−0.26	1.86
Y	49	40.43	11.54	51.97	19.78	5.47	27.7	4.36	25.53
Yb	49	1.50	1.02	2.52	1.69	0.25	14.6	−0.03	2.76

稀土金属的极值比可以反映稀土金属的相对波动状况，通过计算可知，稀土金属Sm、Er、Tb、Eu、Lu、Tm、Ho、Yb、Nd、Gd、Pr的极值比相对较小，均不超过3.2；而稀土金属La和Ce的极值比极高，分别高达36.5和37.7，相对波动极大，其含量值在北京城区的分布非常离散。稀土金属的变异系数能反映稀土金属的空间变异状况，Er、Tb、Lu、Yb、Tm、Ho、Sm、Eu、Nd、Gd等10种稀土金属的变异系数均小于18.5%，空间变异程度极低，其中Er的变异系数低至14%；而稀土金属Ce和La的变异系数极高，分别高达218.8%和219.3%，空间变异程度极高。

为直观地表现出主要稀土金属含量值的分布，本研究运用Origin 9.0绘图软件分别制作了稀土金属Eu-Tb-Ho-Er-Tm-Yb-Lu（图4-14）、Sc-Pr-Sm-Gd-Dy（图4-15）以及Y-La-Ce-Nd（图4-16）的箱线图。从箱线图中可以看出，稀土金属La、Ce、Sc、Dy、Y等存在极端异常值；Eu、Tb、Ho、Tm、Lu、Sm、Gd和Nd的含量分布相对其他8种稀土金属更对称、更集中。

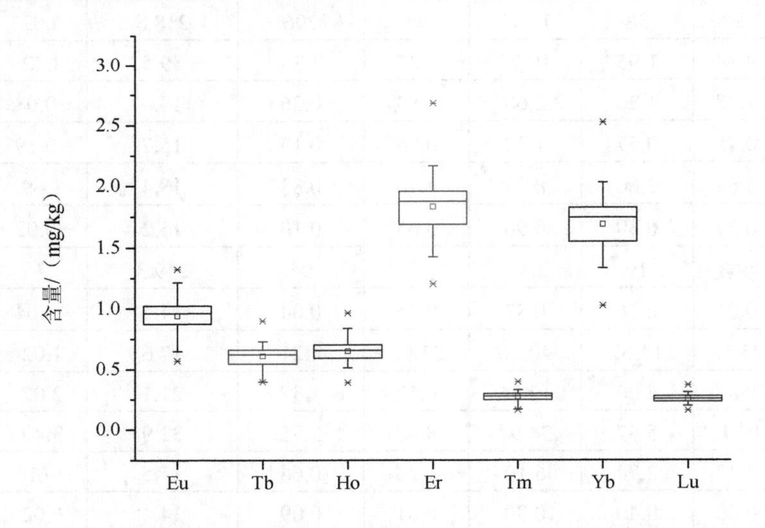

图4-14　供暖期北京大气降尘稀土金属Eu-Tb-Ho-Er-Tm-Yb-Lu的箱线图

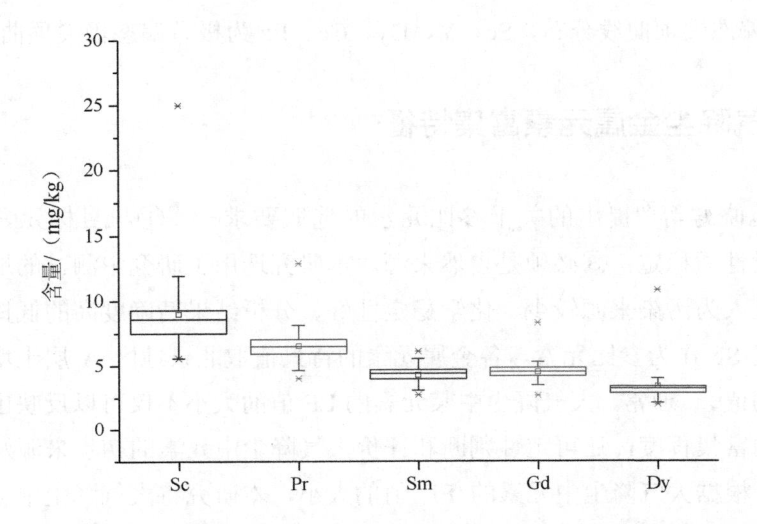

图 4-15　供暖期北京大气降尘稀土金属 Sc-Pr-Sm-Gd-Dy 的箱线图

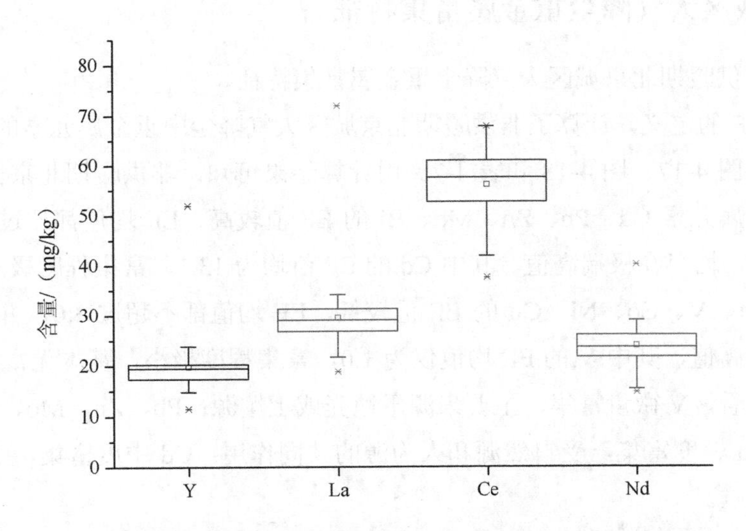

图 4-16　供暖期北京大气降尘稀土金属 Y-La-Ce-Nd 的箱线图

峰度和偏度这两个参数常用来检验数据的分布，由表 4-6 可知，稀土金属 Tm 为近似对称水平矩形分布，Eu 和 Sm 为近似对称平顶曲线分布，Er、Ho 和 Tb 为对称平顶曲线分布，Lu 为对称水平矩形分布，Yb 为对称近似正态分布，Nd、Gd

和 Pr 为右偏态尖顶曲线分布，Sc、Y、Dy、Ce、La 为极右偏态极尖顶曲线分布。

4.2 大气降尘金属元素富集特征

根据范晓婷等[6]提出的关于参比元素的选取要求——①与目标元素相关性小；②化学性质稳定；③必须是自然来源。本研究选用了研究中测试的地壳中普遍存在的且人为污染来源较少、化学稳定性好、分析结果精确度高的低挥发性稀土金属元素 Sc 作为参比元素。各金属元素的背景值取北京地区 A 层土壤对应金属元素平均值[7]。通常，大气降尘中某元素的 EF 值的大小不仅可以反映出大气降尘中元素的富集程度，还可定性判断和评价大气降尘中元素的初步来源及其对污染的贡献。根据大气降尘中元素的 EF 值的大小，本研究将大气降尘中金属元素的富集程度分为 5 个级别，具体分级情况同表 3-4。

4.2.1 城区大气降尘重金属富集特征

（1）非供暖期北京城区大气降尘重金属富集特征

根据 EF 的定义，计算了非供暖期北京城区大气降尘中重金属元素的 EF 值，计算结果见图 4-17、图 4-18 和表 4-7。由计算结果可知，非供暖期北京城区大气降尘中重金属元素 Cd、Pb、Zn、Mo、Bi 的 EF 值较高，EF 均值都超过 5.0，并且除 Mo 外，均存在极端高值，其中 Cd 的 EF 值均为 13.1，富集程度极高；而重金属元素 Cr、V、Co、Ni、Cu 的 EF 值较低，EF 均值都不超过 3.0，并且除 Co 外，无极端高值，其中 V 的 EF 均值仅为 1.0，富集程度极小，基本无富集。

总体来看，V 微量富集，主要来源于地壳或土壤源；Pb、Zn、Mo、Bi、Cr、Co、Ni、Cu 轻度富集，受自然源和人为源的共同作用；Cd 中度富集，主要受人为污染源影响。

（2）供暖期北京市大气降尘重金属元素富集特征

根据 EF 的定义，计算了供暖期北京大气降尘中重金属元素 EF 值，结果见图 4-19、图 4-20 和表 4-8。由计算结果可知，供暖期北京大气降尘中重金属元素 Zn、Cd、Bi、Mo 的 EF 值较高，EF 均值都超过 3.0，富集程度极高；而重金属元素 V、Co、Cr、Ni 的 EF 值较低，EF 均值都不超过 2.0，并且 V、Ni 无异常值，其中 V

的 EF 均值仅为 1.0，富集程度较小，轻微富集，主要来源于地壳或土壤源。其余 9 种重金属都不同程度地轻度富集，均受自然源和人为源的共同作用。

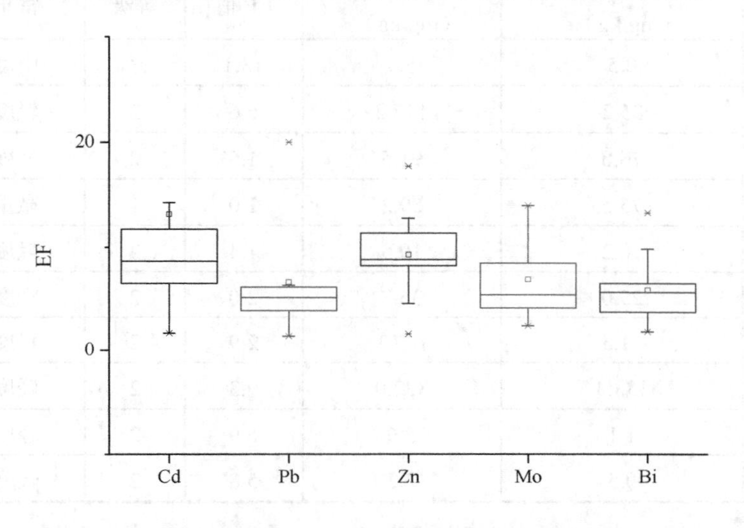

图 4-17　非供暖期北京城区大气降尘重金属 Cd-Pb-Zn-Mo-Bi 的 EF 值

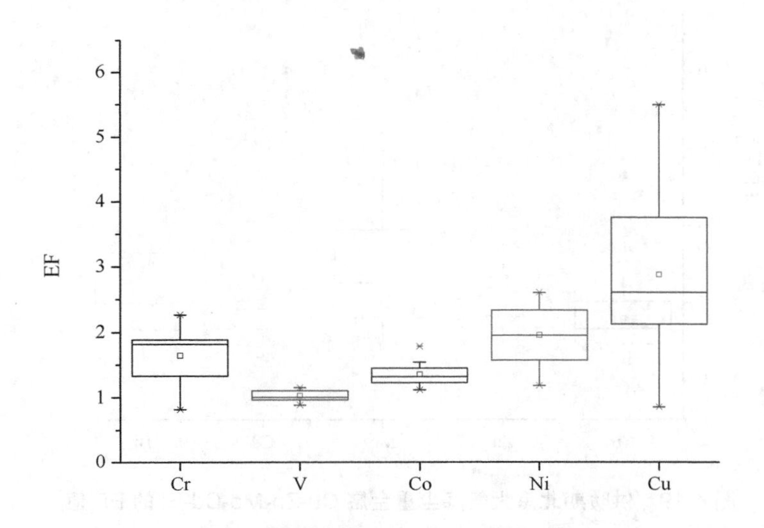

图 4-18　非供暖期北京城区大气降尘重金属 Cr-V-Co-Ni-Cu 的 EF 值

表 4-7　非供暖期北京城区大气降尘重金属的 EF 值

重金属	土壤背景值/（mg/kg）	平均含量/（mg/kg）	EF 值	等级	富集程度
Cd	0.5	5.3	13.1	3	中度富集
Pb	35.2	177.2	6.6	2	轻度富集
Cr	76.8	91.5	1.6	2	轻度富集
V	75.5	59.2	1.0	1	微量富集
Co	10.2	10.5	1.4	2	轻度富集
Ni	25.0	35.8	2.0	2	轻度富集
Cu	51.3	107.1	2.9	2	轻度富集
Zn	133.4	822.0	9.3	2	轻度富集
Mo	1.1	5.6	6.9	2	轻度富集
Bi	0.5	2.2	5.8	2	轻度富集

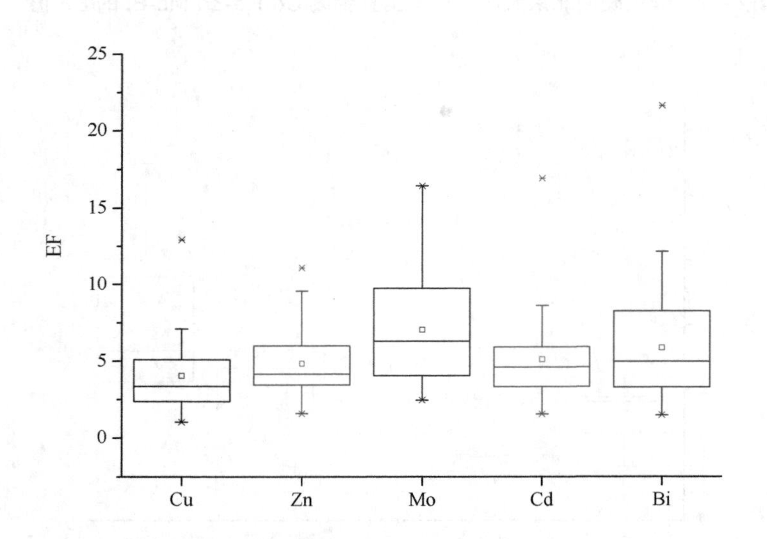

图 4-19　供暖期北京大气降尘重金属 Cu-Zn-Mo-Cd-Bi 的 EF 值

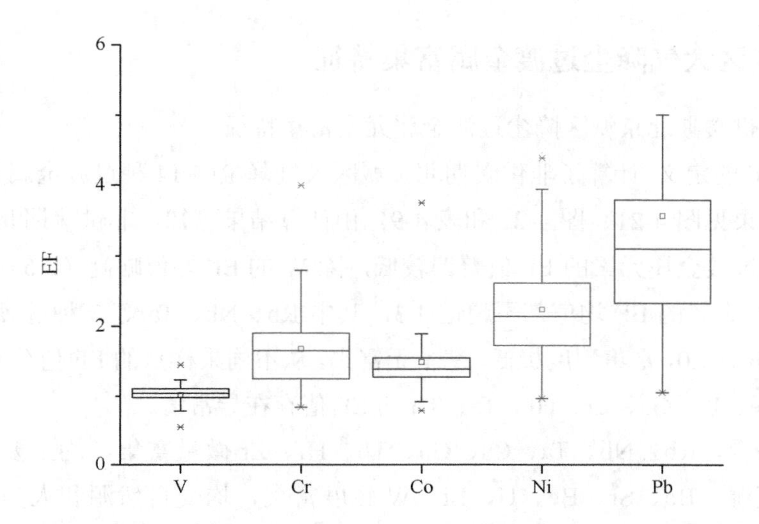

图 4-20　供暖期北京大气降尘重金属 V-Cr-Co-Ni-Pb 的 EF 值

表 4-8　供暖期北京大气降尘重金属的 EF 值

重金属	土壤背景值/（mg/kg）	平均含量/（mg/kg）	EF 值	等级	富集程度
Bi	0.50	3.0	4.4	2	轻度富集
Cd	0.50	2.7	3.3	2	轻度富集
Co	10.2	16.0	1.4	2	轻度富集
Cr	76.8	177.1	1.5	2	轻度富集
Cu	51	210.7	2.5	2	轻度富集
Mo	1.10	8.7	5.5	2	轻度富集
Ni	25.0	57.9	1.7	2	轻度富集
Pb	35.2	132.4	3.0	2	轻度富集
V	75.5	80.8	1.0	1	微量富集
Zn	133	660.5	5.7	2	轻度富集

4.2.2 城区大气降尘过渡金属富集特征

（1）非供暖期北京城区降尘过渡金属元素富集特征

根据 EF 的定义，计算了非供暖期北京城区大气降尘中 14 种过渡金属元素 EF 值，计算结果见图 4-21、图 4-22 和表 4-9。由计算结果可知，非供暖期北京城区大气降尘中过渡金属元素的 EF 值普遍较低，除 W 的 EF 均值略高（2.6）外，其他 13 种过渡金属的 EF 均值都不超过 1.3，其中 Rb、Nb、Ta 等 3 种过渡金属的 EF 均值均小于 1.0，富集程度极低，基本无富集。从不同采样点的 EF 值分布来看，过渡金属 Be、U、Ga、Zr、Hf、Ta、Th 的 EF 值存在异常值。

总体来看，Rb、Nb、Ta、Cs、Ga、Th、Hf、Zr 微量富集，均主要来源于地壳或土壤源；Ba、Sr、Be、U、Li、W 轻度富集，均受自然源和人为源共同作用。

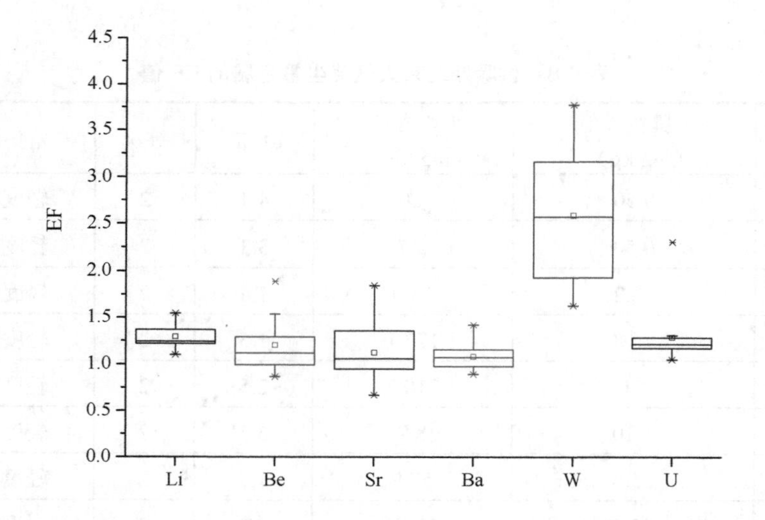

图 4-21 非供暖期北京城区降尘过渡金属 Li-Be-Sr-Ba-W-U 的 EF 值

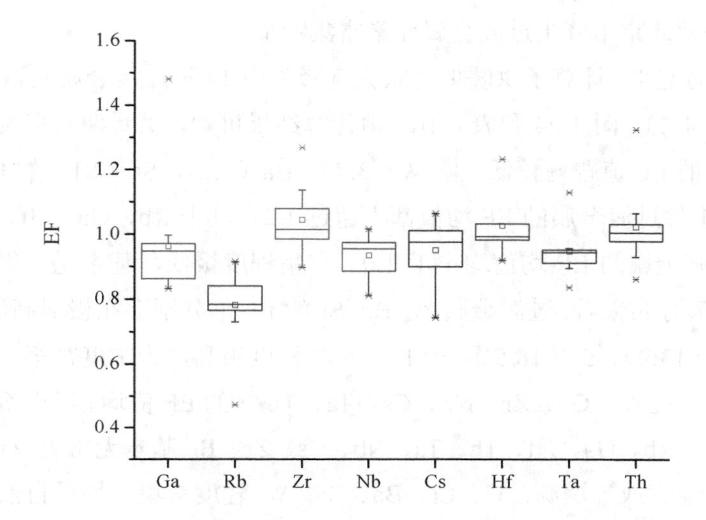

图 4-22　非供暖期北京城区降尘过渡金属 Ga-Rb-Zr-Nb-Cs-Hf-Ta-Th 的 EF 值

表 4-9　非供暖期北京城区降尘过渡金属的 EF 值

过渡金属	土壤背景值/（mg/kg）	平均含量/（mg/kg）	EF 值	等级	富集程度
Li	27.00	27.1	1.3	2	轻度富集
Be	2.5	2.4	1.2	2	轻度富集
Ga	14.8	11.5	1.0	1	微量富集
Rb	79.3	46.1	0.8	1	微量富集
Sr	300.50	254.2	1.1	2	轻度富集
Zr	133.2	107.9	1.0	1	微量富集
Nb	11.7	8.5	0.9	1	微量富集
Cs	4	2.9	1.0	1	微量富集
Ba	633.90	516.4	1.1	2	轻度富集
Hf	3.30	2.6	1.0	1	微量富集
Ta	0.70	0.5	0.9	1	微量富集
W	1.80	3.5	2.6	2	轻度富集
Th	8.40	6.8	1.0	1	微量富集
U	1.90	2.0	1.3	2	轻度富集

（2）供暖期北京市降尘过渡金属元素富集特征

根据EF的定义，计算了供暖期北京大气降尘中14种过渡金属元素的EF值，计算结果见图4-23、图4-24和表4-10。由计算结果可知，供暖期北京大气降尘中过渡金属元素的EF值普遍较低，除W（3.7）、Ba（2.1）、Sr（2.1）的EF均值略高外，其他11种过渡金属的EF均值都不超过1.2，其中Rb、Ga、Hf、Th、Ta、Nb等6种过渡金属的EF均值均小于1.0，富集程度极低，基本无富集。从不同采样点的EF值分布来看，过渡金属W、Ba、Sr的EF值分别存在极端高值W（18.3和12.1）、Ba（13.9）、Sr（18.5和10.1），富集程度极高，为中度富集，主要来源于人为污染源。此外，Ga、Zr、Nb、Cs、Ta、Th等的EF值均存在异常高值。

总体来看，Rb、Ga、Hf、Th、Ta、Nb、Cs、Zr、Be基本无富集或微量富集，均主要来源于地壳或土壤源；U、Li、Ba、Sr、W轻度富集，均受自然源和人为源共同作用。

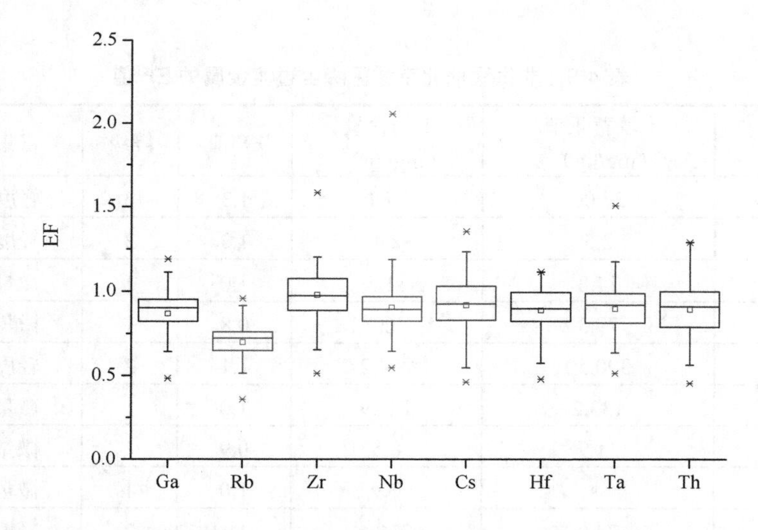

图4-23　供暖期北京大气降尘过渡金属Ga-Rb-Zr-Nb-Cs-Hf-Ta-Th的EF值

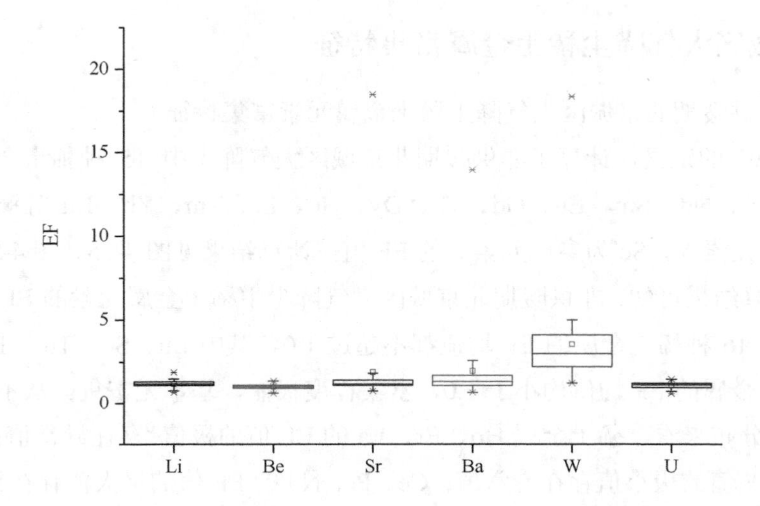

图 4-24　供暖期北京大气降尘过渡金属 Li-Be-Sr-Ba-W-U 的 EF 值

表 4-10　供暖期北京大气降尘过渡金属的 EF 值

过渡金属	土壤背景值/（mg/kg）	平均含量/（mg/kg）	EF 值	等级	富集程度
Ba	633.9	1 308.9	2.1	2	轻度富集
Be	2.5	2.6	1.0	1	微量富集
Cs	4	3.8	1.0	1	微量富集
Ga	14.8	13.5	0.9	1	微量富集
Hf	3.3	3.1	0.9	1	微量富集
Li	27	33.6	1.2	2	轻度富集
Nb	11.7	11.2	0.9	1	微量富集
Rb	79.3	58.0	0.7	1	微量富集
Sr	300.5	703.4	2.1	2	轻度富集
Ta	0.7	0.7	0.9	1	微量富集
Th	8.4	7.9	0.9	1	微量富集
U	1.9	2.2	1.1	1	微量富集
W	1.8	6.4	3.7	2	轻度富集
Zr	133.2	137.9	1.0	1	微量富集

4.2.3 城区大气降尘稀土金属富集特征

（1）非供暖期北京城区大气降尘稀土金属元素富集特征

根据 EF 的定义，计算了非供暖期北京城区大气降尘中 15 种稀土金属元素（La、Ce、Pr、Nd、Sm、Eu、Gd、Tb、Dy、Ho、Er、Tm、Yb、Lu 等镧系元素和类似镧系元素 Y，Sc 为参比元素）的 EF 值，计算结果见图 4-25、图 4-26 和表 4-11。由计算结果可知，非供暖期北京城区大气降尘中稀土金属元素的 EF 值普遍较低，所有 16 种稀土金属的 EF 均值都不超过 1.0，其中 Lu、Sc、Tm、Eu、Sm 等 5 种稀土金属的 EF 均值均小于 1.0，富集程度极低，基本无富集。从不同采样点的 EF 值分布来看，稀土金属 Ho、Er、La 的 EF 值的极值[①]存在异常值；Tm、Yb、Y 的 EF 值的极小值存在异常值；Ce、Pr、Nd 的 EF 值的极大值存在异常值。

总体来看，所有 16 种稀土金属基本无富集或微量富集，均主要来源于地壳或土壤源。

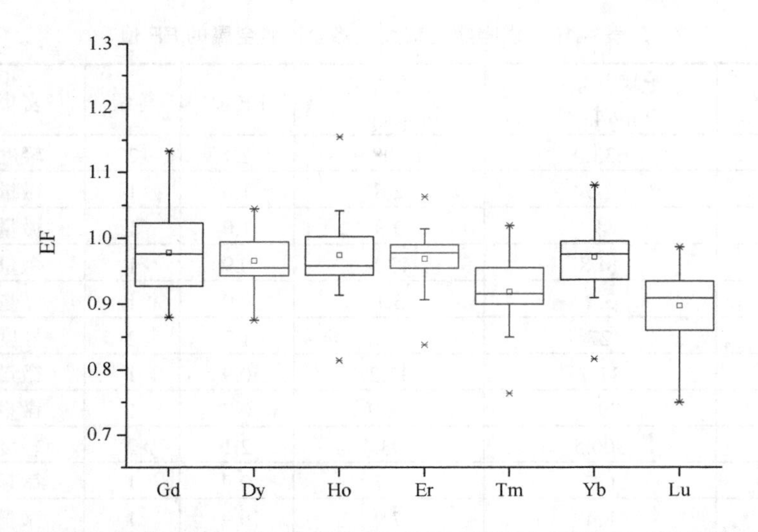

图 4-25 非供暖期北京城区大气降尘稀土金属 Gd-Dy-Ho-Er-Tm-Yb-Lu 的 EF 值

① 极大值和极小值。

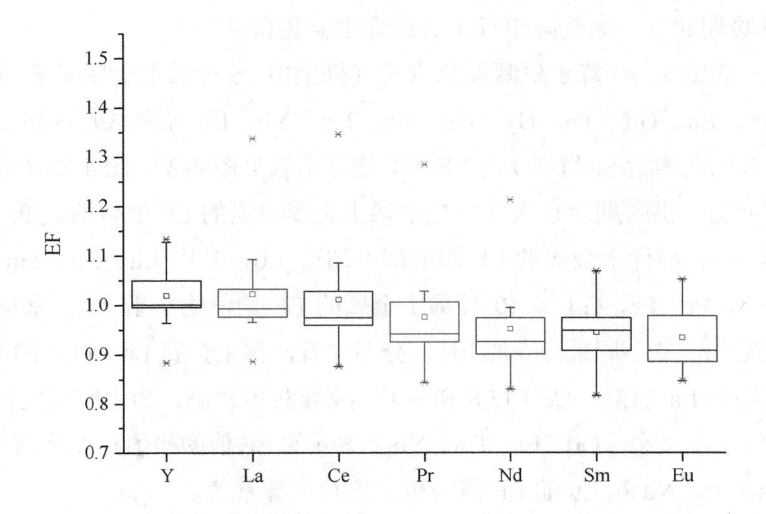

图 4-26　非供暖期北京城区大气降尘稀土金属 Y-La-Ce-Pr-Nd-Sm-Eu 的 EF 值

表 4-11　非供暖期北京城区大气降尘稀土金属的 EF 值

过渡金属	土壤背景值/（mg/kg）	平均含量/（mg/kg）	EF 值	等级	富集程度
Y	18.7	14.8	1.0	1	微量富集
La	30.7	24.0	1.0	1	微量富集
Ce	60.0	46.4	1.0	1	微量富集
Pr	6.90	5.1	1.0	1	微量富集
Nd	26.0	18.9	1.0	1	微量富集
Sm	4.8	3.5	0.9	1	微量富集
Eu	1.1	0.8	0.9	1	微量富集
Gd	4.60	3.5	1.0	1	微量富集
Tb	0.60	0.5	1.0	1	微量富集
Dy	3.30	2.5	1.0	1	微量富集
Ho	0.70	0.5	1.0	1	微量富集
Er	1.90	1.4	1.0	1	微量富集
Tm	0.30	0.2	0.9	1	微量富集
Yb	1.80	1.4	1.0	1	微量富集
Lu	0.30	0.2	0.9	1	微量富集

（2）供暖期北京市大气降尘稀土金属元素富集特征

根据 EF 的定义，计算了供暖期北京大气降尘中 15 种稀土金属元素（La、Ce、Pr、Nd、Sm、Eu、Gd、Tb、Dy、Ho、Er、Tm、Yb、Lu 等镧系元素和类似镧系元素钇 Y，参比元素钪 Sc 除外）的 EF 值，计算结果见图 4-27、图 4-28 和表 4-12。由计算结果可知，供暖期北京大气降尘中稀土金属元素的 EF 值普遍较低，除 Ce、La、外，其余 13 种稀土金属的 EF 均值都不超过 1.0，其中 Lu、Eu、Sm、Tm、Nd、Ho、Yb、Pr、Er、Gd 等 10 种稀土金属的 EF 均值均小于 1.0，富集程度极低，基本无富集。从不同采样点的 EF 值分布来看，稀土金属 La 和 Ce 的 EF 值分别存在极端高值 La（15）、Ce（15.8 和 9.0），富集程度极高，为中度富集，主要来源于人为污染源。此外，Gd、Er、Tm、Yb 和 Sm 的 EF 值的极值存在异常值；Dy、Ho、Y、La、Pr、Nd 和 Eu 的 EF 值的极大值存在异常值。

总体来看，稀土金属 Ce、La 轻度富集，主要受自然源和人为源共同作用；Lu、Eu、Sm、Tm、Nd、Ho、Yb、Pr、Er、Gd、Tb、Dy、Y 基本无富集或微量富集，均主要来源于地壳或土壤源。

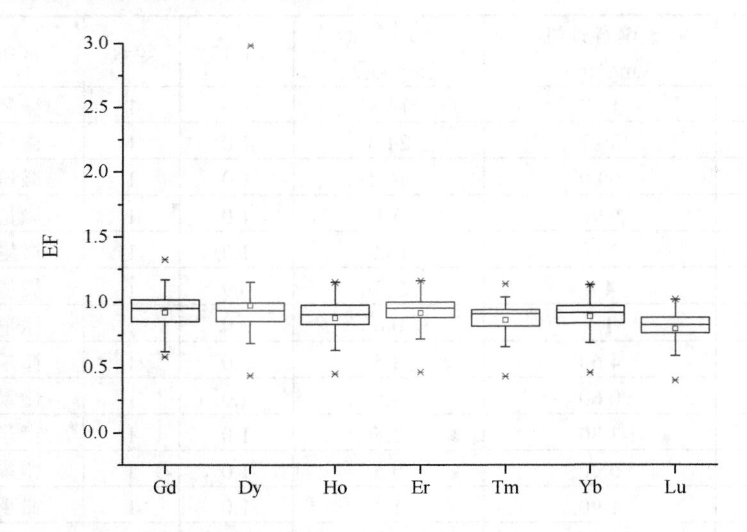

图 4-27　供暖期北京大气降尘稀土金属 Gd-Dy-Ho-Er-Tm-Yb-Lu 的 EF 值

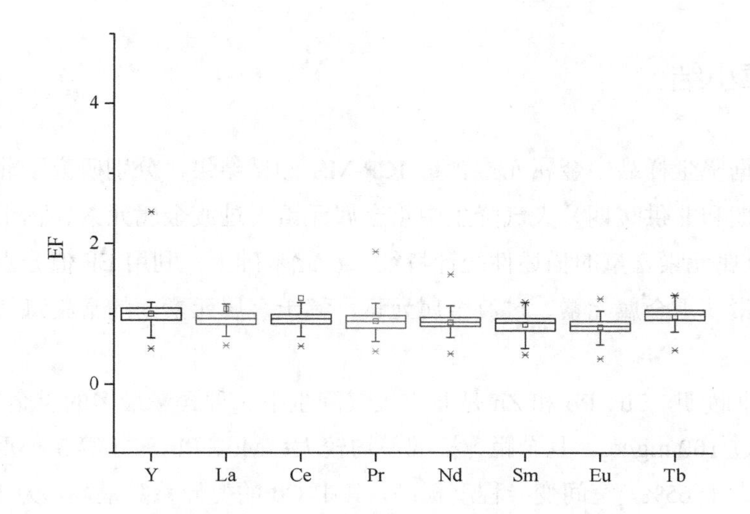

图 4-28　供暖期北京大气降尘稀土金属 Y-La-Ce-Pr-Nd-Sm-Eu 的 EF 值

表 4-12　供暖期北京大气降尘稀土金属的 EF 值

稀土金属	土壤背景值/（mg/kg）	平均含量/（mg/kg）	EF 值	等级	富集程度
Ce	60.0	93.98	1.2	2	轻度富集
Dy	3.30	3.37	1.0	1	微量富集
Er	1.90	1.83	0.9	1	微量富集
Eu	1.1	0.94	0.8	1	微量富集
Gd	4.60	4.48	0.9	1	微量富集
Ho	0.70	0.65	0.9	1	微量富集
La	30.7	42.95	1.1	2	轻度富集
Lu	0.30	0.25	0.8	1	微量富集
Nd	26.0	23.92	0.9	1	微量富集
Pr	6.90	6.52	0.9	1	微量富集
Sm	4.8	4.28	0.8	1	微量富集
Tb	0.60	0.61	1.0	1	微量富集
Tm	0.30	0.27	0.9	1	微量富集
Y	18.7	19.78	1.0	1	微量富集
Yb	1.80	1.69	0.9	1	微量富集

4.3 本章小结

本章根据降尘样品中金属元素含量 ICP-MS 测试结果，分别研究了北京不同时期（供暖期和非供暖期）大气降尘中重金属元素、过渡金属元素、稀土金属元素等 40 种金属元素含量的描述性统计特征；在此基础上，利用 EF 值分别探讨了 3 类金属元素（重金属元素、过渡金属元素、稀土金属元素）的富集特征。研究结论如下：

（1）非供暖期，Cu、Pb 和 Zn 是北京大气降尘中 3 种含量最多的重金属元素，其均值都超过 100 mg/kg，且全距、标准差均较大；Mo、Pb、Cd 等 3 种重金属的变异系数均大于 65%，空间变异程度极高，其中 Cd 的变异系数最高，为 161.9%。重金属 Co、Bi、Cu 和 V 的含量分布相对其他重金属更对称、更集中。V 微量富集，主要来源于地壳或土壤源；Pb、Zn、Mo、Bi、Cr、Co、Ni、Cu 轻度富集，均受自然源和人为源的共同作用；Cd 中度富集，主要受人为污染源影响。

（2）非供暖期，北京大气降尘过渡金属元素中含量最多的 3 种元素是 Zr、Sr 和 Ba，其均值都超过 100 mg/kg，且全距、标准差均较大；Ga、Be、U 等 3 种过渡金属的变异系数均大于 55%，空间变异程度极高，其中 U 的变异系数最高，为 69.3%；过渡金属元素 Rb、Nb、Ta、Cs、Ga、Th、Hf、Zr 微量富集，均主要来源于地壳或土壤源；Ba、Sr、Be、U、Li、W 轻度富集，均受自然源和人为源共同作用。北京降尘中稀土金属元素含量普遍较低，La、Ce 是仅有的 2 种含量均值超过 20 mg/kg 的元素；并且绝大部分稀土金属元素的变异系数小于 40%，空间变异程度较低；所有稀土金属基本无富集或微量富集，均主要来源于地壳或土壤源。

（3）供暖期，北京大气降尘样品中 Pb、Cr、Cu 和 Zn 等 4 种重金属元素含量的均值都超过 100 mg/kg，且全距、标准差均较大；Bi、Mo、Cd、Pb、Cr 等 5 种重金属的变异系数均大于 60%，空间变异程度极高，其中 Cr 的变异系数最高，为 126.9%；重金属 Ni、Zn、Cu 和 V 的含量分布相对其他重金属更对称、更集中。所有重金属都不同程度地轻度富集，均受自然源和人为源共同作用。

（4）供暖期，北京大气降尘样品中 Zr、Sr、Ba 等 3 种过渡金属元素含量的均值超过 100 mg/kg；W、Ba、Sr 等 3 种过渡金属的变异系数均大于 58%，空间变异程度极高；过渡金属 Rb、Ga、Hf、Th、Ta、Nb、Cs、Zr、Be 基本无富集或微量富集，均主要来源于地壳或土壤源；U、Li、Ba、Sr、W 轻度富集，均受自然源和人为源共同作用。北京降尘样品中La、Ce是仅有的2种含量均值超过20 mg/kg的稀土金属元素；稀土金属 Ce、La 轻度富集，主要受自然源和人为源共同作用；Lu、Eu、Sm、Tm、Nd、Ho、Yb、Pr、Er、Gd、Tb、Dy、Y 基本无富集或微量富集，均主要来源于地壳或土壤源。

参考文献

[1] 杨复沫，贺克斌，马永亮，等. 北京大气 $PM_{2.5}$ 中微量元素的浓度变化特征与来源[J]. 环境科学，2003，24（6）：33-37.

[2] 宋宇，唐孝炎，方晨，等. 北京市大气细粒子的来源分析[J]. 环境科学，2002，23（6）：11-16.

[3] 王晴晴，马永亮，谭吉华，等. 北京市冬季 $PM_{2.5}$ 中水溶性重金属污染特征[J]. 中国环境科学，2014，34（9）：2204-2210.

[4] 李友平，慧芳，周洪，等. 成都市 $PM_{2.5}$ 中有毒重金属污染特征及健康风险评价[J]. 中国环境科学，2015，35（7）：2225-2232.

[5] 李丽娟，温彦平，彭林，等. 太原市采暖季 $PM_{2.5}$ 中元素特征及重金属健康风险评价[J]. 环境科学，2014，35（12）：4431-4438.

[6] 范晓婷，蒋艳雪，崔斌，等. 富集因子法中参比元素的选取方法——以元江底泥中重金属污染评价为例[J]. 环境科学学报，2016，36（10）：3795-3803.

[7] 中国环境监测总站. 中国土壤元素背景值[M]. 北京：中国环境科学出版社，1990.

[8] 熊秋林，赵文吉，王皓飞，等. 北京市春季 $PM_{2.5}$ 中金属元素污染特征及来源分析[J]. 生态环境学报，2016，25（7）：1181-1187.

[9] 熊秋林，赵文吉，郭逍宇，等. 北京城区冬季降尘微量元素分布特征及来源分析[J]. 环境科学，2015，35（8）：2735-2742.

[10] STORTINI A M，FREDA A，CESARI D，et al. An evaluation of the $PM_{2.5}$ trace elemental composition in the Venice Lagoon area and an analysis of the possible sources[J]. Atmospheric Environment，2009，43：6296-6304.

[11] GAO Jiajia, TIAN Hezhong, CHENG Ke, et al. Seasonal and spatial variation of trace elements in multi-size airborne particulate matters of Beijing, China: Mass concentration, enrichment characteristics, source apportionment, chemical speciation and bioavailability[J]. Atmospheric Environment, 2014, 99: 257-265.

[12] DUAN Jingchun, TAN Jihua, WANG Shulan, et al. Size distributions and sources of elements in particulate matter at curbside, urban and rural sites in Beijing[J]. Journal of Environmental Sciences, 2012, 24（1）: 87-94.

[13] KAN H, CHEN R, TONG S. Ambient air pollution, climate change, and population health in China[J]. Environment International, 2012, 42: 10-19.

[14] SCHLEICHER N J, NORRAA S, CHAIC F, et al. Temporal variability of trace metal mobility of urban particulate matter from Beijing—A contribution to health impact assessments of aerosols[J]. Atmospheric Environment, 2011, 45（39）: 7248-7265.

[15] SONG Shaojie, WU Ye, JIANG Jingkun, et al. Chemical characteristics of size-resolved $PM_{2.5}$ at a roadside environment in Beijing, China[J]. Environmental Pollution, 2012, 161: 215-221.

[16] LI Weijun, WANG Tao, ZHOU Shengzhen, et al. Microscopic Observation of Metal-Containing Particles from Chinese Continental Outflow Observed from a Non-Industrial Site[J]. Environmental Science & Technology, 2013, 47（16）: 9124-9131.

[17] LI Weijun, WANG Yan, Jeffrey L. Collett, Jr., et al. Microscopic evaluation of trace metals in cloud droplets in an acid precipitation region[J]. Environmental Science & Technology, 2013, 47（9）: 4172-4180.

[18] LI Xingru, WANG Lili, WANG Yuesi, et al. Chemical composition and size distribution of airborne particulate matters in Beijing during the 2008 Olympics[J]. Atmospheric Environment, 2012, 50: 278-286.

[19] PAN Yuepeng, TIAN Shili, LI Xingru, et al. Wentworth, Yuesi Wang, Trace elements in particulate matter from metropolitan regions of Northern China: Sources, concentrations and size distributions[J]. Science of The Total Environment, 2015, 537: 9-22.

[20] 陈培飞，张嘉琪，毕晓辉，等. 天津市环境空气 PM_{10} 和 $PM_{2.5}$ 中典型重金属污染特征与来源研究[J]. 南开大学学报（自然科学版），2013，6：1-7.

[21] 季廷安，傅光. 城市大气可吸入颗粒物中重金属元素分布规律的研究[J]. 环境科学，1987，

1：24-27.

[22] 林海鹏，武晓燕，战景明，等. 兰州市某城区冬夏季大气颗粒物及重金属的污染特征[J]. 中国环境科学，2012，32：810-815.

[23] 吕森林，邵龙义，吴明红，等. 北京 PM_{10} 中化学元素组成特征及来源分析[J]. 中国矿业大学学报，2006，5：684-688.

[24] 马艳华，宁平，黄小凤，等. $PM_{2.5}$ 重金属元素组成特征研究进展[J]. 矿物学报，2013，33（3）：375-381.

[25] 孙颖，潘月鹏，李杏茹，等. 京津冀典型城市大气颗粒物化学成分同步观测研究[J]. 环境科学，2011，9：2732-2740.

[26] 谭吉华，段菁春. 中国大气颗粒物重金属污染、来源及控制建议[J]. 中国科学院研究生院学报，2013，2：145-155.

[27] 田世丽，潘月鹏，刘子锐，等. 不同材质滤膜测量大气颗粒物质量浓度和化学组分的适用性——以安德森分级采样器为例[J]. 中国环境科学，2014，4：817-826.

[28] 于扬，岑况，STEFAN N，等. 北京市 $PM_{2.5}$ 中主要重金属元素污染特征及季节变化分析[J]. 现代地质，2012，5：975-982.

[29] 张小玲，赵秀娟，蒲维维，等. 北京城区和远郊区大气细颗粒 $PM_{2.5}$ 元素特征对比分析[J]. 中国粉体技术，2010，16（1）：28-34.

第5章 北京大气降尘中金属元素空间分布

本章分析了北京大气降尘中金属元素含量的城郊差异，并从数据分布检验、半变异函数云图以及全局趋势等角度对大气降尘中金属元素进行了空间探索性数据分析；构建并选取了合适的空间地统计插值模型，探究了北京大气降尘中金属元素含量的空间分布。

5.1 大气降尘金属元素城郊差异

5.1.1 大气降尘重金属城郊差异

根据大气降尘样品中重金属含量测试结果，分别统计了供暖期北京城区（样本数为33）及近郊（样本数为16）大气降尘中重金属元素含量的极值比、平均值、标准偏差以及变异系数等，见表5-1。

表5-1 北京大气降尘重金属元素统计 单位：mg/kg

重金属	背景值	城区					近郊				
		平均值	标准偏差	极值比	变异系数/%	背景比值	平均值	标准偏差	极值比	变异系数/%	背景比值
Bi	0.5	3.4	1.9	13	56	6.3	1.9	0.97	5.3	50	3.6
Cd	0.5	3	2.03	14.6	67	6.6	1.9	0.64	3.1	34	4.1
Co	10.2	15.4	4.9	3.8	32	1.5	17.7	7.27	2.7	41	1.7
Cr	76.8	196	260	14.5	133	2.6	125	35.9	2.1	29	1.6
Cu	51.3	239	109	6.9	45	4.7	132	39.7	2.3	30	2.6
Mo	1.1	9.9	5.98	13.4	61	8.6	5.3	2.24	3.5	42	4.7

重金属	背景值	城区					近郊				
		平均值	标准偏差	极值比	变异系数/%	背景比值	平均值	标准偏差	极值比	变异系数/%	背景比值
Ni	25	61.2	16.97	3.1	28	2.5	48.8	11.8	2.3	24	2.0
Pb	35.2	147	111.3	12.4	76	4.2	91.6	22	2.2	24	2.6
V	75.5	80.7	13.6	2.3	17	1.1	80.9	7.34	1.4	9	1.1
Zn	133	713.2	249	4.3	35	5.4	515	246	3.8	48	3.9

从表 5-1 中可以看出，北京城区供暖期大气降尘重金属元素之间含量差异非常大，Cd、Bi 和 Mo 等 3 种重金属的平均值不足 10.0 mg/kg，在大气降尘中的含量很低；Co、Ni 和 V 等 3 种重金属的平均值在 10～100 mg/kg，在大气降尘中的含量较低；Pb、Cr、Cu 和 Zn 等 4 种重金属元素的平均值超过 100 mg/kg（Zn 最高，为 713.2 mg/kg），在大气降尘中的含量较高，是北京城区供暖期大气降尘中的主要重金属元素。

与北京近郊供暖期大气降尘重金属元素含量（表 5-1）相比，重金属 Pb、Cr、Cu、Zn 在城区的含量（分别为 147.1 mg/kg、195.9 mg/kg、239.2 mg/kg 和 713.2 mg/kg）明显高于近郊地区的含量（分别为 91.6 mg/kg、125.1 mg/kg、131.9 mg/kg 和 514.5 mg/kg），分别超出 61%、57%、81%和 39%。北京城区相比近郊地区，人口更密集，交通生产生活活动更剧烈，说明人为活动对大气降尘重金属含量的贡献较大。

分析重金属元素的极值比（表 5-1）可以发现，北京城区供暖期大气降尘同一种重金属元素其含量分布的差异性非常大。不同重金属元素之间其含量分布范围的差异性也较大。V、Ni、Co、Zn、Cu 等 5 种重金属元素的极值比在 2.2～6.9；Pb、Bi、Mo、Cr、Cd 等 5 种重金属元素的极值比在 12.4～14.6，是含量波动最大的重金属，空间分布极不均匀。与北京城区相比，北京近郊重金属元素的极值比要小得多，V、Cr、Pb、Cu、Ni 和 Co 等 6 种重金属元素的极值比在 1.4～2.7；Cd、Mo、Zn 和 Bi 等 4 种重金属元素的极值比在 3.1～5.3；说明北京城区重金属元素含量的波动要比北京近郊的剧烈。

由上述极值比的分析来看，北京城区供暖期大气降尘中大部分重金属元素含量的分布较离散。为了具体考察这些重金属元素的变异程度，通过标准偏差和变异系数求算了重金属元素的变异系数，结果见表 5-1。从计算的结果来看，V、Ni、Co、Zn、Cu 的变异系数在 17%～45%，这 5 种重金属元素含量分布较集中；Bi、Mo、Cd、Pb 等 4 种重金属元素的变异系数在 56%～76%，该 4 种重金属元素含量分布较离散；Cr 的变异系数最高，达到 133%。北京近郊地区供暖期大气降尘重金属元素含量的变异系数相对要小得多，V、Ni、Pb、Cr、Cu、Cd、Co、Mo 等 8 种重金属元素的变异系数在 9%～42%，这 8 种重金属元素含量分布比较集中；Zn 和 Bi 的变异系数略高，分别为 48%和 50%，这 2 种重金属元素含量分布较离散，并且绝大部分重金属含量在城区的变异系数要大于在近郊的变异系数，由此表明北京城区大气降尘中重金属元素含量的变异性要比北京近郊的更强，观测值的离散程度比北京近郊的更大。

为了进一步了解供暖期北京城区大气降尘重金属元素含量状况，将本次测试的大气降尘重金属元素质量分数与同步测定的地表土壤重金属元素背景值进行对照，将重金属质量分数平均值与背景值的比值定义为背景比值（表 5-1）。从计算的结果来看，北京城区 V 和 Co 的背景比值较低，分别为 1.1 和 1.5，与地表土壤中的含量相当；Ni、Cr、Pb、Cu、Zn 等 5 种重金属元素的背景比值在 2.5～5.4，比地表土壤中的含量高出 1.5～4.4 倍；Bi、Cd、Mo 的背景比值分别为 6.3、6.6、8.6，均超出地表土壤中的含量 5 倍以上，说明供暖期北京城区大气降尘中大部分重金属均存在不同程度的污染。

与北京城区相比，北京近郊大气降尘中的重金属元素的背景比值普遍要小，V、Cr、Co、Ni 等 4 种重金属元素的背景比值在 1.1～2.0；Cu、Pb、Bi、Zn 等 4 种重金属元素的背景比值在 2.6～3.9；Cd 和 Mo 的背景比值分别为 4.1 和 4.7；说明供暖期北京城区和近郊地区均存在大气降尘重金属污染，且北京城区的污染较近郊地区的要严重。

5.1.2 大气降尘过渡金属城郊差异

根据大气降尘样品中过渡金属含量测试结果，分别统计了供暖期北京城区（样本数为 33）及近郊（样本数为 16）大气降尘中过渡金属元素含量的极值比、平均值、标准偏差以及变异系数，见表 5-2。

表 5-2　北京大气降尘过渡金属元素统计　　单位：mg/kg

过渡金属	背景值	城区					近郊				
		平均值	标准偏差	极值比	变异系数/%	背景比值	平均值	标准偏差	极值比	变异系数/%	背景比值
Ba	633.9	1 462.0	1 491.90	14.2	102	2.31	884	535.40	4.9	61	1.39
Cs	3.8	3.8	0.71	2.6	19	1.01	3.9	0.45	1.4	12	1.04
Ga	14.8	13.3	2.03	2.2	15	0.9	14	1.35	1.5	10	0.95
Hf	3.3	3.1	0.54	2.6	17	0.93	3.1	0.41	1.5	13	0.93
Nb	11.7	11.1	2.95	3.0	26	0.95	11.2	1.33	1.6	12	0.96
Rb	79.3	56.7	8.75	2.4	15	0.71	61.8	7.86	1.5	13	0.78
Sr	300.5	685.1	1 485.10	42.0	217	2.28	754.1	1 342.70	20.3	178	2.51
Ta	0.7	0.7	0.18	3.2	27	0.96	0.7	0.08	1.4	11	0.96
Th	8.4	7.7	1.26	2.4	16	0.92	8.5	1.01	1.6	12	1.01
U	1.9	2.2	0.38	2.6	18	1.14	2.3	0.23	1.5	10	1.18
W	1.8	6.2	3.49	10.9	57	3.35	7.1	4.49	6.6	64	3.84
Zr	133.2	134.9	28.56	2.9	21	1.01	146.1	35.61	2.2	24	1.10

从表 5-2 中可以看出，北京城区供暖期大气降尘过渡金属元素之间含量差异非常大，Ta 的平均值不足 1 mg/kg，在大气降尘中的含量最低；U、Hf、Cs、W 和 Th 等 5 种过渡金属的平均值都不足 10 mg/kg，在大气降尘中的含量很低；Nb、Ga 和 Rb 等 3 种过渡金属的平均值在 10～100 mg/kg，在大气降尘中的含量较低；Ba、Sr 和 Zr 等 3 种过渡金属的平均值超过 100 mg/kg，在大气降尘中的含量较高，其中 Ba 在大气降尘中的含量最高，超过 1 000 mg/kg（其平均值为 1 462.3 mg/kg），是北京城区供暖期大气降尘中的主要过渡金属元素。与北京近郊供暖期大气降尘过渡金属元素含量（表 5-2）相比，除 Ba 以外，过渡金属在城区的含量略低于郊区，其中 W、Th、Sr、Zr 和 Rb 在城区的含量大致低于在近郊地区的含量约 10%。北京近郊地区相比城区土壤风沙尘较多[1]，说明自然源对大气降尘过渡金属含量的贡献较大。

分析对比过渡金属元素的极值比（表 5-2）可以发现，北京城区供暖期大气降尘同一种过渡金属元素其含量分布的差异性非常大。通过求算两者的极值比，可以发现不同过渡金属元素之间其含量分布范围的差异性较大。W、Ba、Sr 等 3

种过渡金属元素的极值比在 10.9～42.0，是含量波动最大的过渡金属，空间分布极不均匀。其余的过渡金属元素的极值比在 2.2～3.2，波动相对较小。与北京城区相比，北京近郊所有过渡金属元素的极值比要小于其在城区的对应值，除 Sr、Ba 和 W 这 3 种过渡金属元素的极值比较高外，其余过渡金属元素如 Ta 等的极值比在 1.4～2.2，说明北京城区重金属元素含量的波动要比北京近郊剧烈。

由上述极值比的分析来看，北京城区供暖期大气降尘中大部分过渡金属元素含量的分布较离散。为了具体考察这些过渡金属元素的变异程度，通过标准偏差和变异系数求算了过渡金属元素的变异系数，结果见表 5-2。从计算结果来看，Ga 等大部分过渡金属的变异系数在 15%～19%，这些过渡金属元素含量分布较集中；W 和 Ba 的变异系数分别为 57%和 102%，这两种过渡金属元素含量分布较离散；Sr 的变异系数最高，达到 217%。除 W 和 Zr 外，北京近郊地区供暖期大气降尘过渡金属元素含量的变异系数均小于其对应的城区值，由此表明北京城区大气降尘中过渡金属元素含量的变异性要比北京近郊的更强，观测值的离散程度比北京近郊更大，而比北京近郊过渡金属元素含量则相对稳定。

5.1.3 大气降尘稀土金属城郊差异

根据大气降尘样品中稀土金属含量测试结果，分别统计了供暖期北京城区（样本数为 33）及近郊（样本数为 16）大气降尘中稀土金属元素含量的极值比、平均值、标准偏差以及变异系数，见表 5-3。

表 5-3 北京大气降尘稀土金属元素统计 单位：mg/kg

过渡金属	背景值	城区					近郊				
		平均值	标准偏差	极值比	变异系数/%	背景比值	平均值	标准偏差	极值比	变异系数/%	背景比值
Ce	60	106.6	239.49	37.7	225	1.78	59.2	6.79	1.6	11	0.99
Dy	3.3	3.0	0.44	2.3	15	0.92	4.3	2.31	3.9	54	1.28
Er	1.9	1.8	0.28	2.2	16	0.93	1.9	0.16	1.4	8	1.00
Eu	1.1	0.9	0.15	2.3	17	0.85	1.0	0.12	1.7	12	0.91
Gd	4.6	4.4	0.92	3.1	21	0.96	4.6	0.47	1.4	10	1.00
Ho	0.7	0.6	0.10	2.5	16	0.91	0.7	0.07	1.5	10	1.00

过渡金属	背景值	城区					近郊				
		平均值	标准偏差	极值比	变异系数/%	背景比值	平均值	标准偏差	极值比	变异系数/%	背景比值
La	30.7	47.5	109.90	36.5	231	1.55	30.3	3.23	1.5	11	0.99
Lu	0.3	0.2	0.04	2.3	16	0.90	0.3	0.03	1.4	10	0.96
Nd	26	23.4	4.58	2.7	20	0.90	25.2	2.72	1.5	11	0.97
Pr	6.9	6.4	1.51	3.2	24	0.93	6.9	0.82	1.6	12	1.00
Sm	4.8	4.2	0.69	2.2	17	0.88	4.6	0.50	1.6	11	0.95
Tb	0.6	0.6	0.09	2.3	15	0.96	0.6	0.07	1.6	11	1.03
Tm	0.3	0.3	0.04	2.4	16	0.92	0.3	0.03	1.4	10	0.99
Y	18.7	19	3.17	2.5	17	1.02	22.0	9.13	3.4	42	1.18
Yb	1.8	1.7	0.27	2.5	16	0.91	1.8	0.15	1.3	9	0.98

从表 5-3 中可以看出，北京城区供暖期大气降尘稀土金属元素之间含量差异非常大，Ce 质量分数的平均值（106.6 mg/kg）高于其他稀土金属元素，在大气降尘中的含量最多，La、Nd 和 Y 等 3 种稀土金属，其质量分数的平均值在 10～100 mg/kg，在大气降尘中的含量也较多；以上 4 种稀土金属是北京城区供暖期大气降尘中的主要稀土金属元素。而其余稀土金属元素质量分数的平均值都不足 10 mg/kg，在大气降尘中的含量很少。

与北京近郊供暖期大气降尘稀土金属元素含量（表 5-3）相比，稀土金属 La、Ce 在城区的含量（分别为 47.5 mg/kg 和 106.6 mg/kg）明显高于近郊地区的含量（分别为 30.3 mg/kg 和 59.2 mg/kg），质量分数分别超出 57%和 80%。而其余大部分稀土金属元素的含量均低于近郊地区的含量。北京城区相比近郊地区，人口更密集、交通生产生活活动更剧烈，说明人为活动仅对大气降尘中的部分稀土金属 La 和 Ce 含量的贡献较大。分析对比稀土金属元素的极值比（表 5-3），可以发现，北京城区供暖期大气降尘同一种稀土金属元素其含量分布的差异性同样非常大。通过求算两者的极值比，可以发现不同稀土金属元素之间其含量分布范围的差异性较大。Ce 和 La 的极值比分别为 37.7 和 36.5，是含量波动最大的两种稀土金属，空间分布极不均匀；而其余稀土金属的极值比均不超过 3.2。与北京城区相比，除 Dy 和 Y 以外，北京近郊稀土金属元素的极值比均要小得多，绝大部分稀土金属元素的极值比不超过 1.7。说明北京城区稀土金属元素含量的波动要比北京近郊剧烈。

由上述极值比的分析来看，北京城区供暖期大气降尘中大部分稀土金属元素含量的分布较离散。为了具体考察这些稀土金属元素的变异程度，通过标准偏差和变异系数求算了稀土金属元素的变异系数，结果见表 5-3。从计算结果来看，La 和 Ce 的变异系数最高，分别为 231%和 225%，这 2 种稀土金属元素含量分布非常离散；而其余稀土金属元素的变异系数在 15%～24%，这些稀土金属元素含量分布较集中。

北京近郊地区供暖期大气降尘稀土金属元素含量的变异系数相对要小得多，除 Dy 和 Y 以外，其余稀土金属元素的变异系数均不超过 12%，这些稀土金属元素含量分布比较集中，并且绝大部分稀土金属（除 Dy 和 Y）含量在城区的变异系数要大于其在近郊的变异系数，由此表明北京城区大气降尘中稀土金属元素含量的变异性要比北京近郊的更强，观测值的离散程度更大。

5.2 大气降尘金属元素探索性数据分析

5.2.1 大气降尘重金属探索性数据分析

（1）数据分布检验

本研究利用正态 QQ 分布图（图 5-1），依次检验了北京大气降尘中重金属的含量分布，发现大部分重金属的含量（用对数变换或幂函数变换）正态 QQ 分布图基本上都近似成一条直线，符合空间地统计分析对样本点数据的要求。

（2）半变异函数云图

半变异/协方差函数云表示的是数据集中所有样点对的理论半变异值和协方差，并把它们用两点间距离的函数来表示，用此函数作图。图 5-2 是北京冬季大气降尘中重金属半变异函数云图。本研究利用半变异函数云图分别识别了重金属各自的异常值，并予以剔除。

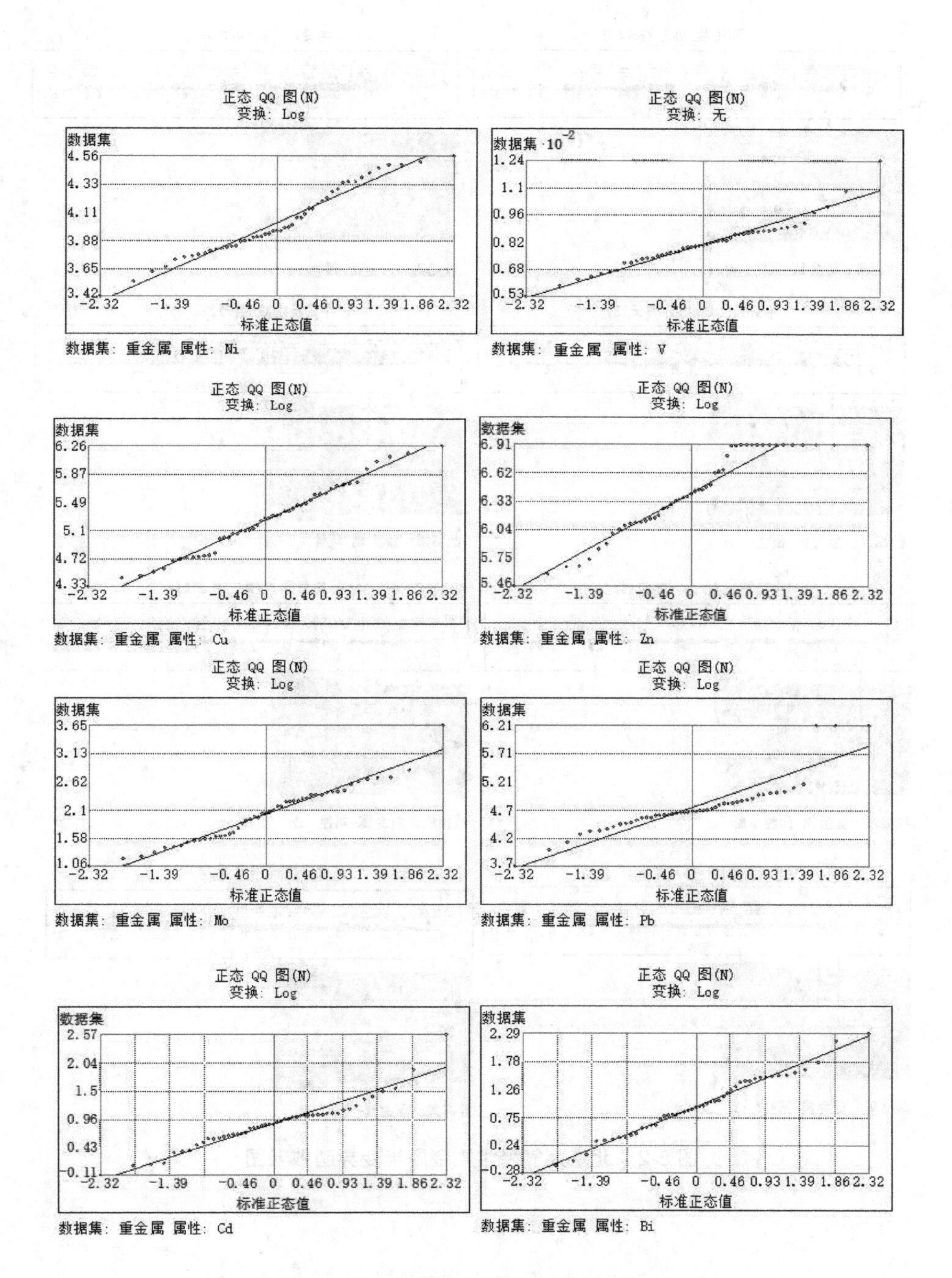

图 5-1　北京大气降尘重金属正态 QQ 分布图

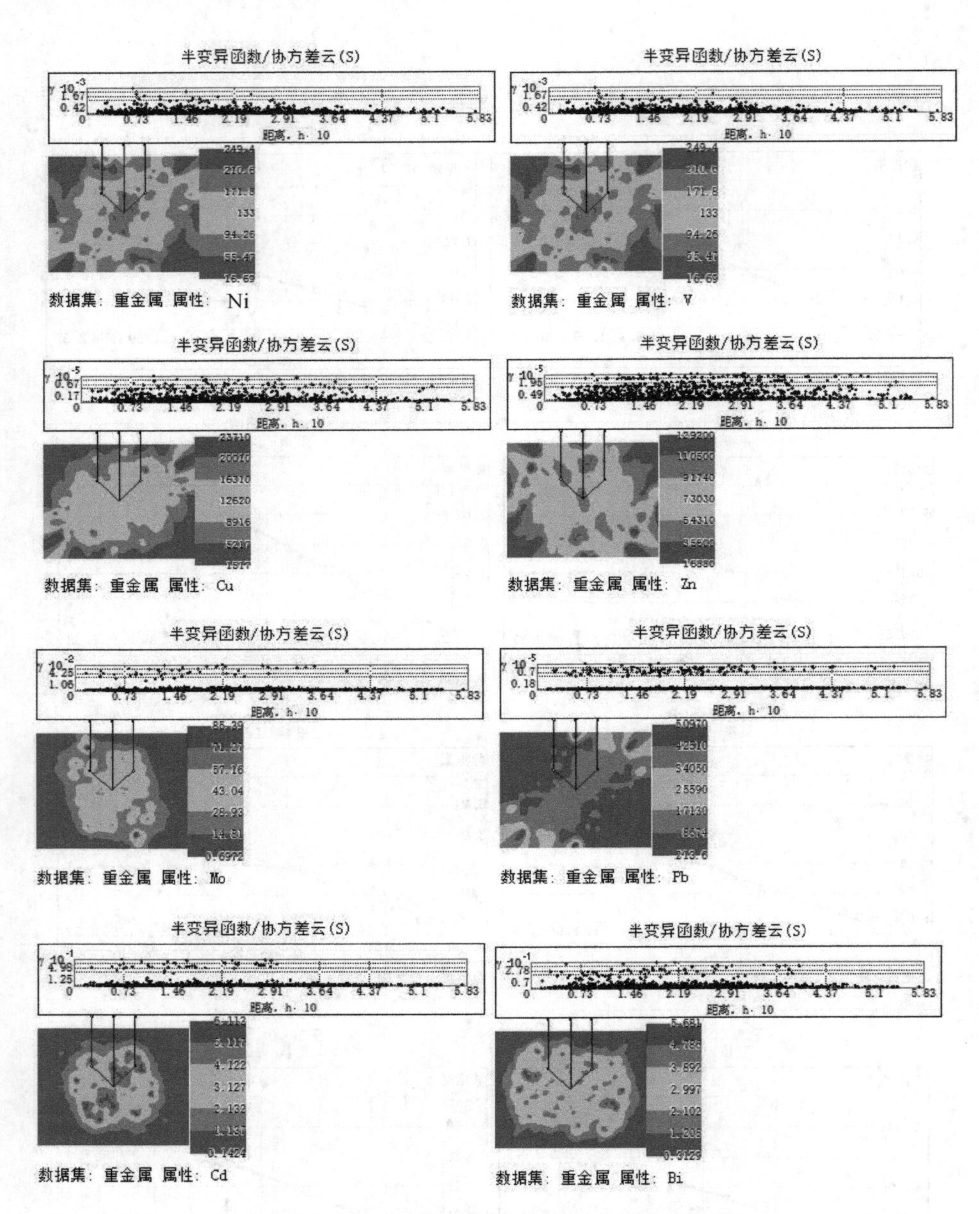

图 5-2 北京大气降尘重金属半变异函数云图

（3）全局趋势分析

空间趋势反映了空间地物在空间区域上变化的主体特征，主要揭示了空间物体的总体规律，而忽略了局部的变异。趋势面分析是根据空间抽样数据拟合一个数学曲面，用该数学曲面来反映空间分布的变化情况。它可分为趋势面和偏差两大部分，其中趋势面反映了空间数据总体的变化趋势，受全局性、大范围的因素影响。图 5-3 是北京降尘中重金属的全局趋势图。

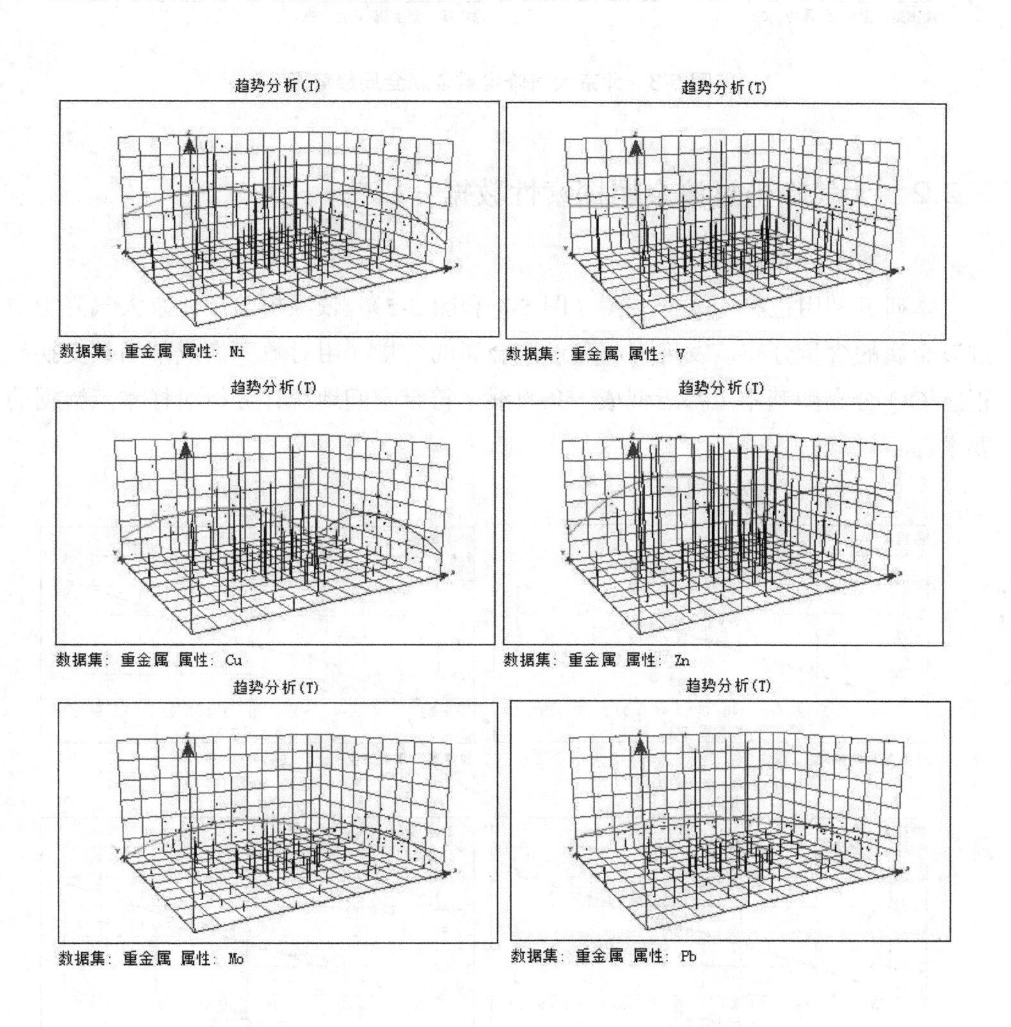

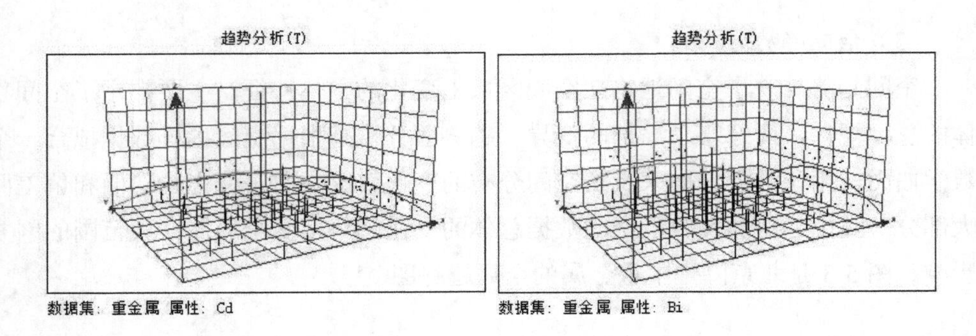

图 5-3 北京大气降尘重金属全局趋势图

5.2.2 大气降尘过渡金属探索性数据分析

（1）数据分布检验

本研究利用正态 QQ 分布图（图 5-4 和图 5-5），依次检验了北京大气降尘中过渡金属的含量分布，发现大部分过渡金属的含量（用对数变换或幂函数变换）正态 QQ 分布图基本上都近似成一条直线，符合空间地统计分析对样本点数据的要求。

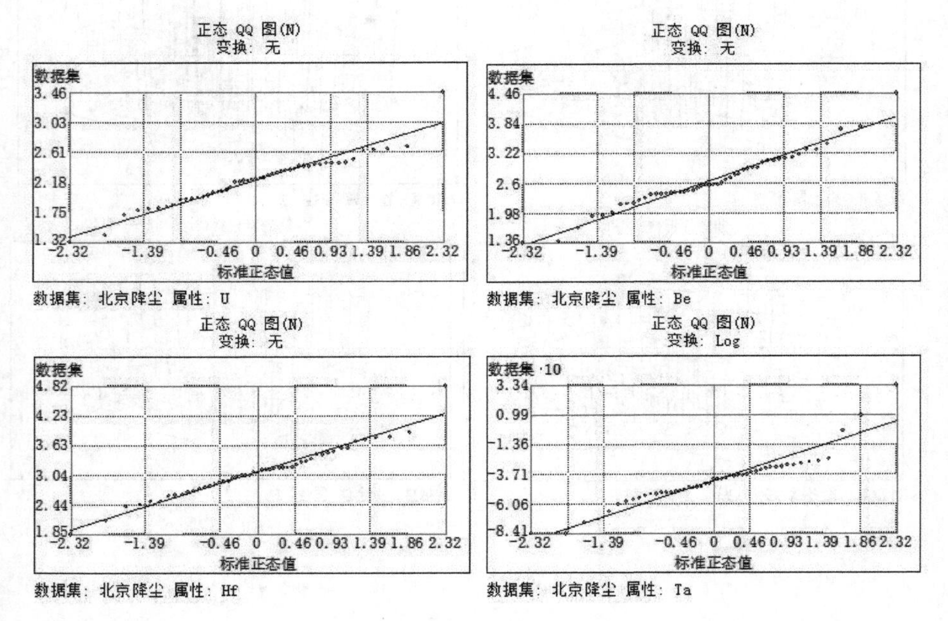

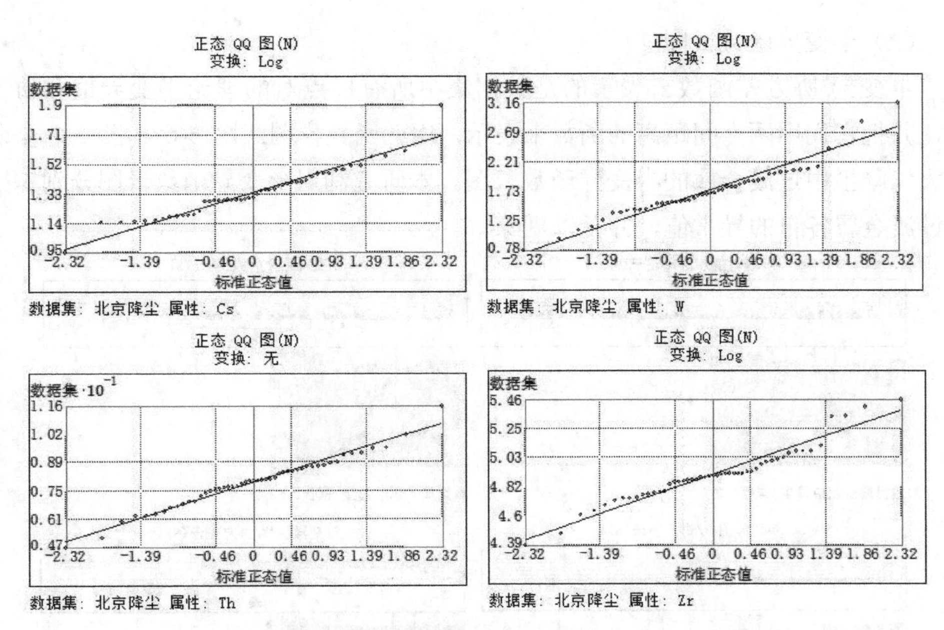

图 5-4　北京大气降尘过渡金属正态 QQ 分布图 1

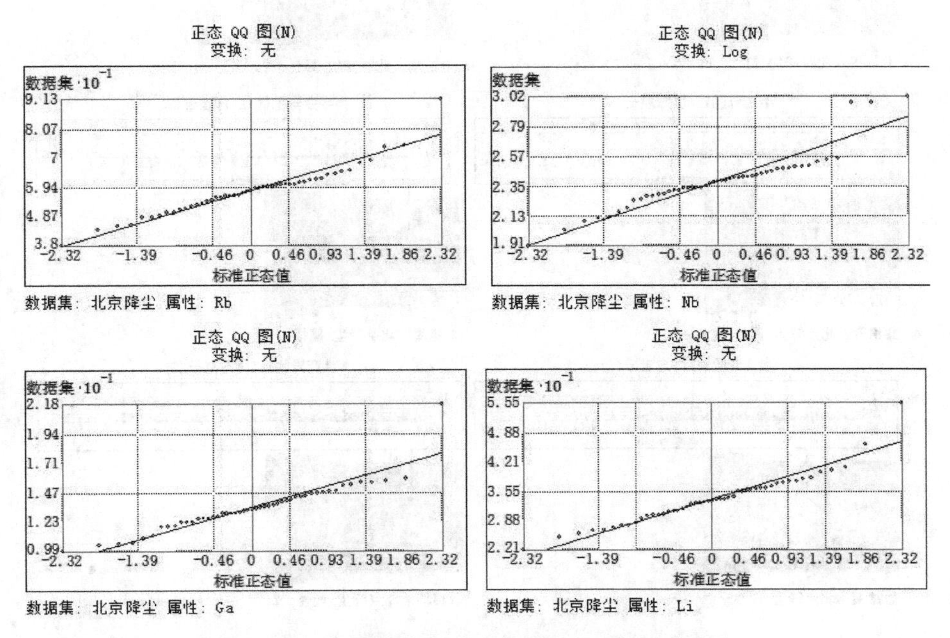

图 5-5　北京大气降尘过渡金属正态 QQ 分布图 2

（2）半变异函数云图

半变异/协方差函数云表示的是数据集中所有样点对的理论半变异值和协方差，并把它们用两点间距离的函数来表示，用此函数作图。图 5-6 和图 5-7 是北京大气降尘中过渡金属的半变异函数云图。本研究利用半变异函数云图分别识别了过渡金属各自的异常值，并予以剔除。

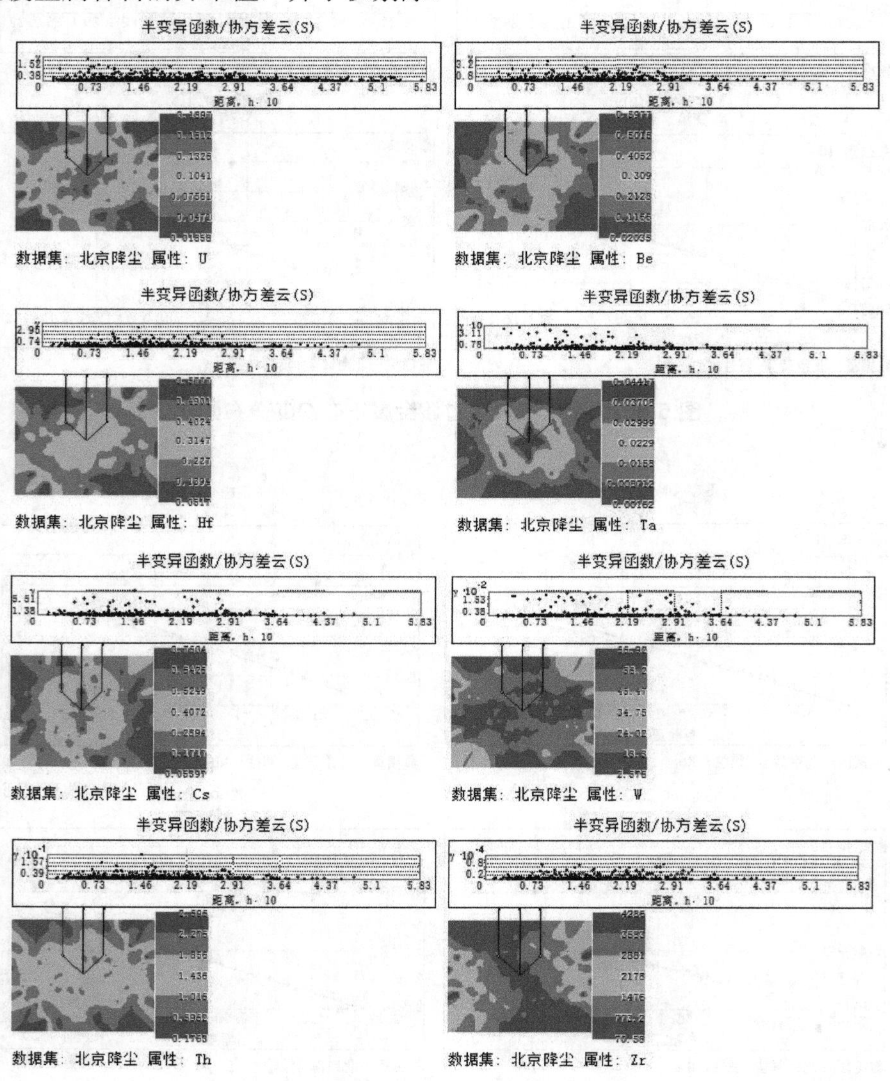

图 5-6　北京大气降尘过渡金属半变异函数云图 1

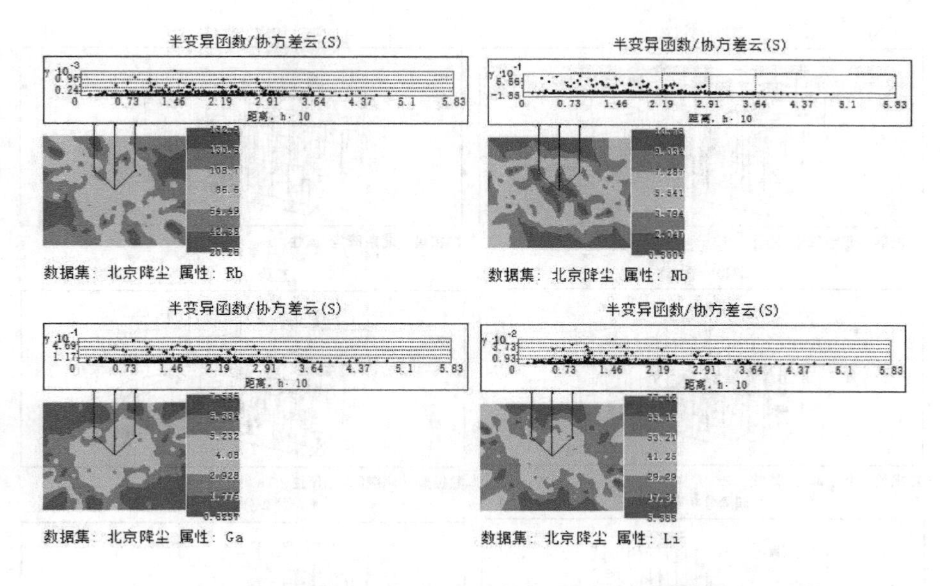

图 5-7　北京大气降尘过渡金属半变异函数云图 2

（3）全局趋势分析

空间趋势反映了空间地物在空间区域上变化的主体特征，主要揭示了空间物体的总体规律，而忽略了局部的变异。趋势面分析是根据空间抽样数据拟合一个数学曲面，用该数学曲面来反映空间分布的变化情况。它可分为趋势面和偏差两大部分，其中趋势面反映了空间数据总体的变化趋势，受全局性、大范围的因素影响。图 5-8 是北京降尘中过渡金属的全局趋势图。

5.2.3　大气降尘稀土金属探索性数据分析

（1）数据分布检验

本研究利用正态 QQ 分布图（图 5-9 和图 5-10），依次检验了北京大气降尘中稀土金属的含量分布，发现大部分稀土金属的含量（用对数变换或幂函数变换）正态 QQ 分布图基本上都近似成一条直线，符合空间地统计分析对样本点数据的要求。

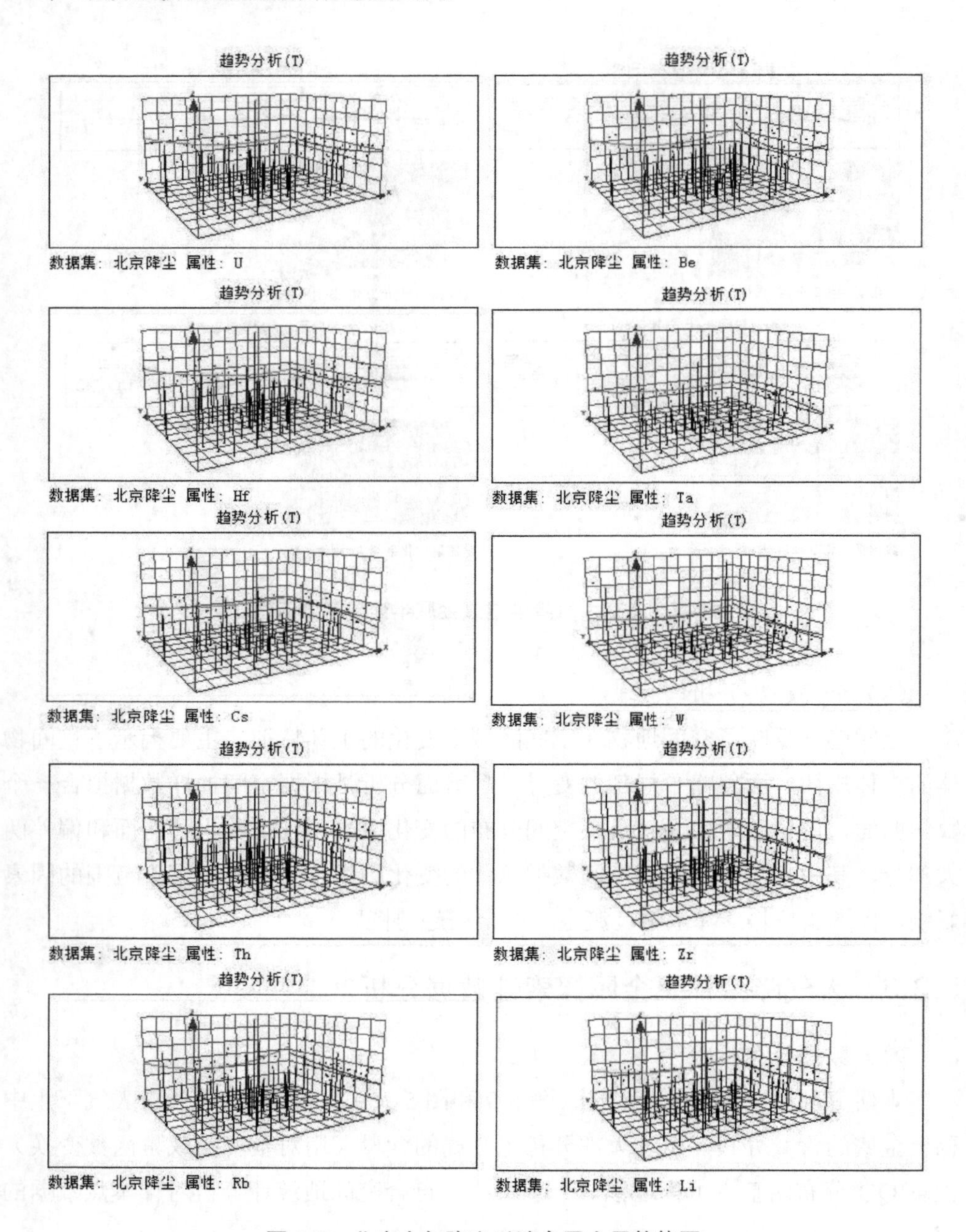

图 5-8 北京大气降尘过渡金属全局趋势图

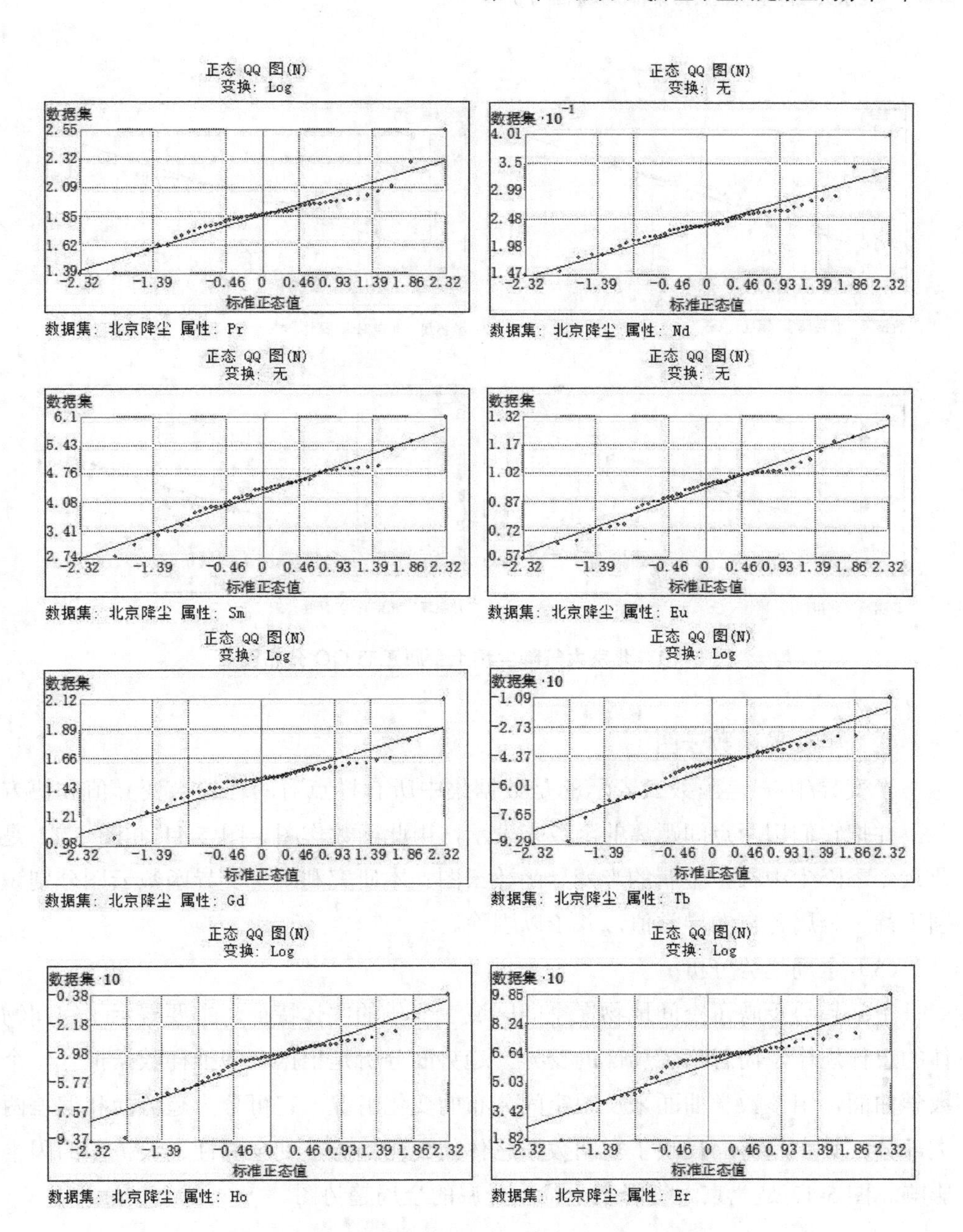

图 5-9　北京大气降尘稀土金属正态 QQ 分布图 1

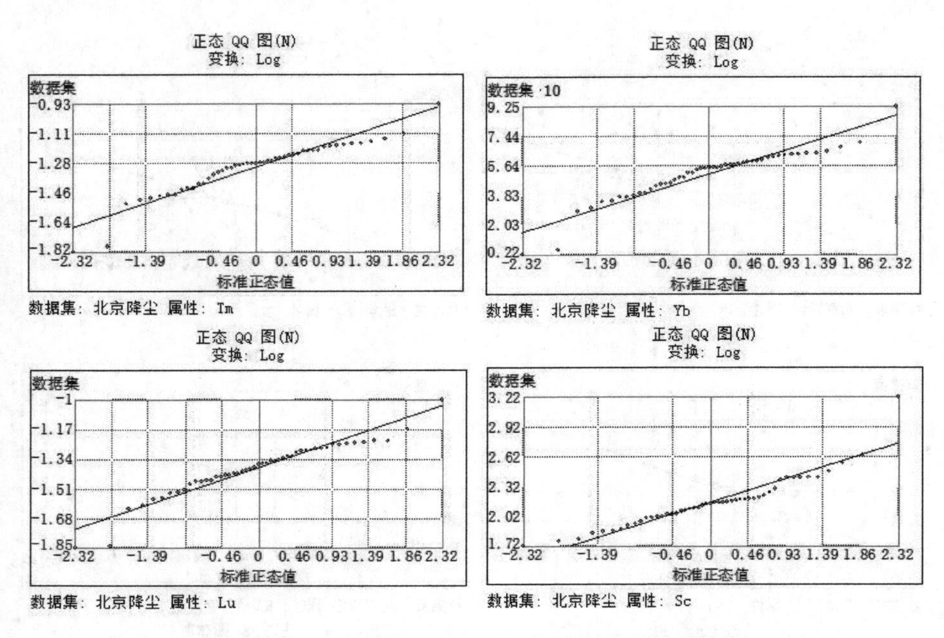

图 5-10　北京大气降尘稀土金属正态 QQ 分布图 2

（2）半变异函数云图

半变异/协方差函数云表示的是数据集中所有样点对的理论半变异值和协方差，并把它们用两点间距离的函数来表示，用此函数作图。图 5-11 和图 5-12 是北京冬季降尘中稀土金属的半变异函数云图。本研究利用半变异函数云图分别识别了稀土金属各自的异常值，并予以剔除。

（3）全局趋势分析

空间趋势反映了空间地物在空间区域上变化的主体特征，主要揭示了空间物体的总体规律，而忽略了局部的变异。趋势面分析是根据空间抽样数据拟合一个数学曲面，用该数学曲面来反映空间分布的变化情况。它可分为趋势面和偏差两大部分，其中趋势面反映了空间数据总体的变化趋势，受全局性、大范围的因素影响。图 5-13 是北京大气降尘中稀土金属的全局趋势图。

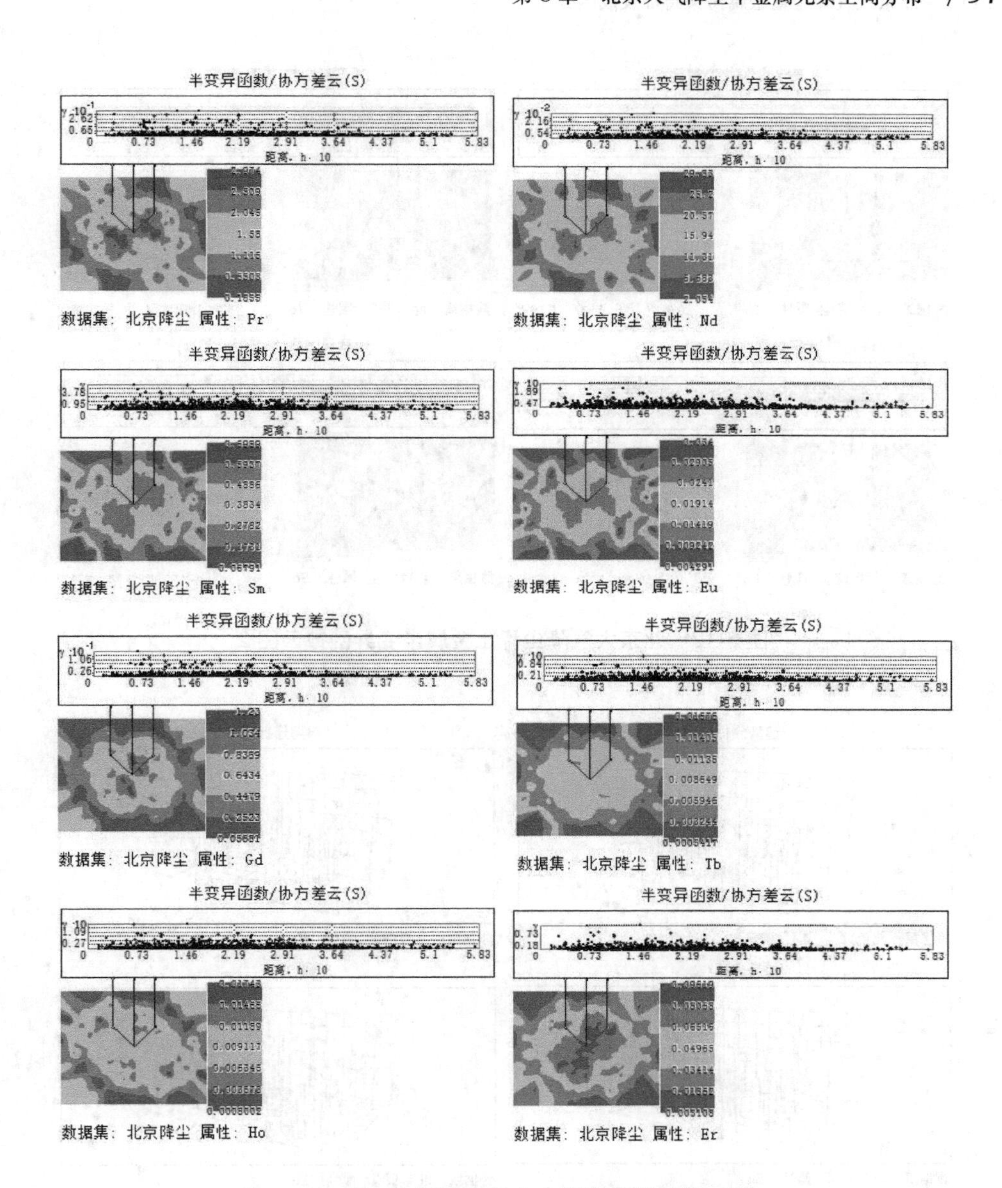

图 5-11　北京大气降尘稀土金属半变异函数云图 1

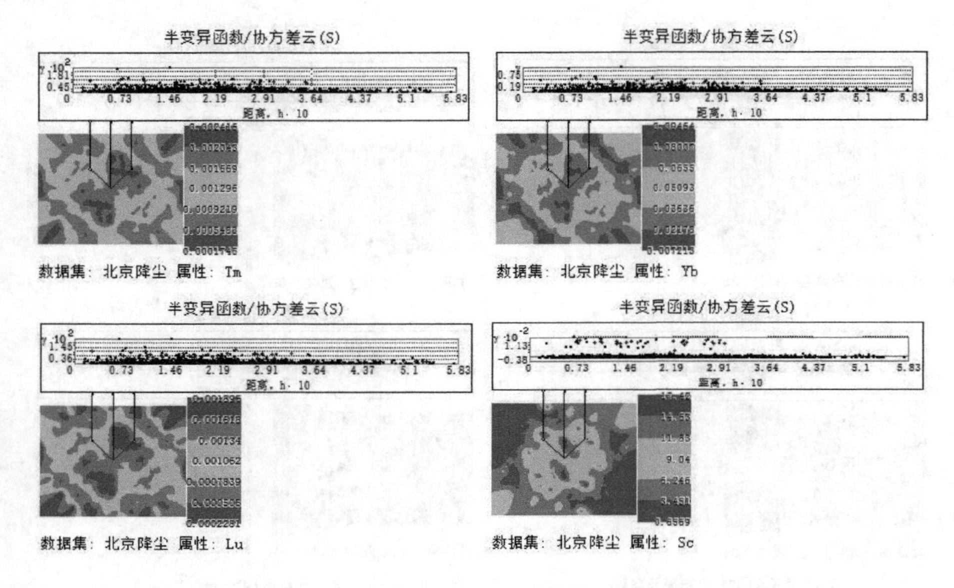

图 5-12 北京大气降尘稀土金属半变异函数云图 2

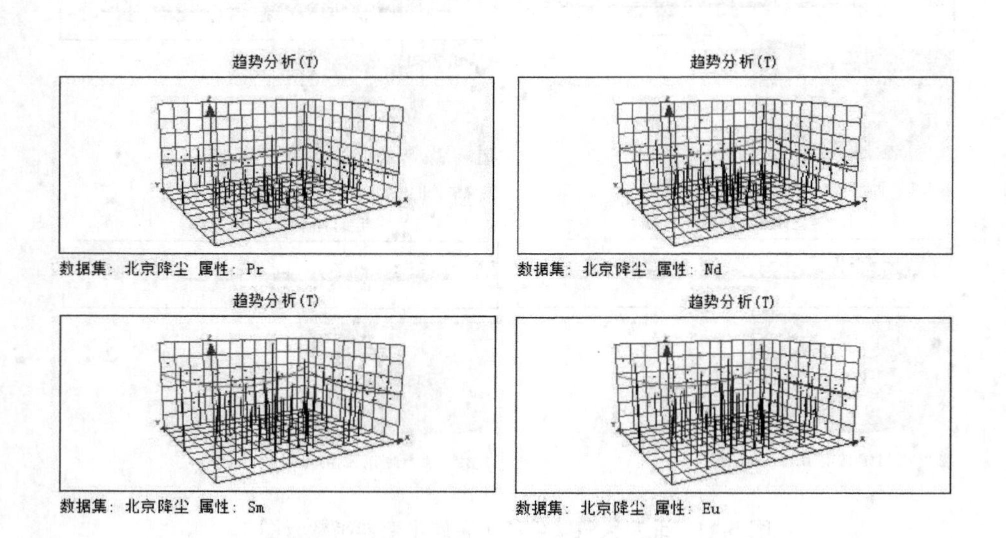

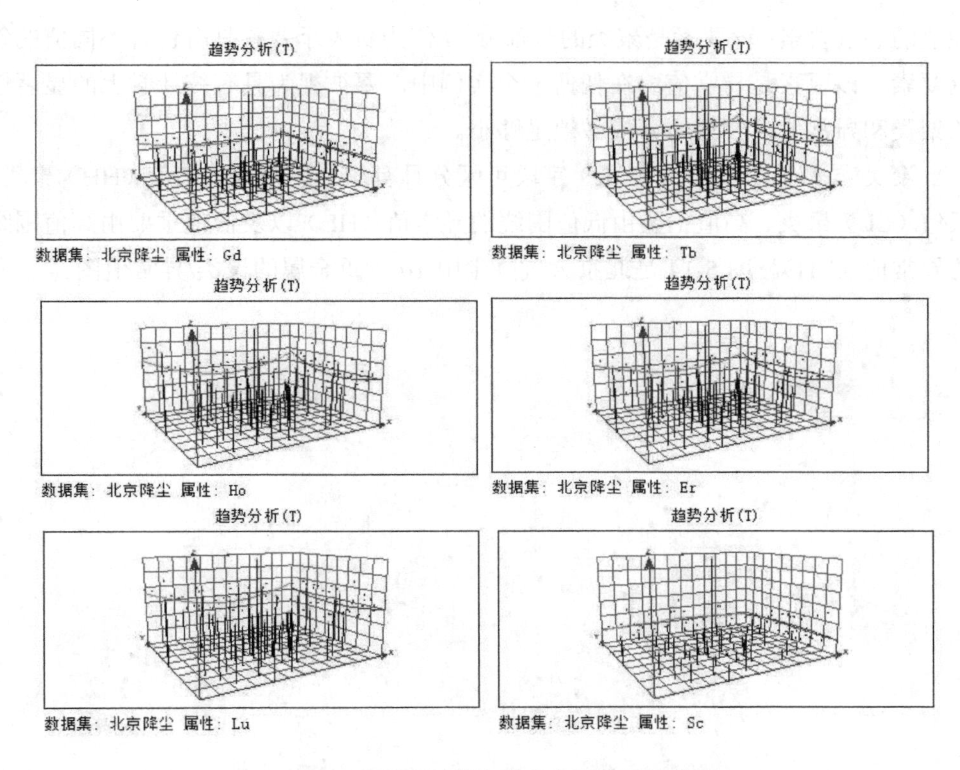

图 5-13　北京大气降尘稀土金属全局趋势图

5.3　大气降尘重金属空间模式探测

5.3.1　大气降尘重金属聚类和异常值分析

聚类和异常值分析（cluster and outlier analysis）是给定一组加权要素，使用 Anselin Local Moran's *I* 统计量来识别具有统计显著性的热点、冷点和空间异常值的一种空间统计方法。聚类和异常值分析不仅可识别具有高值或低值的要素的空间聚类，还可识别空间异常值。该方法用于计算 Local Moran's *I* 值、*z* 得分、*p* 值和表示每个具有显著统计学意义的要素的聚类类型的编码，其中 *z* 得分和 *p* 值表示计算出的指数值的统计显著性。*I* 值为正表示要素具有包含同样高或同样低的属性值的邻近要素；该要素是聚类的一部分。I 值为负表示要素具有包含不同值的邻近要素；该要素是异常值。在任何一个实例中，要被视为具有统计学上的显著性的聚类和异常值，要素的 p 值必须足够小。

聚类/异常值类型（COType）字段可区分具有统计显著性的高值（HH）聚类、低值（LL）聚类、高值主要由低值围绕的异常值（HL）以及低值主要由高值围绕的异常值（LH）。图 5-14 是北京大气降尘中 10 种重金属的聚类/异常值图。

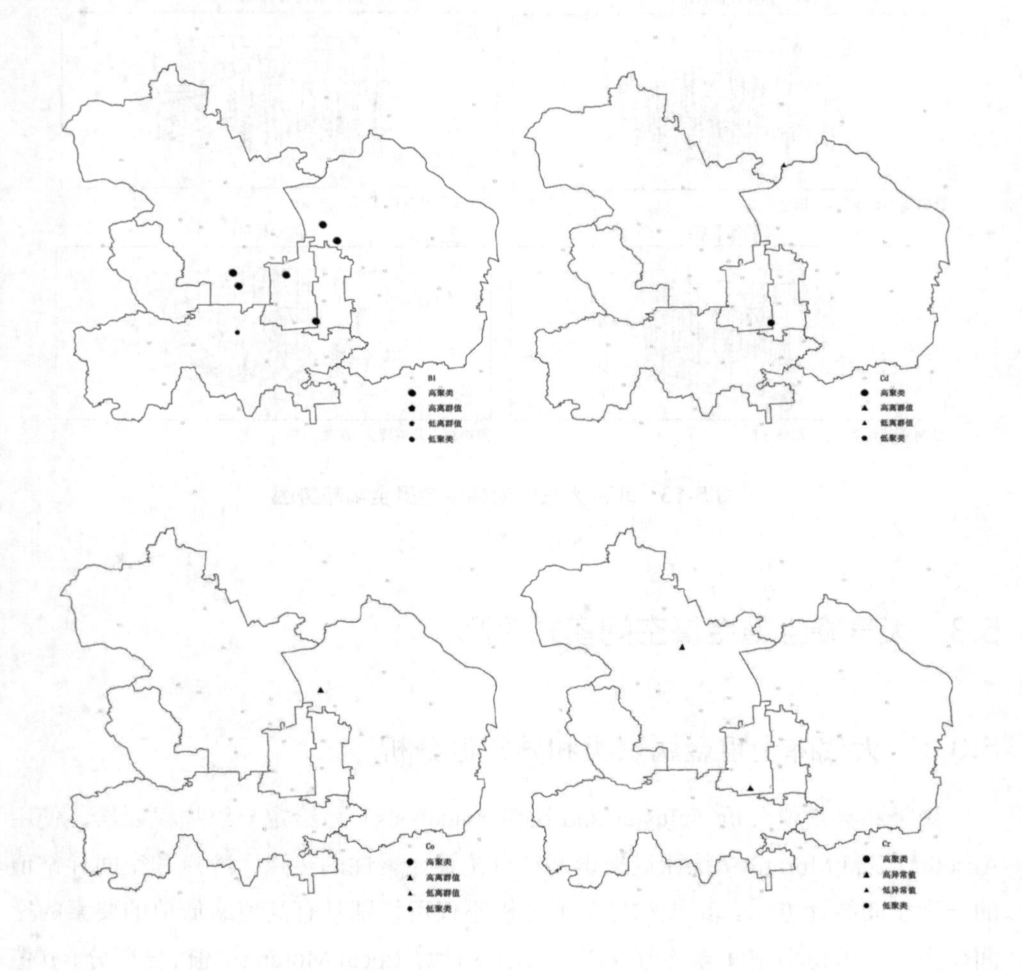

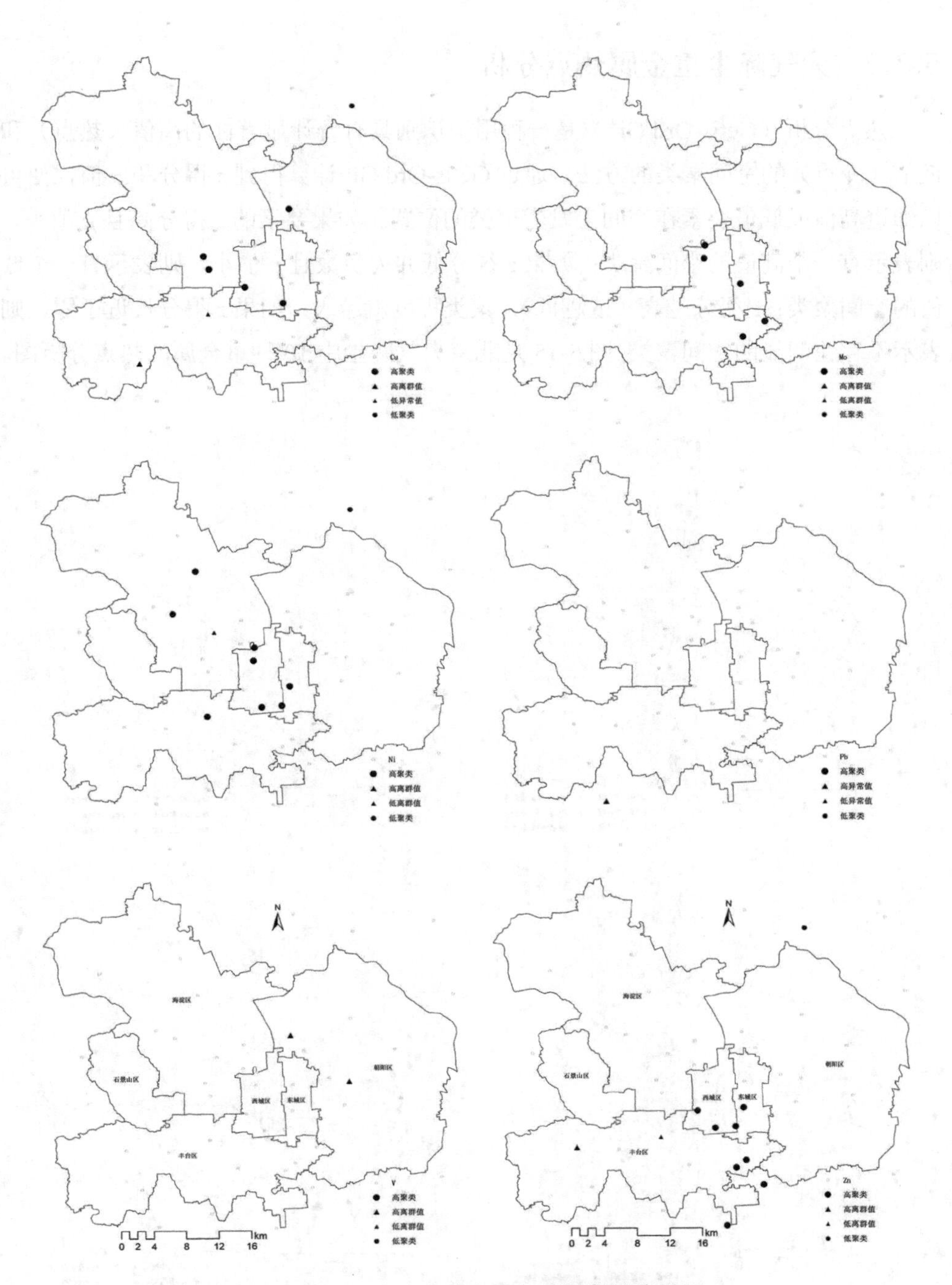

图 5-14　北京大气降尘重金属聚类/异常值图

5.3.2 大气降尘重金属热点分析

热点分析（Getis-Ord Gi*）是一种用于识别具有统计显著性的高值（热点）和低值（冷点）的空间聚类的方法。通过 Getis-Ord Gi*计算得到 *z* 得分和 *p* 值，便可以知道高值或低值要素在空间上发生聚类的位置。如果要素的 *z* 得分高且 *p* 值小，则表示有一个高值的空间聚类；如果 *z* 得分低并为负数且 *p* 值小，则表示有一个低值的空间聚类；*z* 得分越高（或越低），聚类程度就越大；如果 *z* 得分接近于零，则表示不存在明显的空间聚类。图 5-15 是北京大气降尘中 10 种重金属的热点分析图。

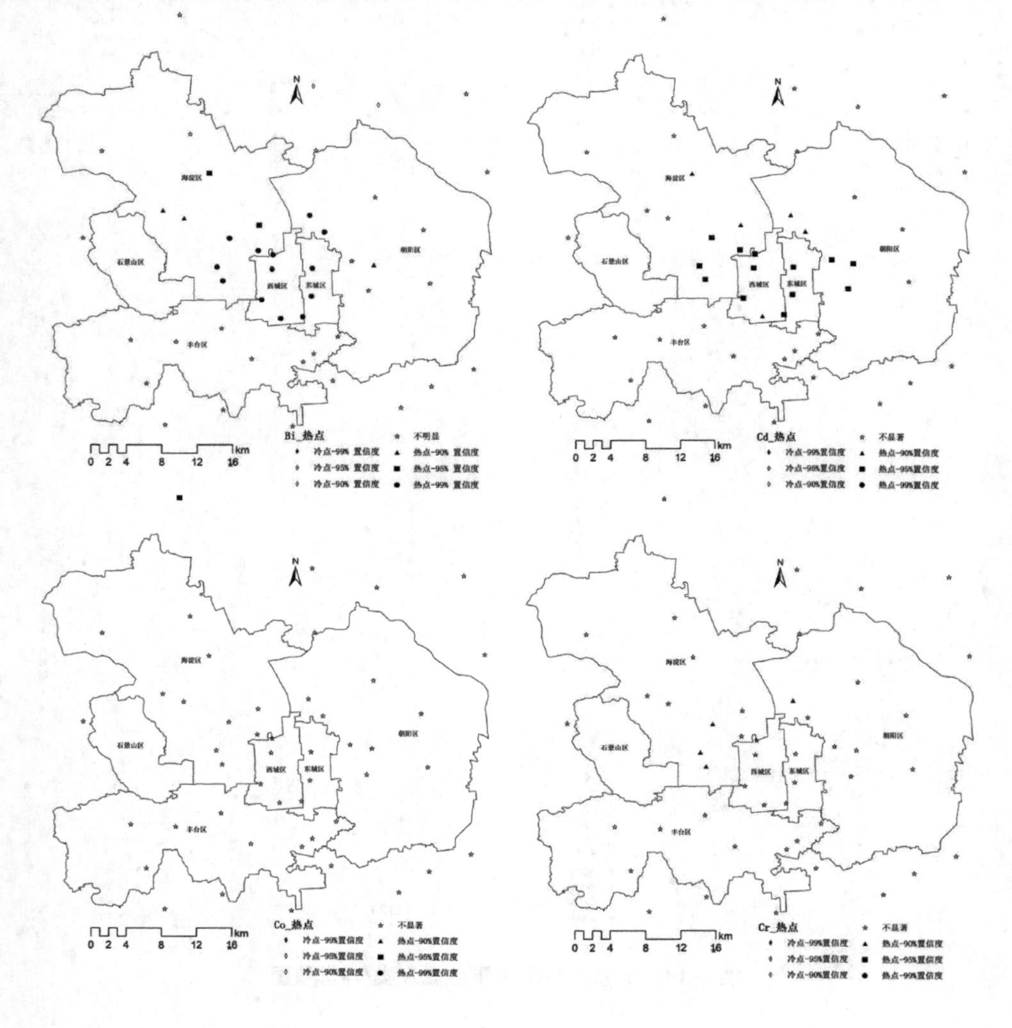

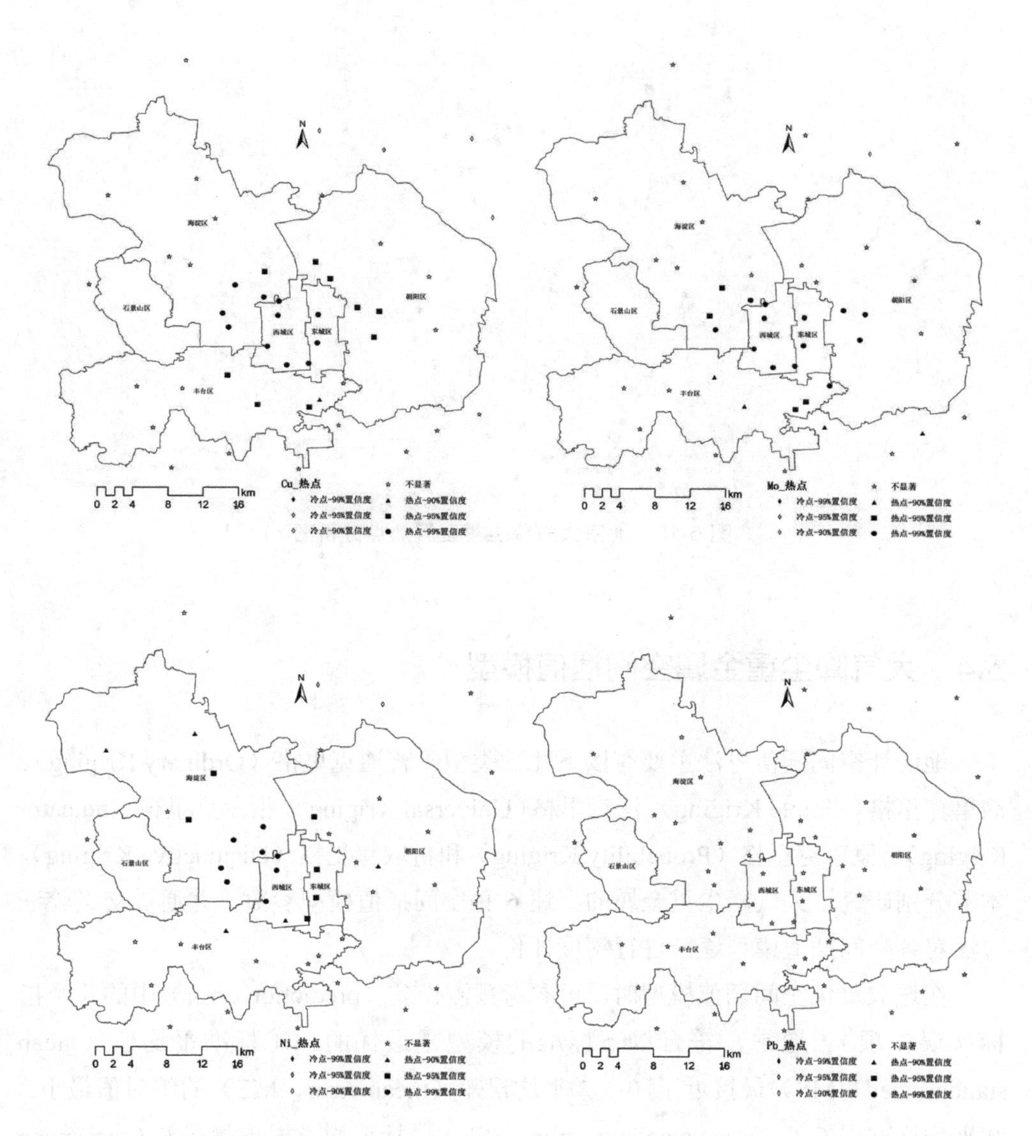
N
海淀区
石景山区
西城区
东城区
朝阳区
丰台区
0 2 4 8 12 16 km
Cu_热点
冷点-99%置信度
冷点-95%置信度
冷点-90%置信度
不显著
热点-90%置信度
热点-95%置信度
热点-99%置信度
Mo_热点
Ni_热点
Pb_热点

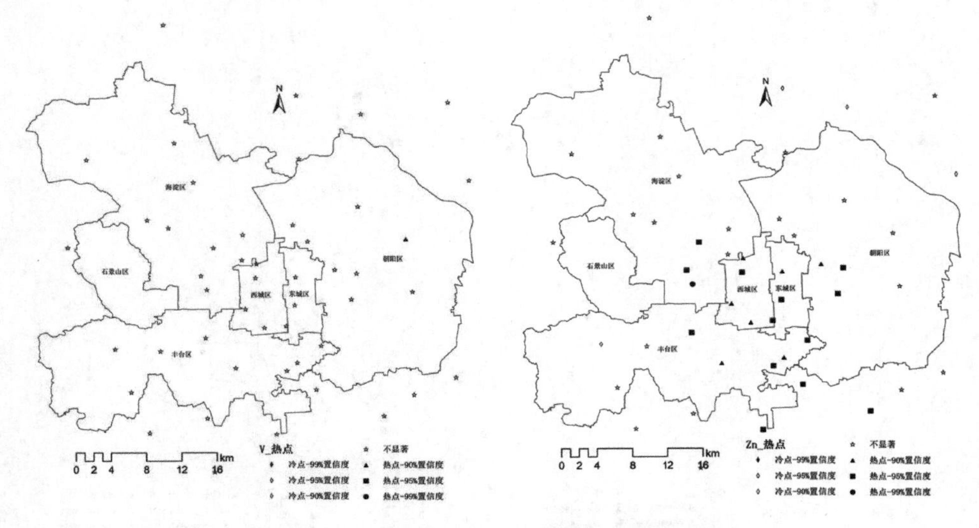

图 5-15 北京大气降尘重金属热点分析图

5.4 大气降尘重金属空间插值模型

地统计空间插值方法主要有以下几种类型：普通克里格（Ordinary Kriging）、简单克里格（Simple Kriging）、泛克里格（Universal Kriging）、指示克里格（Indicator Kriging）、概率克里格（Probability Kriging）和析取克里格（Disjunctive Kriging）。本节分别研究了大气降尘重金属的上述 6 种空间插值模型参数，并通过交叉验证方法对各空间插值模型逐一进行精度评价。

在选取最优空间插值模型时，可参考预测误差（prediction error）中的几个指标（误差项）。通常，符合以下标准的模型是最优的：①标准平均值（mean standardized，MS）最接近于 0；②平均误差（mean error，ME）的绝对值最小；③平均标准误差（average standard error，ASE）最接近均方根预测误差（root mean square，RMSE）；④标准均方根预测误差（root mean square standardized，RMSSE）最接近于 1。

5.4.1　大气降尘重金属空间插值模型参数

（1）Ordinary Kriging 模型参数

Ordinary Kriging 模型是区域化变量的线性估计，它假设数据（或者通过一定的变换后）呈正态分布，并且认为区域化变量的期望值是未知的；其插值过程类似于加权滑动平均，权重值的确定来自空间数据分析。Ordinary Kriging 模型是单个变量最稳健常用的一种局部线性最优无偏估计方法。

（2）Simple Kriging 模型参数

Simple Kriging 模型是区域化变量的线性估计，它假设数据变化呈正态分布，认为区域化变量 Z 的期望值为已知的某一常数。Simple Kriging 模型很少直接用于估计，因为它假设空间过程的均值依赖于空间位置，并且是已知的，但在实际中均值一般很难得到。它可以用其他形式的克里格法（如指示克里格和析取克里格法）获得，在这些方法中数据进行了转换，平均值是已知的。

（3）Universal Kriging 模型参数

Universal Kriging 插值方法假设数据中存在主导趋势，且该趋势可以用一个确定的函数或多项式来拟合。在进行 Universal Kriging 分析时，首先，分析数据中存在的变化趋势，获得拟合模型；其次，对残差数据（原始数据减去趋势数据）进行克里格分析；最后，将趋势面分析和残差分析的克里格结果加和，得到最终结果。由此可见，克里格方法明显优于趋势面分析，Universal Kriging 的结果也要优于 Ordinary Kriging 的结果。

Universal Kriging 模型是把一个确定性趋势模型加入到克里格估值中，将空间过程总可以分解为趋势项和残差项两个部分的和，有其合理的一面。如果能够很容易地预测残差的变异函数，那么该方法将会得到非常广泛的应用。

（4）Indicator Kriging 模型参数

在很多情况下，并不需要了解区域内每一个点的属性值，而只需了解属性值是否超过某一阈值，则可将原始数据转换为（0，1）值，选用 Indicator Kriging 进行分析。Indicator Kriging 模型将连续的变量转换为二进制的形式，是一种非线性、非参数的克里格预测方法。

（5）Probability Kriging 模型参数

由于 Indicator Kriging 并没有考虑一个值与阈值的接近程度而只是它的位置，因此提出了 Probability Kriging。Probability Kriging 模型是对每个值它利用 rank order 作为辅助变量利用协同克里格法来预测指示值。

（6）Disjunctive Kriging 模型参数

如果原始数据不服从简单的分布（高斯或对数正态等），则可选用 Disjunctive Kriging，它可以提供非线性估值方法。Disjunctive Kriging 模型也是一种非线性的克里格方法，但它是有严格的参数的。这种方法对决策是非常有用的因为它不但可以进行预测，还提供了超过或不超过某一阈值的概率。

5.4.2 大气降尘重金属空间插值模型交叉验证

（1）Ordinary Kriging 模型交叉验证

北京大气降尘中 10 种重金属的 Ordinary Kriging 模型交叉验证结果如表 5-4 所示。从平均误差来看，V、Co、Ni、Mo、Cd、Pb 和 Bi 的 ME 绝对值较小，其中 V、Cd 和 Bi 的 ME 绝对值小于 0.1；从均方根误差和平均标准误差的比较来看，V、Co、Ni、Zn、Mo 的 RMSE 和 ASE 值比较接近；从均方标准误差来看，V、Co、Ni、Mo、Zn 和 Bi 的 RMSSE 值比较接近于 1；从标准平均值来看，10 种重金属的 MS 绝对值均接近于 0。

表 5-4　北京大气降尘重金属 Ordinary Kriging 模型交叉验证结果　　单位：mg/kg

误差项	V	Cr	Co	Ni	Cu	Zn	Mo	Cd	Pb	Bi
平均误差（ME）	−0.04	1.10	−0.19	0.23	3.16	9.50	0.13	0.07	−0.56	0.05
均方根误差（RMSE）	12.68	243.67	6.23	14.61	98.98	224.78	5.18	1.89	104.43	1.77
标准平均值（MS）	0.00	0.00	−0.03	0.01	0.03	0.03	0.02	0.03	0.00	0.02
均方标准误差（RMSSE）	1.01	0.88	1.08	0.91	0.89	0.96	0.90	0.88	0.87	0.90
平均标准误差（ASE）	12.57	283.36	5.71	16.34	111.21	238.96	5.79	2.20	119.10	2.01

（2）Simple Kriging 模型交叉验证

北京大气降尘中 10 种重金属的 Simple Kriging 模型交叉验证结果如表 5-5 所示。从平均误差来看，V、Co、Mo、Cd 和 Bi 的 ME 绝对值较小，其中 V 和 Cd

的 ME 绝对值小于 0.1；从均方根误差和平均标准误差的比较来看，V、Ni、Cu、Zn、Bi 的 RMSE 和 ASE 值比较接近；从均方标准误差来看，V、Ni、Cu、Zn 和 Bi 的 RMSSE 值比较接近于 1；从标准平均值来看，10 种重金属的 MS 绝对值均接近于 0。

表 5-5　北京大气降尘重金属 Simple Kriging 模型交叉验证结果　单位：mg/kg

误差项	V	Cr	Co	Ni	Cu	Zn	Mo	Cd	Pb	Bi
平均误差（ME）	0.00	87.34	−0.65	1.55	13.56	27.14	0.32	0.10	−2.82	0.22
均方根误差（RMSE）	12.04	240.39	5.61	15.10	102.36	232.68	5.32	1.79	98.67	1.79
标准平均值（MS）	0.00	0.03	−0.16	0.10	0.11	0.10	−0.02	0.00	−0.08	0.09
均方标准误差（RMSSE）	0.98	0.07	1.42	1.04	1.03	0.95	1.73	1.52	1.50	1.05
平均标准误差（ASE）	12.35	3 266.12	3.94	14.35	101.76	244.56	3.41	1.39	71.75	1.80

（3）Universal Kriging 模型交叉验证

北京大气降尘中 10 种重金属的 Universal Kriging 模型交叉验证结果如表 5-6 所示。从平均误差来看，V、Co、Mo、Cd、Pb 和 Bi 的 ME 绝对值较小，其中 V、Cd 和 Bi 的 ME 绝对值小于 0.1；从均方根误差和平均标准误差的比较来看，V、Co、Ni、Zn、Mo 的 RMSE 和 ASE 值比较接近；从均方标准误差来看，V、Co、Ni、Zn、Mo 和 Bi 的 RMSSE 值比较接近于 1；从标准平均值来看，10 种重金属的 MS 绝对值均接近于 0。

表 5-6　北京大气降尘重金属 Universal Kriging 模型交叉验证结果　单位：mg/kg

误差项	V	Cr	Co	Ni	Cu	Zn	Mo	Cd	Pb	Bi
平均误差（ME）	−0.04	1.10	−0.19	1.55	3.16	9.50	0.13	0.07	−0.56	0.05
均方根误差（RMSE）	12.68	243.67	6.23	15.10	98.98	224.78	5.18	1.89	104.43	1.77
标准平均值（MS）	0.00	0.00	−0.03	0.10	0.03	0.03	0.02	0.03	0.00	0.02
均方标准误差（RMSSE）	1.01	0.88	1.08	1.04	0.89	0.96	0.90	0.88	0.87	0.90
平均标准误差（ASE）	12.57	283.36	5.71	14.35	111.21	238.96	5.79	2.20	119.10	2.01

（4）Indicator Kriging 模型交叉验证

北京大气降尘中 10 种重金属的 Indicator Kriging 模型交叉验证结果如表 5-7

所示。从平均误差来看，10 种重金属的 ME 绝对值均较小，其 ME 绝对值均小于 0.1；从均方根误差和平均标准误差的比较来看，10 种重金属的 RMSE 和 ASE 值均比较接近；从均方标准误差来看，10 种重金属的 RMSSE 值比较接近于 1；从标准平均值来看，10 种重金属的 MS 绝对值均接近于 0。

表 5-7 北京大气降尘重金属 Indicator Kriging 模型交叉验证结果 单位：mg/kg

误差项	V	Cr	Co	Ni	Cu	Zn	Mo	Cd	Pb	Bi
平均误差（ME）	0.00	0.00	−0.01	0.02	0.02	0.02	0.02	0.03	0.01	0.02
均方根误差（RMSE）	0.54	0.54	0.52	0.45	0.46	0.47	0.41	0.47	0.50	0.40
标准平均值（MS）	−0.01	0.00	−0.01	0.03	0.03	0.03	0.04	0.04	0.01	0.03
均方标准误差（RMSSE）	1.03	1.04	1.01	0.99	1.00	0.98	1.02	1.00	1.00	0.93
平均标准误差（ASE）	0.52	0.52	0.52	0.46	0.47	0.48	0.42	0.48	0.50	0.43

（5）Probability Kriging 模型交叉验证

北京大气降尘中 10 种重金属的 Probability Kriging 模型交叉验证结果如表 5-8 所示。从平均误差来看，10 种重金属的 ME 绝对值均较小，其 ME 绝对值均小于 0.1；从均方根误差和平均标准误差的比较来看，10 种重金属的 RMSE 和 ASE 值均比较接近；从均方标准误差来看，重金属 V、Cr、Co、Ni、Zn、Cd 和 Pb 的 RMSSE 值比较接近于 1；从标准平均值来看，10 种重金属的 MS 绝对值均接近于 0。

表 5-8 北京大气降尘重金属 Probability Kriging 模型交叉验证结果 单位：mg/kg

误差项	V	Cr	Co	Ni	Cu	Zn	Mo	Cd	Pb	Bi
平均误差（ME）	0.00	0.01	−0.01	0.01	0.02	0.02	0.03	0.04	−0.01	0.01
均方根误差（RMSE）	0.54	0.58	0.54	0.45	0.46	0.47	0.44	0.48	0.49	0.45
标准平均值（MS）	−0.01	0.01	−0.02	0.03	0.03	0.03	0.05	0.07	−0.02	0.02
均方标准误差（RMSSE）	1.03	1.06	0.90	1.00	0.89	0.98	0.84	1.00	0.95	0.86
平均标准误差（ASE）	0.52	0.55	0.60	0.46	0.52	0.48	0.52	0.49	0.51	0.52

（6）Disjunctive Kriging 模型交叉验证

北京大气降尘中 10 种重金属的 Disjunctive Kriging 模型交叉验证结果如表 5-9 所示。从平均误差来看，重金属 V、Co、Mo、Cd 和 Bi 的 ME 绝对值均较小；从均方根误差和平均标准误差的比较来看，重金属 V、Ni、Cu、Zn 和 Bi 的 RMSE 和 ASE 值均比较接近；从均方标准误差来看，重金属 V、Ni、Cu、Zn 和 Bi 的 RMSSE 值比较接近于 1；从标准平均值来看，重金属 V、Cr、Cd 和 Pb 的 MS 绝对值均接近于 0。

表 5-9 北京大气降尘重金属 Disjunctive Kriging 模型交叉验证结果 单位：mg/kg

误差项	V	Cr	Co	Ni	Cu	Zn	Mo	Cd	Pb	Bi
平均误差（ME）	0.00	87.30	−0.65	1.63	14.09	26.39	0.47	0.12	−2.66	0.22
均方根误差（RMSE）	12.04	239.94	5.61	15.05	101.63	233.08	5.52	1.81	98.68	1.78
标准平均值（MS）	0.00	0.03	−0.16	0.10	0.13	0.10	0.10	0.07	−0.04	0.12
均方标准误差（RMSSE）	0.98	0.08	1.42	1.05	1.07	0.96	1.84	1.43	1.51	1.06
平均标准误差（ASE）	12.35	3 156.47	3.94	14.70	97.72	242.29	3.49	1.32	65.98	1.71

5.5 大气降尘重金属含量空间分布

为探究北京大气降尘重金属含量的空间格局，本研究首先利用交叉验证后的空间插值模型得到了北京大气降尘重金属含量的空间分布。本研究的空间分析底图数据以及大气降尘重金属数据均为 WGS 84 UTM（通用横轴墨卡托）投影坐标系，是一种等角横轴割圆柱投影。

北京大气降尘中主要重金属（Cu、Zn 和 Pb）的含量符合正态分布，适合采用地统计中的空间插值方法，基于采样点数据预测研究区其他位置的重金属的含量，从而模拟主要重金属（Cu、Zn 和 Pb）含量的空间分布。重金属（Cu、Zn 和 Pb）的含量均符合正态 QQ 分布，可以进行空间插值。Zn 是冶金源和垃圾焚烧的示踪元素，Pb 是机动车源的示踪元素，Cu 是冶金源和燃油源的示踪元素。研究中采用 ArcGIS 软件的地统计模块的克里格法对重金属含量点数据进行空间插值，并在空间分析的基础上模拟了北京城区及周边降尘重金属含量的空间分布，并分析了北京城区及周边大气降尘中重金属的空间差异（图 5-16～图 5-18）。

从 Cu 的空间分布来看（图 5-16），Cu 的空间变异相对较弱，高值区和低值区分布较规律，Cu 的高值区主要集中在以东城区和西城区为核心的城区中心地带，以及北京植物园、海淀北部新区、丰台云岗等个别地区，这些地区以燃油源排放为主；东北部的南法信、顺义古城以及北部的周家巷桥等处 Cu 污染较轻。

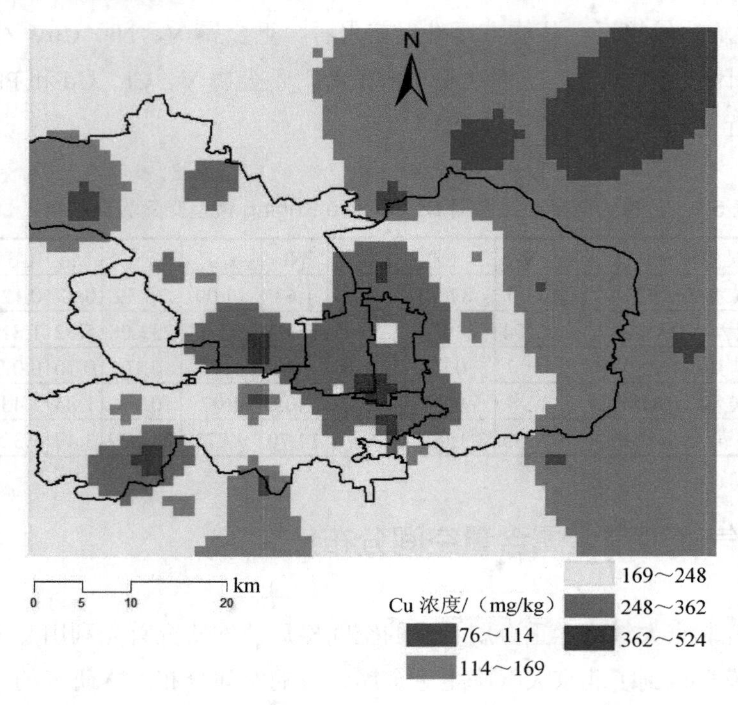

图 5-16 北京大气降尘重金属 Cu 的空间分布

Pb 的空间分布表明（图 5-17），Pb 的空间变异也较弱，其高值区和低值区呈规律性分布，高值区主要分布在朝阳区北部与海淀区交界处以及永定门等丰台区南部，以及长阳镇等房山区北部，这些地区以机动车污染源排放为主。

从 Zn 的空间分布来看（图 5-18），Zn 的空间变异较强，高值区和低值区分布极不规律，海淀北部新区、黑山扈桥、万安公墓等海淀区中北部地区，白云桥南、白纸坊、永定门等城中心的大部地区，以及厦门商务会馆、奥体中心、太子峪路北等零星状小斑块为 Zn 的高值区，这些地区以垃圾焚烧污染源排放为主；周家巷桥等海淀区西北部、立水桥等朝阳区和昌平区的交界处，以及顺义区南部的顺义古城和南法信，丰台区和大兴区交界的郎岱东桥为 Zn 的低值区，污染较轻。

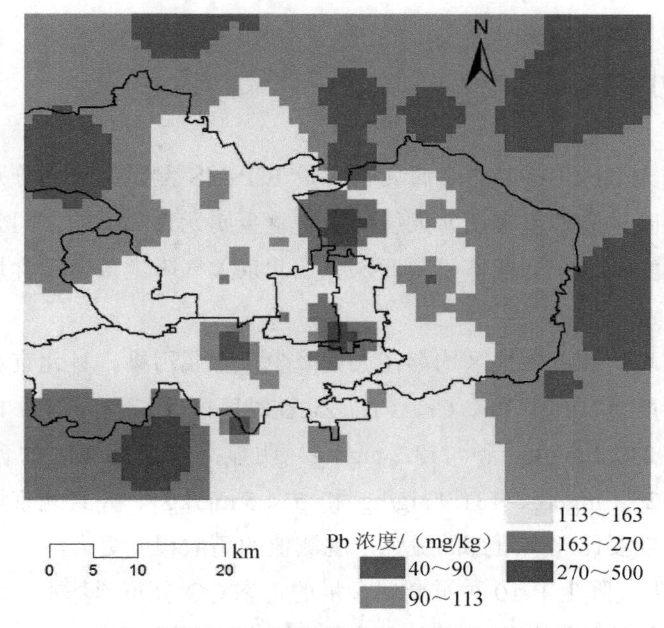

图 5-17　北京大气降尘重金属 Pb 的空间分布

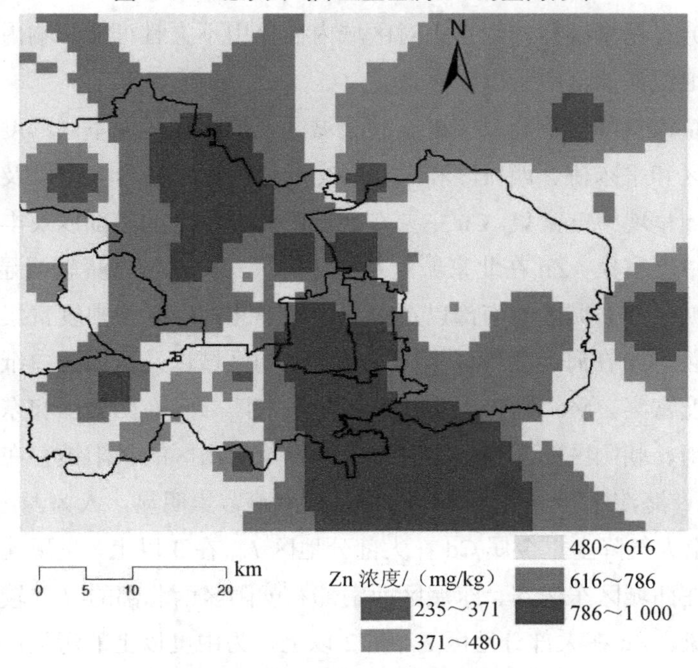

图 5-18　北京降尘重金属 Zn 的空间分布

5.6 本章小结

本章根据大气降尘样品中金属元素含量 ICP-MS 测试结果，分别研究了北京不同时期（供暖期和非供暖期）大气降尘中重金属元素含量的空间分异，构建并选取了合适的空间地统计插值模型，探究了北京大气降尘重金属含量空间分布。研究结论如下：

（1）北京城区和近郊地区均存在大气降尘重金属污染，且北京城区的污染较近郊地区的要严重。其中 Pb、Cr、Cu、Zn 在城区的含量（分别为 147.1 mg/kg、195.9 mg/kg、239.2 mg/kg 和 713.2 mg/kg）明显高于近郊地区的含量（分别为 91.6 mg/kg、125.1 mg/kg、131.9 mg/kg 和 514.5 mg/kg）。并且北京城区重金属元素含量的变异性要比北京近郊的更强，观测值的离散程度更大。

（2）北京大气降尘中 10 种重金属含量的正态 QQ 分布图基本上都近似成一条直线，符合空间地统计分析对样本点数据的要求。利用 Voronoi 地图的熵值分别识别出了 10 种重金属样本数据中对区域内插作用不大且可能影响内插精度的采样点，并在地统计插值中予以剔除。

（3）北京大气降尘重金属 Cd 在整个城区及周边均呈现不同程度的富集，其中靠近东城区和平东桥、西城区和东城区交界处的永定门内大街以及丰台区的天坛北门等区域呈现中度富集。Cu 主要在西城区和东城区的南部以及丰台区的东部形成轻度到中度富集。Zn 在北京城区及周边的大部分区域富集较明显，其中丰台区东部、西城区和东城区的南部以及海淀区的中北部地区为中度富集，受人类活动影响较显著。Cr 在海淀北部以黑山扈为中心的区域以及西城区白纸坊东街附近区域呈现中度富集。Mo 在丰台区东部有中度富集。Pb 在西城区和东城区交界的永定门内大街、朝阳区的北京国际会议中心以及房山区的长阳镇存在中度富集。Ba 在西城区、海淀区和丰台区交界的白云桥南路富集明显，人为源污染较大。

（4）北京大气降尘重金属 Cd 在大部分地区 I_{geo} 在 3 以上，呈现偏重以上的污染；其中，在西城区东南部、东城区西南部和朝阳区西北部的 I_{geo} 较高，呈现重度到严重污染。Zn 在大部分地区 I_{geo} 在 2 以上，为中度以上的污染；其中，中心城区（东城区和西城区）及其周边海淀区大部分地区、朝阳区西北部和南部以及

丰台区东部的 I_{geo} 较高，呈现偏重污染。Cu 在整个城区 I_{geo} 都在 1 以上，呈现轻度以上的污染；其中，在中心城区（东城区和西城区）及其周边海淀区大部分地区、朝阳区西部以及丰台区西南部的 I_{geo} 较高，呈现中度到偏重污染。Pb 在绝大部分地区 I_{geo} 在 1 以上，为轻度以上污染；其中，朝阳区西北部、西城区东南部、东城区西南部以及丰台区南部的 I_{geo} 较高，呈现偏重污染。其他重金属 Cr、Mo、Ba 和 Bi 在北京城区部分地区的 I_{geo} 较高，呈现中度到偏重污染。

参考文献

[1] ZHENG X X，ZHAO W J，YAN X，et al. Pollution Characteristics and Health Risk Assessment of Airborne Heavy Metals Collected from Beijing Bus Stations[J]. International Journal of Environmental Research and Public Health，2015，12：9658-9671.

[2] ZHENG X X，GUO X Y，ZHAO W J，et al. Spatial variation and provenance of atmospheric trace elemental deposition in Beijing[J]. Atmospheric Pollution Research，2016，7，260-267.

[3] 邹天森，康文婷，张金良，等. 我国主要城市大气重金属的污染水平及分布特征[J]. 环境科学研究，2015，28（7）：1053-1061.

[4] 王明仕，李晗，王明娅，等. 中国降尘重金属分布特征及生态风险评价[J]. 干旱区资源与环境，2015，12：164-169.

[5] 李海燕，石安邦. 城市地表颗粒物重金属分布特征及其影响因素分析[J]. 生态环境学报，2014，11：1852-1860.

[6] 李超，栾文楼，蔡奎，等. 石家庄近地表降尘重金属的分布特征及来源分析[J]. 现代地质，2012，2：415-420.

[7] 李万伟，李晓红，徐东群. 大气颗粒物中重金属分布特征和来源的研究进展[J]. 环境与健康杂志，2011，7：654-657.

[8] 郑晓霞，赵文吉，郭逍宇. 北京大气降尘中微量元素的空间变异[J]. 中国环境科学，2015，8：2251-2260.

[9] TANG R L，MA K M，ZHANG Y X，et al. The spatial characteristics and pollution levels of metals in urban street dust of Beijing，China[J]. Applied Geochemistry，2013，35：88-89.

[10] 熊秋林，赵文吉，宫兆宁，等. 北京城区 2007—2012 年细颗粒物数浓度时空演化[J]. 中

国环境科学，2013，33（12）：2123-2130.

[11] 熊秋林，赵文吉，郭逍宇，等. 北京城区冬季降尘微量元素分布特征及来源分析[J]. 环境科学，2015，36（8）：2735-2742.

[12] 熊秋林，赵文吉，束同同，等. 北京降尘重金属污染水平及空间变异特征[J]. 环境科学研究，2016，29（12）：1743-1750.

第6章 北京城区大气金属元素干湿沉降特征

本章采用主动法和被动法两种方法同步收集大气沉降样品（以下称同步观测法），旨在研究北京城区大气中金属的干湿沉降特征。

6.1 大气干沉降通量的估算方法

同步观测法估算大气金属干沉降量的原理是：干沉降量等于总沉降量减去湿沉降量[1]。绝大部分金属无气态干沉降[2]，多以颗粒物的相态直接沉降或被雨水清除，所以混合沉降采样法表征的是大气金属沉降总量。主动采样器只在降水事件发生时采集样品，其余时间处于关闭状态，因而排除了干沉降的影响，表征的是湿沉降量。混合沉降通量减去湿沉降通量在理论上等于两次降水事件之间的干沉降量。干沉降的估算公式如下：

$$df(i)=tf(i)-wf(i) \qquad (6\text{-}1)$$

式中，$df(i)$ —— 金属 i 在相邻两次降雨事件之间干沉降量，mg/m^2；

$tf(i)$ 和 $wf(i)$ —— 分别表示金属 i 混合沉降量及湿沉降量，mg/m^2。

假定在两次降水之间污染物以干沉降的方式被均匀清除，则每日的金属干沉降量计算公式如下：

$$Df(i)=df(i)/t \qquad (6\text{-}2)$$

式中，$Df(i)$ —— 金属 i 在相邻两次降水过程之间日均干沉降通量，$mg/(m^2 \cdot d)$；

t —— 相邻两次降水过程间隔时间，d。

分别累加全年降水 $df(i)$、$tf(i)$ 和 $wf(i)$ 得到金属 i 年干沉降通量、年总沉降通量和年湿沉降通量，单位为 $mg/(m^2 \cdot a)$。

6.2 混合沉降和湿沉降中金属元素的浓度水平及富集特征

图 6-1 为混合沉降和湿沉降金属样品浓度统计。可以看出，两种样品中金属浓度大小次序一致：Ca 浓度最高，其次是 Mg、K、Na、Fe、Al，而 Zn、Cu、As、Cr、Cd 等重金属浓度较低（表 6-1）。然而，混合沉降各金属浓度普遍高于湿沉降。这是因为混合沉降样品中金属浓度水平不但受湿沉降影响，也受干沉降的影响。另外，混合沉降样品金属浓度的离群值比湿沉降多。通过对逐次降水样品分析，发现当降水间隔天数增多时，干沉降量相应增大；降水量较小时，降水对金属浓度的稀释作用减弱[3]；两者共同导致混合沉降样品的金属浓度显著高于同期采集的湿沉降样品。

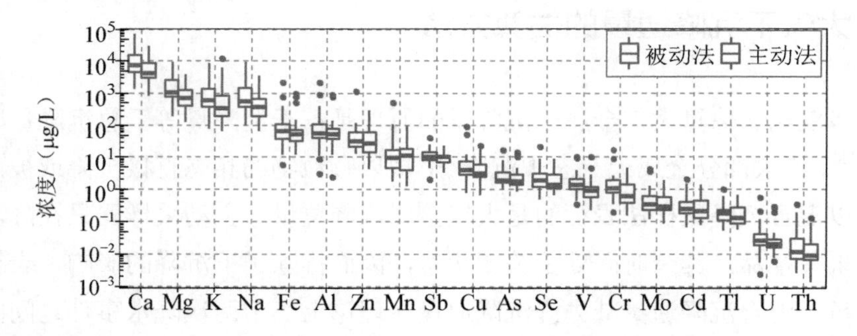

注：图中箱体表示正常范围（上限、上四分位数、中位数、下四分位数以及下限）；图中点表示离群值（＞上四分位数+1.5 倍的四分位距或＜下四分数−1.5 倍的四分位距）。

图 6-1　不同采样方式大气沉降样品金属浓度

表 6-1　不同采样方式沉降样品金属浓度统计量　　单位：μg/L

元素	被动法			主动法		
	加权平均值	最大值	最小值	加权平均值	最大值	最小值
Ca	7 160.68±16 179.02	70 630.00	1 379.00	4 237.74±6 831.48	29 920.00	833.90
Mg	1 148.6±2 266.2	9 577.00	189.30	619.56±965.74	3 862.00	131.10
K	889.5±1 957.73	8 531.00	81.45	641.17±2 390.09	11 930.00	68.81
Na	619.26±1 784.03	9 410.00	101.20	324.29±750.03	3 520.00	65.67
Fe	82.78±416.1	2 205.00	5.76	75.33±223.37	949.90	12.04

元素	被动法			主动法		
	加权平均值	最大值	最小值	加权平均值	最大值	最小值
Al	79.69±419.42	2 167.00	3.02	80.39±245.25	909.10	2.48
Zn	41.49±201.47	1 116.00	13.16	40.39±57.86	294.00	4.16
Mn	14.88±91.99	497.10	1.69	14.4±23.23	98.36	1.30
Sb	12.57±7.42	40.95	2.05	11.82±6.09	24.07	3.31
Cu	4.94±18.74	93.63	0.78	3.57±5.50	23.39	0.66
As	2.3±3.23	17.48	0.97	2.32±3.42	14.46	0.85
Se	1.95±4.18	22.49	0.49	1.78±1.92	8.50	0.67
V	1.46±2.38	10.61	0.34	1.13±2.00	10.14	0.23
Cr	1.29±3.33	17.20	0.15	0.9±1.18	4.61	0.18
Mo	0.41±0.96	4.37	0.12	0.3±0.46	1.97	0.09
Cd	0.27±0.44	2.11	0.07	0.3±0.31	1.39	0.08
Tl	0.18±0.20	1.01	0.05	0.17±0.15	0.66	0.06
U	0.03±0.10	0.55	0.002 5	0.03±0.07	0.29	0.001 0
Th	0.02±0.07	0.36	0.000 9	0.01±0.03	0.13	0.001 4

为了解沉降样品中各金属的污染水平，以 Al（代表地壳中的常量元素，在土壤中含量相对稳定）为参比，计算各金属的富集因子（EF）[4]，计算公式为

$$\mathrm{EF}(i)=(\rho_i/\rho_{\mathrm{Al}})_{\mathrm{precipitation}}/(\rho_i/\rho_{\mathrm{Al}})_{\mathrm{crust}} \tag{6-3}$$

式中，EF（i）—— 金属 i 的富集因子；

（$\rho_i/\rho_{\mathrm{Al}}$）$_{\mathrm{precipitation}}$ —— 沉降样品中金属 i 与 Al 的加权平均浓度之比；

（$\rho_i/\rho_{\mathrm{Al}}$）$_{\mathrm{crust}}$ —— 地壳中金属 i 与 Al 浓度之比值。

值得注意的是，本研究对降水样品用硝酸酸化（pH≈1），但在一定程度上是不能完全提取沉降样品中的金属元素，会低估某些金属的浓度水平。但该方法对重金属的提取效果要优于矿物元素，因而本研究用富集因子可以近似表征重金属元素的富集程度。

为排除背景值空间异质性的影响[5]，选择北京市各金属的土壤背景值进行 EF 估算。金属富集因子计算结果如图 6-2 所示，混合沉降和湿沉降同一金属 EF 在同一量级范围内，其中 Fe、Al、Th、和 U 的 EF 值<10，表明这 4 种金属富集不明显，主要来自地壳源；Cr、V、Mn、Na、K、Mg 和 Mo 等金属 EF 值范围在 10～100，呈现中度富集；Cu、As、Ca、Tl、Zn、Cd、Se 和 Sb 等金属的 EF 值>100，

尤其是 Cd、Se 和 Sb 这 3 种金属的 EF 值＞1 000，表明这些重金属已经严重富集，主要来自人为污染源。

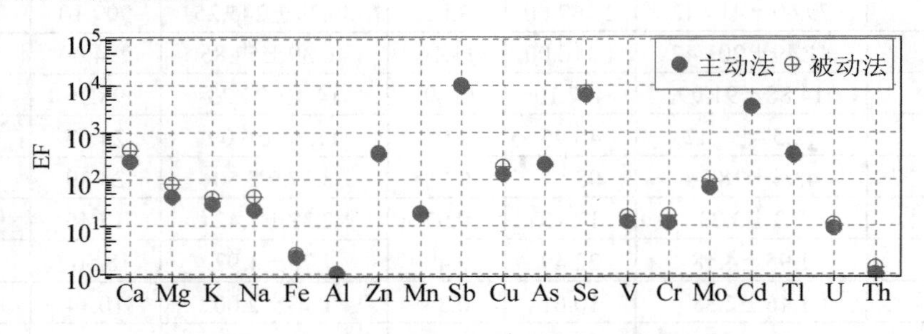

图 6-2　不同采样方式沉降样品金属富集因子

6.3　混合沉降和湿沉降中金属浓度的季节变化及来源分析

混合沉降和湿沉降样品中各金属浓度的季节变化如图 6-3 所示。由于研究期间冬季无降水事件发生，图 6-3 只对比分析了春、夏和秋 3 个季节的结果。除 K、Na、Ca 和 Mg 外，其他金属都呈现出春季最高、夏秋较低的季节变化趋势。春季高值可能是由于燃煤取暖和扬尘源排放，夏秋季低值主要是由于北京地处温带季风气候带，夏季和秋季降水量较大，稀释了各元素的浓度。

大气沉降样品金属浓度的高低不仅受降水量大小的影响，在一定程度上还受到区域污染的影响。为进一步探明周边区域传输对大气沉降样品中金属浓度的影响，本研究通过 TrajStat 后向轨迹模型[6]聚类分析了不同类型气团控制下湿沉降样品的金属浓度特征（图 6-4）。研究期间，按照气团对降水样品中金属浓度的影响依次为：北部气团＞西部气团＞西南气团或南部气团＞东部气团。湿沉降样品中绝大多数金属浓度在北部气团控制下比东部气团控制下高 1 个数量级，这一差异与不同类型气团的降水量［图 6-4（c）］和气团所携带污染物量有关。

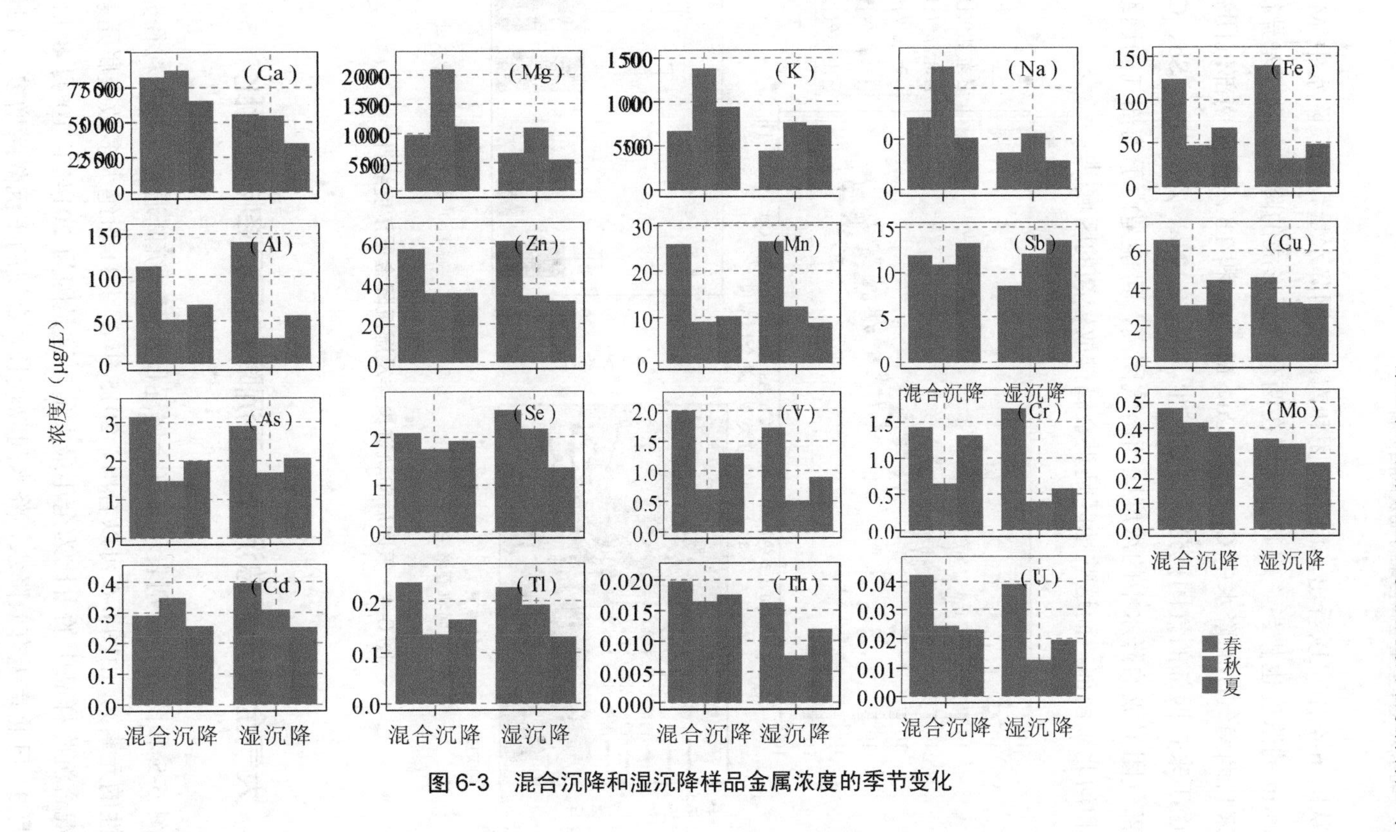

图6-3　混合沉降和湿沉降样品金属浓度的季节变化

从图 6-4 中可以看出，西南气团和南部气团降水量相当，降水中 Mg、As、Fe 和 Mn 的浓度也相当。但其他金属在两个气团形成的降水中浓度差异很大。例如，来自西南气团的降水中 Ca、Al、Cu、Mo、U 和 Th 浓度比南部气团高，这可能是由于来自西部的气团携带了大量矿尘。而 K、Na、Zn、Mn、Sb、Cd 和 Tl 在南部气团形成的降水中的浓度比西南气团高，可能是由于南部气团途经山东西北部和河北东南部，而这些地区是重金属排放较高的区域[7]。

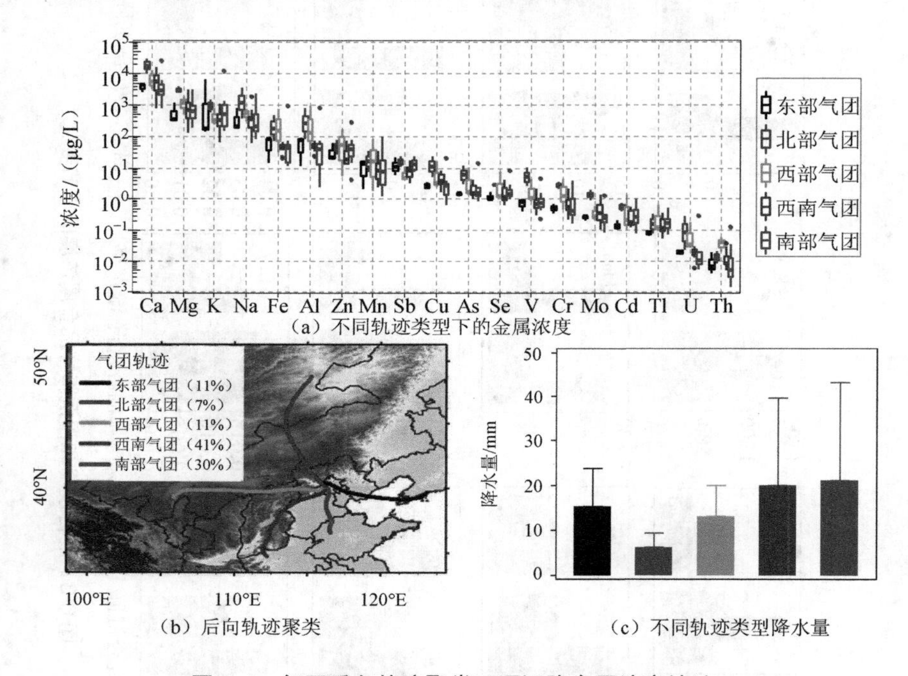

图 6-4　气团后向轨迹聚类及湿沉降金属浓度统计

6.4　大气金属元素总沉降、干沉降和湿沉降特征对比

图 6-5 和图 6-6 分别表示大气金属逐日及逐次沉降通量（根据粒径分布选取代表性的元素）。由图 6-6 可以看出，2015 年 3 月 31 日绝大多数金属元素的干沉降在混合沉降样品中的占比为全年最大值，这是因为 2014 年 10 月 8 日至 2015 年 3 月 31 日北京无有效降水，降水间隔较长，金属的干沉降量增多。在地中海地

区也观测到类似的现象[3]。通过同步观测法估算的年尺度总沉降、湿沉降和干沉降通量分别为 0.01～3 591.35 mg/（m^2·a）、0.01～1 847.78 mg/（m^2·a）和 0.01～1 743.57 mg/（m^2·a）。值得注意的是，在自然状态下的干沉降过程，干沉降不仅与金属的粒径分布和浓度有关，还会受到地表粗糙度和植被覆盖等下垫面性质的影响[8]。因此，本研究并不能完全量化自然状态下的干沉降，可能会存在一定程度的低估。

表 6-2 列出了国内外典型地区近 30 年重金属沉降通量观测结果。可以看出，北京市 Cd、Cu 和 V 等金属的大气沉降量处于中等水平，而 Zn、As 和 Mn 这 3 种金属沉降量明显较高。与国内其他地区相比，北京大气中金属的沉降量偏低，但处于同一范围。与以往北京的研究结果相比，本研究各金属的沉降通量较小，这可能与不同时间段的污染状况和采样方式有关[9,10]。

表 6-2　国内外大气金属沉降通量　　单位：mg/（m^2·a）

研究区域	观测年份	样品类型	Cd	Cu	Zn	As	Mn	V	文献
法国南特	2014	混合沉降	/	1.31	2.00	0.13	/	0.21	[8]
科西嘉岛	2008—2010	混合沉降	/	1.06	5.70	0.14	3.70	0.40	[11]
芬兰维罗拉赫蒂	2007	混合沉降	0.04	1.00	3.80	0.09	2.30	0.36	[12]
保加利亚黑海	2008—2009	混合沉降	0.02	17.8	15.20	/	2.01	1.10	[13]
珠三角	2001—2002	混合沉降	/	18.60	104.00	/	/	2.10	[14]
华北地区	2007—2010	干沉降+湿沉降	0.54	15.10	106.50	4.30	85.10	5.35	[15]
大亚湾	2015—2017	干沉降+湿沉降	0.20	4.70	94.00	3.14	53.40	2.14	[16]
北京市	2005—2006	混合沉降	0.23	14.20	54.40	2.90	111.20	/	[10]
北京市	2007—2010	干沉降+湿沉降	0.46	19.80	86.50	3.73	83.00	3.73	[9]
北京市	2014—2015	混合沉降+湿沉降	0.15	3.03	24.50	1.24	9.38	0.80	本研究

注：“/”表示无观测数据。

图 6-7 为 19 种金属干湿沉降比例。其中 Na、Mg、Th、Ca、Cr 和 Cu 等金属干沉降通量占总沉降通量的比例均大于 40%；Al、Mn、U、V、Fe、K 和 Mo 这 7 种金属的干沉降占总沉降比例为 23.9%～39.1%；Se、Zn、Tl、Sb、As、Cd 等金属干沉降占总沉降比例小于 20%。当某金属主要富集在粗粒径段（粒径＞2.1 μm）

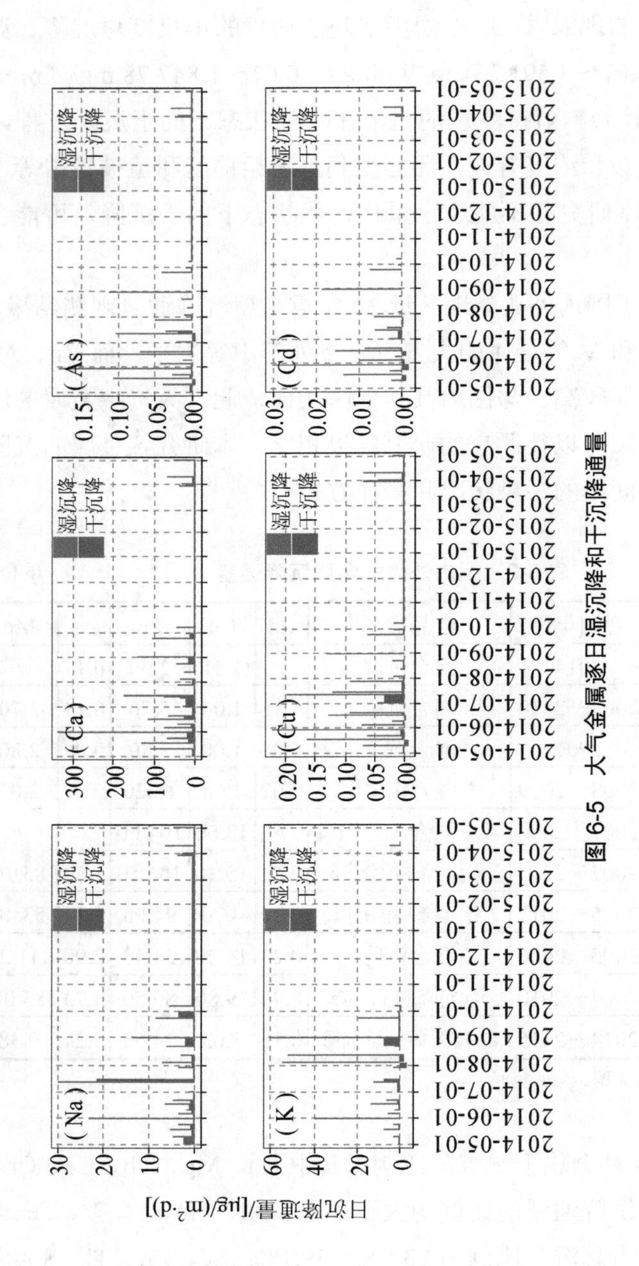

图 6-5 大气金属逐日湿沉降和干沉降通量

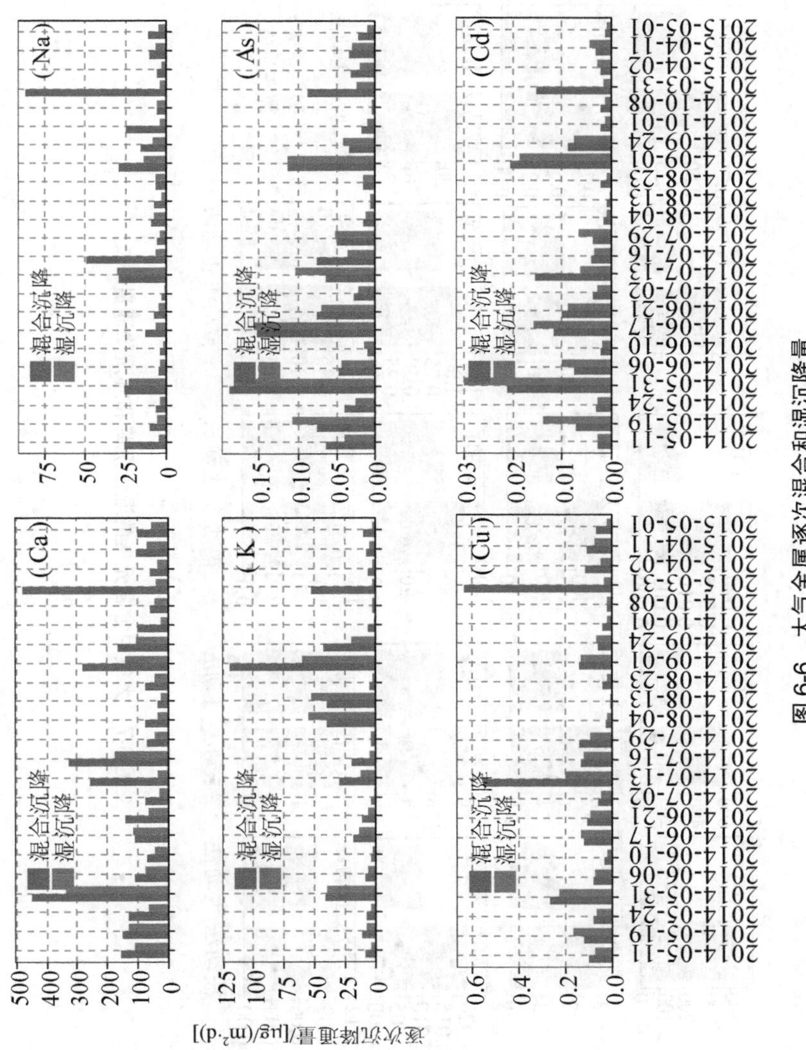

图 6-6　大气金属逐次混合和湿沉降量

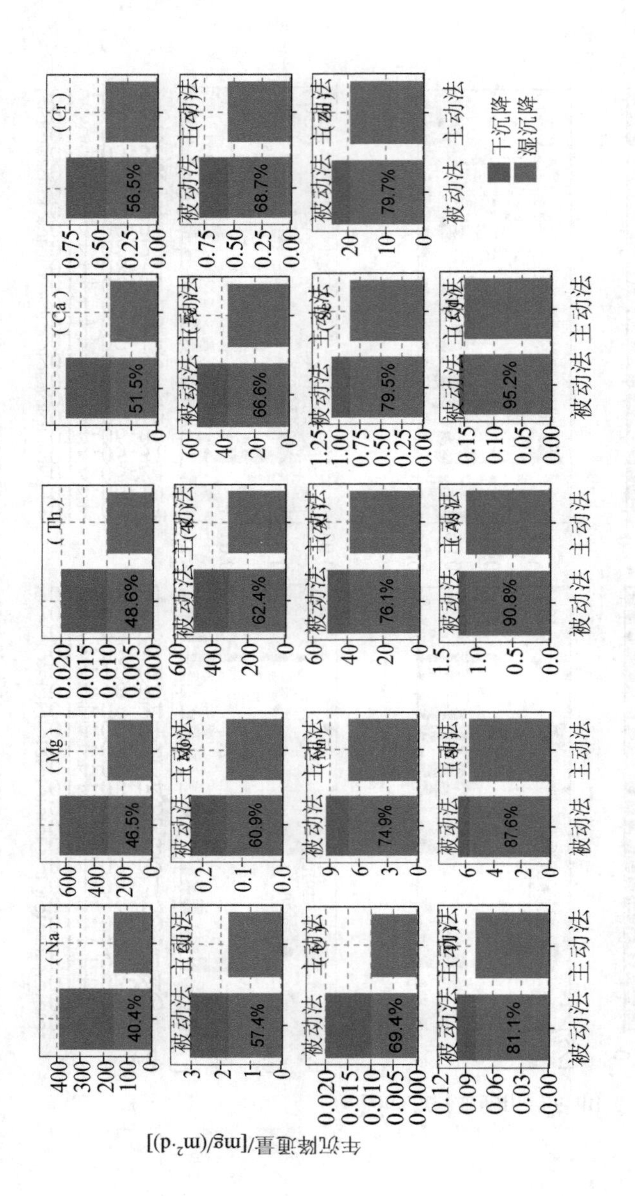

图 6-7 大气中金属元素的混合沉降和湿沉降通量

时，易通过重力作用发生沉降[17]，所以干沉降所占的比例较高，如 Ca、Mg 等；相反，当某金属主要富集在细粒径段（＜2.1 μm）时，颗粒物通过重力作用沉降的作用减弱，而绝大多数重金属都富集在细颗粒物中，主要以湿沉降的形式从大气中清除，如 As、Cd 等；当金属呈现双峰型或者多峰型粒径时，干沉降占总沉降比例处于前面所述的粗粒径段富集和细粒径段富集的两种类型的金属之间，如 Al、Mn 等[18]。综上所述，干/湿沉降对于大气金属的清除作用在一定程度上取决于金属富集的粒径段。

6.5 本章小结

（1）混合沉降样品各金属浓度普遍高于湿沉降样品。两种样品各金属富集因子差异较小，除 Fe、Al、Th、U 等元素外，其余金属都有不同程度的污染富集，特别是 As、Cd、Se、Sb 等重金属呈现严重富集。

（2）北京市夏秋季混合沉降样品和湿沉降样品中金属浓度较低，而春季浓度较高；不同降水气团控制下的湿沉降样品中金属的污染特征差异明显，主要与气团所经过的区域有关（污染源区不同）。

（3）同步观测法估算北京大气金属 Th～Ca 干沉降量范围为 0.01～1 743.57 mg/（m^2·a）。干/湿沉降对于大气金属的清除作用与颗粒物的粒径有关，粒径越小的金属越容易以湿沉降方式被清除。

参考文献

[1] BALESTRINI R，ARISCI S，BRIZZIO M C，et al. Dry deposition of particles and canopy exchange：Comparison of wet，bulk and throughfall deposition at five forest sites in Italy[J]. Atmospheric Environment，2007，41（4）：745-756.

[2] JEDP S，JOHN W，ANDREW T，et al. Dry nitrogen deposition estimates over a forest experiencing free air CO_2 enrichment[J]. Global Change Biology，2008，14（4）：768–781.

[3] MUEZZINOGLU A，CIZMECIOGLU S C. Deposition of heavy metals in a Mediterranean climate area[J]. Atmospheric Research，2006，81（1）：1-16.

[4] DUCE R A，HOFFMAN G L，ZOLLER W H. Atmospheric trace metals at remote northern and southern hemisphere sites：pollution or natural[J]. Science，1975，187（4171）：59-61.

[5] HERNANDEZ L，PROBST A，PROBST J L，et al. Heavy metal distribution in some French forest soils：evidence for atmospheric contamination[J]. Science of the Total Environment，2003，312（1–3）：195-219.

[6] WANG Y Q，ZHANG X Y，DRAXLER R R. TrajStat：GIS-based software that uses various trajectory statistical analysis methods to identify potential sources from long-term air pollution measurement data[J]. Environmental Modelling & Software，2009，24（8）：938-939.

[7] TIAN H Z，ZHU C Y，GAO J J，et al. Quantitative assessment of atmospheric emissions of toxic heavy metals from anthropogenic sources in China：historical trend，spatial variation distribution，uncertainties and control policies[J]. Atmospheric Chemistry and Physics，2015，15（8）：12107-12166.

[8] OMRANI M，RUBAN V，RUBAN G，et al. Assessment of atmospheric trace metal deposition in urban environments using direct and indirect measurement methodology and contributions from wet and dry depositions[J]. Atmospheric Environment，2017，168：101-111.

[9] PAN Y P，WANG Y S. Atmospheric wet and dry deposition of trace elements at 10 sites in Northern China[J]. Atmospheric Chemistry and Physics，2015，15（2）：951-972.

[10] 丛源，陈岳龙，杨忠芳，等. 北京平原区元素的大气干湿沉降通量[J]. 地质通报，2008，27（2）：257-264.

[11] DESBOEUFS K，BON N E，CHEVAILLIER S，et al. Fluxes and sources of nutrient and trace metal atmospheric deposition in the northwestern Mediterranean[J]. Atmospheric Chemistry and Physics，2018，18（19）：14477-14492.

[12] KYLLÖNEN K，KARLSSON V，RUOHOAIROLA T. Trace element deposition and trends during a ten year period in Finland[J]. Science of the Total Environment，2009，407（7）：2260-2269.

[13] THEODOSI C，STAVRAKAKIS S，KOULAKI F，et al. The significance of atmospheric inputs of major and trace metals to the Black Sea[J]. Journal of Marine Systems，2013，109-110（1）：94-102.

[14] WONG C S C，LI X D，ZHANG G，et al. Atmospheric deposition of heavy metals in the Pearl

River Delta，China[J]. Atmospheric Environment，2003，37（6）：767-776.

[15] SAKATA M，MARUMOTO K. Dry deposition fluxes and deposition velocities of trace metals in the Tokyo metropolitan area measured with a water surface sampler[J]. Environmental Science & Technology，2004，38（7）：2190-2197.

[16] WU Y，ZHANG J，NI Z，et al. Atmospheric deposition of trace elements to Daya Bay，South China Sea：Fluxes and sources[J]. Marine Pollution Bulletin，2018，127：672-683.

[17] STAELENS J，AN D S，AVERMAET P V，et al. A comparison of bulk and wet-only deposition at two adjacent sites in Melle（Belgium）[J]. Atmospheric Environment，2005，39（1）：7-15.

[18] TIAN S L，PAN Y P，WANG Y S. Size-resolved source apportionment of particulate matter in urban Beijing during haze and non-haze episodes[J]. Atmospheric Chemistry & Physics Discussions，2016，16（1）：9405-9443.

第7章 北京大气降尘重金属污染评价

本章研究了北京大气降尘中重金属污染水平。利用单因子污染指数、地累积指数、潜在生态风险指数等方法评价了大气降尘重金属的单一污染特征，并利用交叉验证后的空间插值模型依次从污染程度、潜在生态危害程度等维度探讨了北京大气降尘重金属污染的空间分布。最后构建了降尘重金属综合污染指数，探讨了大气降尘重金属的综合污染特征。

7.1 大气降尘重金属污染水平

本节分别研究了北京城区和近郊大气降尘中重金属含量及其污染水平。北京城区和近郊大气降尘中10种重金属元素的污染水平（背景比值、一级超标率、二级超标率）分别见表7-1和表7-2。其中，均值为剔除极端值和异常值后得到的大气降尘重金属含量的算术平均值；背景值参考《中国土壤元素背景值》[1]；一级限值和二级限值参考《土壤环境质量标准》（GB 15618—2008）[2]中规定的一级标准值和二级标准值（其中，Bi和Mo的一级标准值和二级标准值，以及Co和V的一级标准值，现行的标准均未给出推荐值）；背景比值取重金属含量的平均值与背景值的比值；一级超标率和二级超标率分别为超出一级限值的样本数与总样本数的百分比以及与超出二级限值的样本数与总样本数的百分比。

7.1.1 城区大气降尘重金属污染水平

从表7-1中可以看出，北京城区大气降尘中大部分重金属存在不同程度的污染。V含量的平均值与土壤环境背景值接近，且所有样本数据均未超标，不存在污染。Co含量的均值略高于土壤环境背景值，且所有样本数据均未超标，不存在污染。Cr和Ni含量的均值超出土壤环境背景值1倍，且其超出一级标准值的样本数与总样本数的百分比均为 93.9%，超出二级标准值的样本数与总样本数的百分比分别为3%和66.7%，存在中度污染。Mo和Bi含量的均值分别超出对应土壤环境背景值的3.7倍和7.4倍，在大气降尘中的含量较高，由于无对应的环境标准值作参考，其超标情况及污染状况未知。Pb的平均含量为相应土壤环境背景值的5.5倍，所有样本数据均超出一级标准值，但只有 9.1%的样本数据超过二级标准值，属于中度污染。Zn和Cu的平均含量分别为相应土壤环境背景值的9.5倍和10.7倍，其超出一级标准值的样本数占总样本数的百分比均为100%，超出二级标准值的样本数占总样本数的百分比分别为97%和93.9%，属于重度污染。Cd的平均含量高达相应土壤环境背景值的28.1倍，其超出一级标准值、二级标准值的样本数与总样本数的百分比均为100%，存在严重污染。

表7-1　北京城区降尘重金属污染水平　　单位：mg/kg

重金属	均值	背景值	一级标准值	二级标准值	背景比值	一级超标率/%	二级超标率/%
Bi	3.3	0.4	—	—	8.4	—	—
Cd	2.8	0.1	0.2	0.3	28.1	100.0	100.0
Co	14.7	12.7	—	50	1.2	—	0
Cr	136.1	61	90	300	2.2	93.9	3.0
Cu	242.7	22.6	35	100	10.7	100.0	93.9
Mo	9.4	2	—	—	4.7	—	—
Ni	61.0	26.9	40	50	2.3	93.9	66.7
Pb	143.6	26	35	300	5.5	100.0	9.1
V	79.7	82.4	—	200	1.0	—	0
Zn	703.3	74.2	100	250	9.5	100.0	97.0

7.1.2　近郊大气降尘重金属污染水平

从表7-2中可以看出，北京近郊大气降尘中大部分重金属存在不同程度的污染。V含量的平均值与土壤环境背景值接近，且所有样本数据均未超标，不存在污染。Co含量的平均值略高于土壤环境背景值，且所有样本数据均未超标，不存在污染。Ni 和 Cr 含量的均值超出土壤环境背景值 1 倍，且其超出一级标准值的样本数与总样本数的百分比分别为 87.5%和 100%，超出二级标准值的样本数与总样本数的百分比分别为 37.5%和 6.3%，均为中度污染。Bi 和 Mo 含量的均值分别超出各自对应的土壤环境背景值的 1.9 和 3.7 倍，在大气降尘中的含量较高，但是由于无对应的环境标准值作参考，两种重金属的超标情况以及污染状况未知。Pb 的平均含量为对应土壤环境背景值的 3.6 倍，所有样本数据均超出一级标准值，但无样本数据超过二级标准值，属于中度污染。Cu 和 Zn 的平均含量分别为相应土壤环境背景值的 6.4 倍和 7.7 倍，其超出一级标准值的样本数与总样本数的百分比均为 100%，超出二级标准值的样本数与总样本数的百分比分别为 100%和 81.2%，污染较重。Cd 的平均含量高达相应土壤环境背景值的 19.8 倍，其超出一级标准值、二级标准值的样本数与总样本数的百分比均为 100%，存在严重污染。

表 7-2 北京近郊降尘重金属污染水平 单位：mg/kg

重金属	均值	背景值	一级标准值	二级标准值	背景比值	一级超标率/%	二级超标率/%
Bi	1.9	0.4	—	—	4.7	—	—
Cd	2.0	0.1	0.2	0.3	19.8	100.0	100.0
Co	17.4	12.7	—	50	1.4	—	0
Cr	128.3	61	90	300	2.1	100.0	6.3
Cu	144.9	22.6	35	100	6.4	100.0	81.2
Mo	5.8	2	—	—	2.9	—	—
Ni	51.5	26.9	40	50	1.9	87.5	37.5
Pb	93.5	26	35	300	3.6	100.0	0
V	82.9	82.4	—	200	1.0	—	0
Zn	572.2	74.2	100	250	7.7	100.0	100.0

7.2 大气降尘重金属单一污染评价

7.2.1 大气降尘重金属累积污染程度

单因子污染指数法是一种广泛应用于土壤、沉积物以及大气降尘中重金属元素累积污染程度研究的方法[3]。它以《土壤环境质量标准》（GB 15618—2008）[2]中居住用地土壤二级标准值为标准，取大气降尘中重金属实测浓度与土壤环境质量标准中居住用地土壤的二级标准值的比值，对北京大气降尘中重金属进行污染评价，以判断大气降尘中重金属的累积污染程度，计算公式如下：

$$P_i = C_i / S_i \tag{7-1}$$

式中，P_i —— 研究区大气降尘重金属元素 i 的单因子污染指数；

C_i —— 研究区大气降尘重金属元素 i 的实测值，mg/kg；

S_i —— 研究区大气降尘重金属元素 i 在《土壤环境质量标准》（GB 15618—2008）[2]中居住用地土壤的二级标准值，即保障居民健康生活的土壤临界值，mg/kg。

单因子污染指数 P_i 的取值越大，反映研究区大气降尘重金属的污染累积程度越高；取值越小，表示研究区降尘重金属的污染累积程度越低[4]。根据计算结果，如果 $P_i \leqslant 1$，则表示研究区内大气降尘中重金属污染物的浓度不超过我国居住用地的土壤环境二级标准值，符合环境质量管理规定，表明当地大气降尘重金属没有受到人为因素的污染；如果 $P_i > 1$，则表示研究区内大气降尘中重金属污染物的浓度超过我国居住用地土壤环境的二级标准值范围，不符合环境质量管理规定，表明当地大气降尘重金属受到人为因素的污染。

根据大气降尘重金属单因子污染指数的定义，计算了北京城区和郊区大气降尘中 8 种重金属元素的单因子污染指数，分别如图 7-1、表 7-3、图 7-2 和表 7-4 所示。

由图 7-1 和表 7-3 可知，北京城区大气降尘重金属 Zn 在近 70%的采样点处的单因子污染指数均超过 1，即北京城区大气降尘中重金属 Zn 浓度大部分超出居住用地土壤环境二级标准值范围，受到较严重的人为因素的污染。重金属 Cr、Pb、Cd 和 Cu 分别在 3%、3%、9.1%和 27.3%的采样点处单因子污染指数超过了 1，即北京城区的部分地区大气降尘中重金属 Cr、Cu、Cd 和 Pb 的浓度超出居住用地土壤环境二级标准值范围，受到一定的人为因素的污染。其余重金属 Co、Ni 和 V 在所有采样点处的单因子污染指数均不大于 1，北京城区大气降尘中重金属 Co、Ni 和 V 的含量均在居住用地土壤环境二级标准值范围，未受到明显的人为因素的污染。

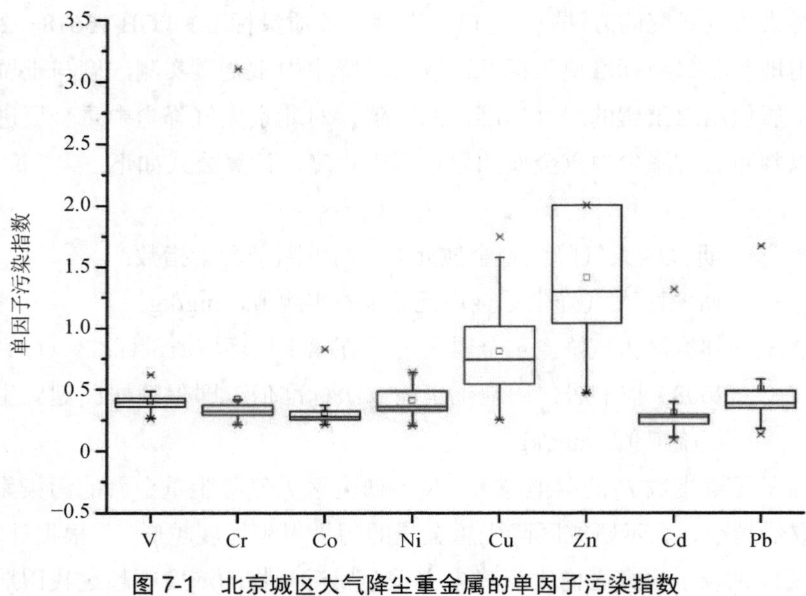

图 7-1 北京城区大气降尘重金属的单因子污染指数

表 7-3 北京城区大气降尘重金属单因子污染指数

采样点号	V	Cr	Co	Ni	Cu	Zn	Cd	Pb
1	0.37	0.33	0.28	0.36	1.57	0.90	0.22	0.40
2	0.36	0.28	0.25	0.31	0.72	0.89	0.23	0.32
3	0.62	0.70	0.83	0.56	1.27	2.00	1.31	1.67
4	0.54	0.32	0.26	0.32	0.40	0.93	0.14	0.28
5	0.41	0.31	0.25	0.34	0.74	1.21	0.29	0.36
6	0.30	0.55	0.33	0.43	1.51	2.00	0.48	0.42
7	0.33	0.29	0.22	0.58	1.75	2.00	0.67	1.67
8	0.33	0.35	0.25	0.52	0.80	2.00	0.28	0.34
9	0.44	3.11	0.33	0.59	0.78	1.96	0.29	0.33
10	0.38	0.42	0.32	0.51	0.71	1.52	0.28	0.35
11	0.35	0.23	0.36	0.52	0.25	0.61	0.11	0.18
12	0.40	0.33	0.32	0.61	0.83	2.00	0.31	0.49
13	0.45	0.38	0.37	0.49	1.04	1.32	0.38	0.50
14	0.34	0.32	0.26	0.35	0.89	1.29	0.32	0.35

采样点号	V	Cr	Co	Ni	Cu	Zn	Cd	Pb
15	0.40	0.38	0.33	0.46	0.90	2.00	0.29	0.44
16	0.31	0.29	0.22	0.31	1.01	1.04	0.20	0.35
17	0.40	0.27	0.25	0.25	1.42	0.72	0.24	0.50
18	0.35	0.29	0.28	0.44	0.54	0.91	0.29	0.44
19	0.43	0.40	0.35	0.42	0.96	1.25	0.40	0.51
20	0.40	0.35	0.28	0.42	0.91	1.14	0.28	0.39
21	0.41	0.35	0.24	0.36	1.06	2.00	0.19	0.55
22	0.37	0.31	0.27	0.34	0.54	2.00	0.28	0.49
23	0.49	0.38	0.37	0.48	1.03	1.49	0.45	0.58
24	0.41	0.32	0.27	0.31	0.69	1.05	0.27	0.36
25	0.27	0.21	0.26	0.35	0.59	2.00	0.22	0.36
26	0.40	0.31	0.32	0.64	0.52	2.00	0.28	0.43
32	0.41	0.30	0.28	0.29	0.37	1.17	0.24	0.30
33	0.39	0.28	0.27	0.29	0.55	1.54	0.25	0.35
34	0.38	0.24	0.30	0.40	0.37	1.13	0.18	0.35
36	0.37	0.22	0.24	0.20	0.29	0.47	0.09	0.13
38	0.45	0.33	0.31	0.33	0.65	0.90	0.19	0.37
49	0.46	0.37	0.32	0.33	0.52	1.16	0.26	1.67
50	0.44	0.33	0.32	0.33	0.49	1.79	0.19	0.42

由图 7-2 和表 7-4 可知，北京近郊大气降尘重金属 Zn 在 40%以上的采样点处的单因子污染指数均超过 1，即北京城区大气降尘中重金属 Zn 浓度普遍超出居住用地土壤环境二级标准值范围，受到比较严重的人为因素的污染。重金属 Cr 在 6.3%的采样点处的单因子污染指数大于 1，即北京城区的少数地区大气降尘中的重金属 Cr 的含量超出了居住用地土壤环境二级标准值范围，受到一定的人为因素的污染。其余重金属 Cd、Pb、Cu、Ni、Co 和 V 在所有采样点处的单因子污染指数均不大于 1，北京城区大气降尘重金属 Cd、Co、Cu、Ni、Pb 和 V 的含量均在居住用地土壤环境二级标准值范围，未受到明显的人为因素的污染。

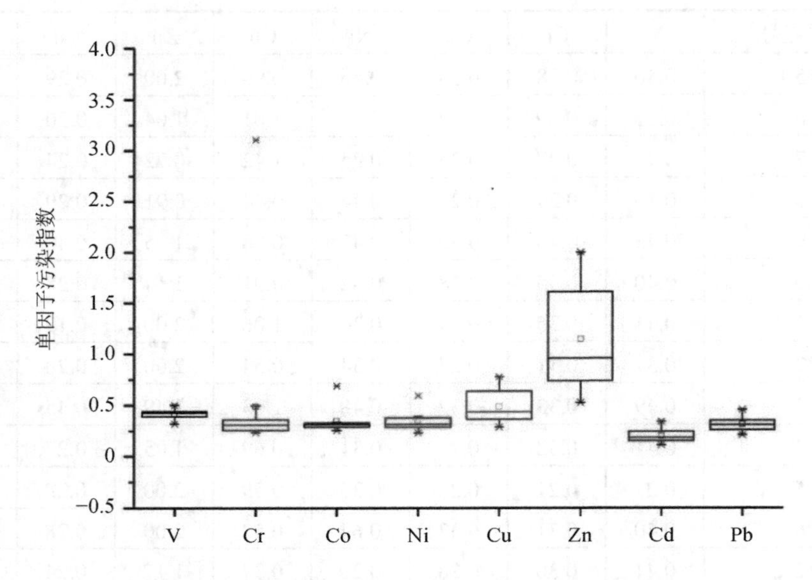

图 7-2　北京近郊大气降尘重金属的单因子污染指数

表 7-4　北京近郊大气降尘重金属单因子污染指数

采样点号	V	Cr	Co	Ni	Cu	Zn	Cd	Pb
28	0.43	0.31	0.28	0.32	0.67	0.80	0.18	0.38
29	0.39	0.23	0.28	0.23	0.36	0.57	0.11	0.25
30	0.50	0.31	0.32	0.30	0.67	2.00	0.18	0.32
31	0.38	0.31	0.30	0.35	0.49	2.00	0.25	0.32
35	0.44	0.35	0.31	0.37	0.56	0.97	0.26	0.36
37	0.44	3.11	0.33	0.59	0.78	1.96	0.29	0.33
39	0.44	0.26	0.30	0.39	0.32	0.57	0.11	0.21
40	0.37	0.50	0.67	0.54	0.63	1.09	0.23	0.29
41	0.41	0.26	0.32	0.30	0.38	0.87	0.14	0.25
42	0.43	0.24	0.31	0.28	0.31	0.83	0.16	0.26
43	0.32	0.24	0.25	0.26	0.29	0.68	0.17	0.27
44	0.45	0.33	0.33	0.32	0.49	1.26	0.20	0.33
45	0.40	0.49	0.26	0.28	0.37	0.53	0.14	0.24
46	0.38	0.24	0.29	0.28	0.38	0.95	0.19	0.29
47	0.42	0.37	0.69	0.39	0.65	2.00	0.34	0.45
48	0.43	0.27	0.32	0.30	0.39	1.24	0.22	0.42

为详细了解北京城区及周边大气降尘重金属的累积污染程度及其空间分布，本研究利用北京 49 个大气降尘采样点的重金属含量数据计算了各采样点的大气降尘重金属的单因子污染指数，并利用 ArcGIS 10.1 软件的地统计工具的空间插值方法，模拟了北京大气降尘中主要重金属 Cd、Co、Cr、Cu、Ni、Pb、V 和 Zn 的单因子污染指数的空间分布，如图 7-3 所示。

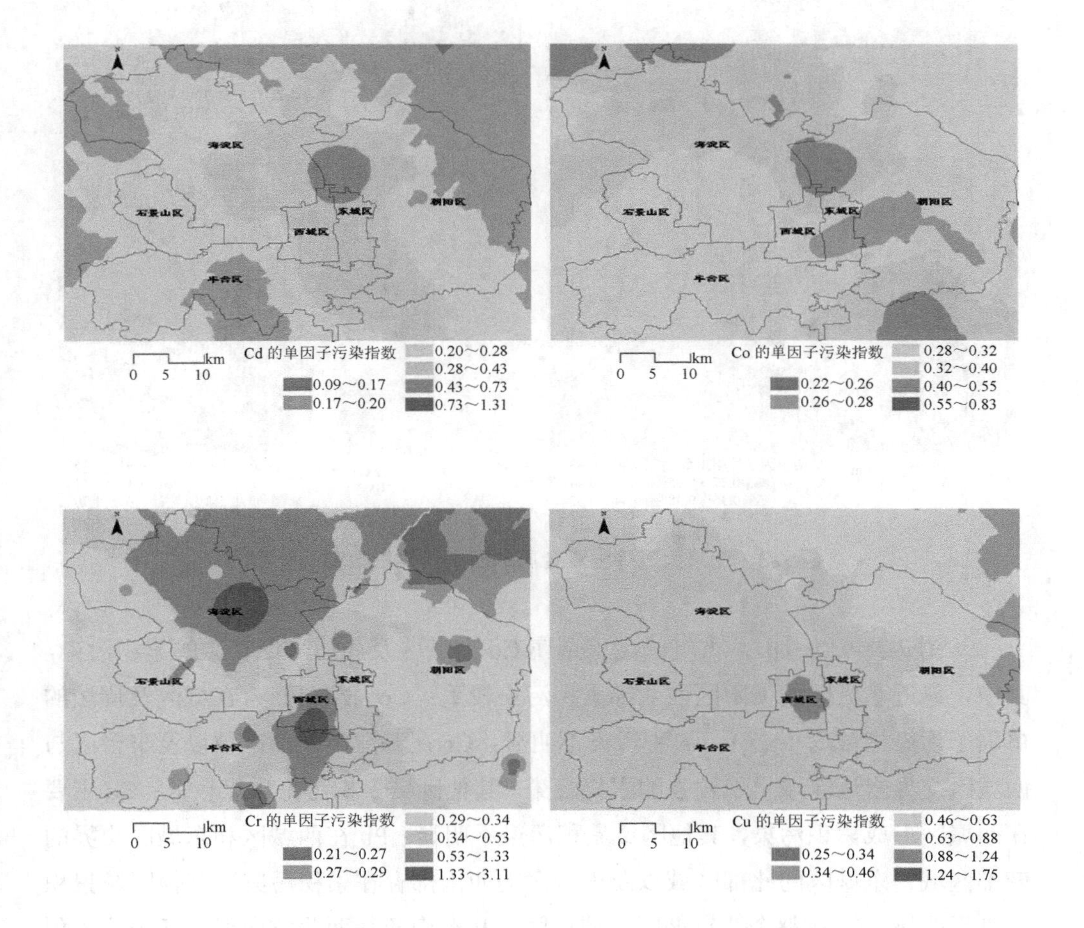

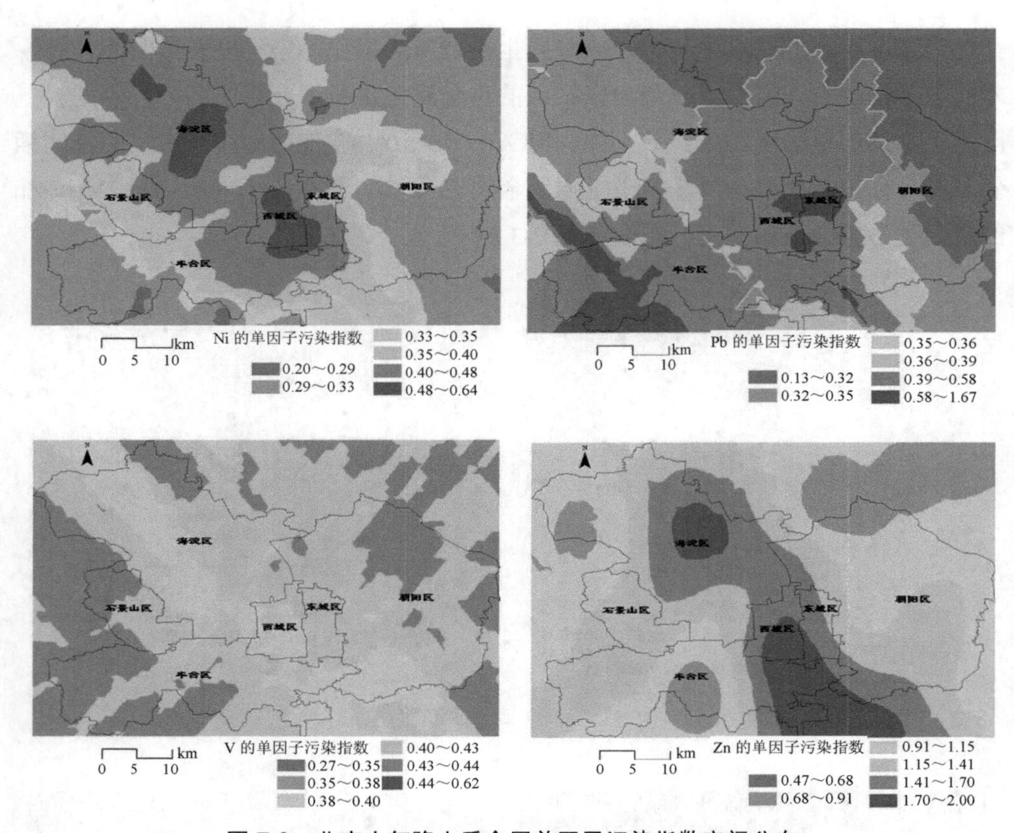

图 7-3 北京大气降尘重金属单因子污染指数空间分布

从图 7-3 可以看出，大气降尘重金属 Cd 在城区及周边呈现轻微的累积污染，其中，靠近东城区的朝阳区西北部累积污染较重；Co、Ni 和 V 在城区及周边的单因子污染指数均小于 1，累积污染不明显；Cr 在海淀中北部区域以及丰台区与西城区交界附近区域呈现较强的累积污染，其他区域累积污染程度较低；Cu 主要在西城区形成累积污染，其他区域累积污染不明显；Pb 在西城区和东城区交界的南部区域、东城区的北部区域以及丰台区的西南部存在累积污染，其他区域累积污染不明显；Zn 在整个北京城区及周边区域从东南角往西北方向形成条带状累积污染，其中，丰台区东南部、西城区南部和海淀区中部累积污染较重。

7.2.2　大气降尘重金属富集程度

为详细了解北京城区及周边大气降尘重金属的富集状况及其在空间上的分布，本研究利用北京大气降尘 49 个采样点的重金属浓度数据计算了各采样点的大气降尘重金属的富集因子，并利用 ArcGIS 10.1 软件的地统计工具的空间插值方法，模拟了供暖期北京大气降尘中主要重金属 Cd、Co、Cr、Cu、Mo、Ni、Pb 和 Zn 的 EF 值的空间分布，如图 7-4 所示。

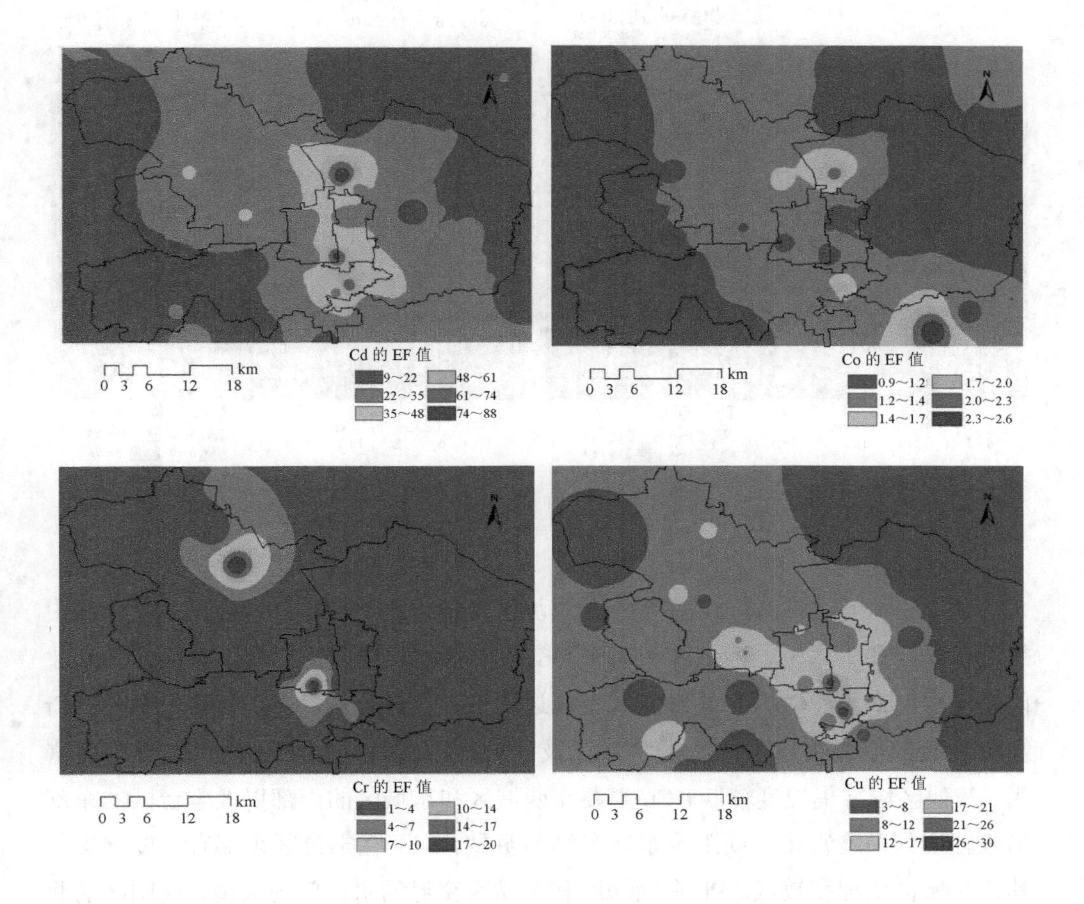

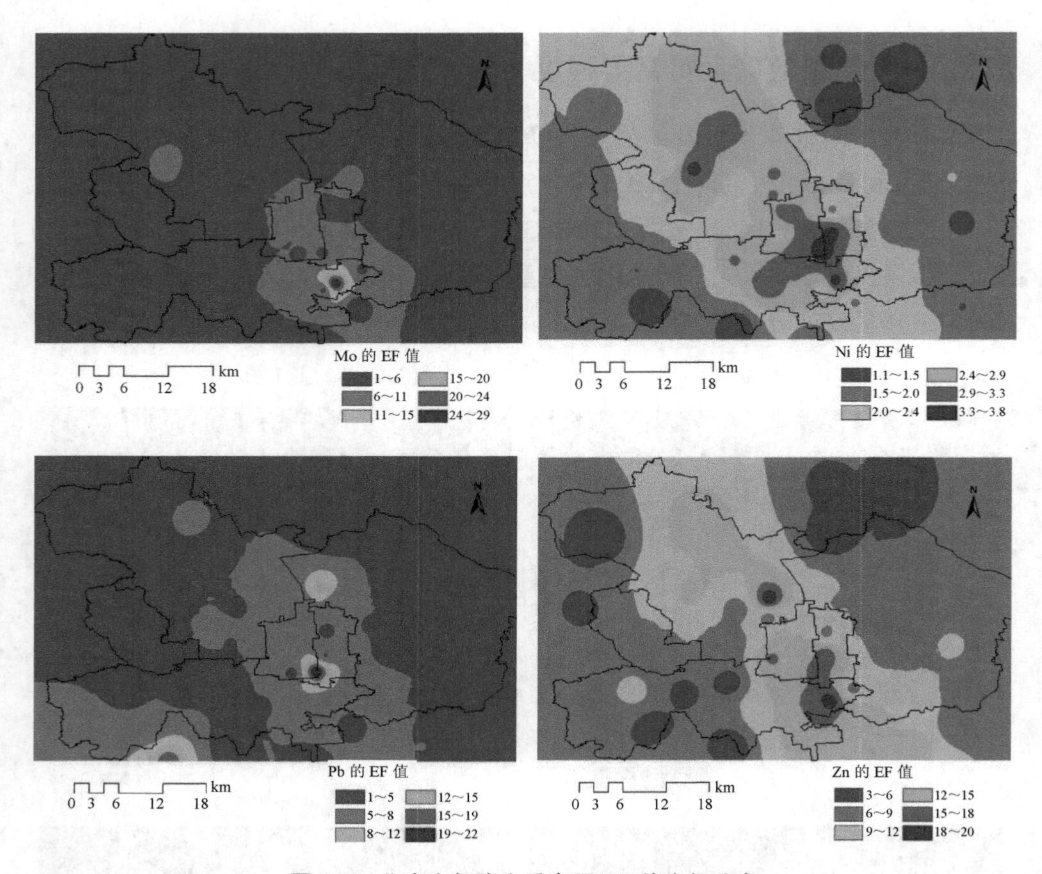

图 7-4 北京大气降尘重金属 EF 值空间分布

从图 7-4 可以看出，Cd 在整个北京城区及周边均呈现不同程度的富集，其中靠近东城区和平东桥、西城区和东城区交界的永定门内大街以及丰台区的天坛北门呈现中度富集。Co 和 Ni 在城区及周边的 EF 值均为 4 以下，富集不明显。Cr 在海淀北部以黑山扈为中心的区域以及西城区白纸坊东街附近区域呈现中度富集，其他区域富集程度较低。Cu 主要在西城区和东城区的南部以及丰台区的东部形成轻度到中度富集，朝阳区东部富集不明显。Mo 在丰台区东部有中度富集，其他区域富集程度较低。Pb 在西城区和东城区交界的永定门内大街、朝阳区的北京国际会议中心以及房山区的长阳镇存在中度富集，其他区域为轻度富集。Zn 在北京城区及周边的大部分区域富集较明显，其中丰台区东部、西城区和东城区的南部以及海淀区的中北部地区为中度富集，受人类活动影响较显著。

7.2.3 大气降尘重金属污染等级

地累积指数（geo-accumulation index，I_{geo}）是由德国科学家 Muller 于 1969 年提出的研究沉积物重金属污染程度的定量指标。I_{geo} 综合考虑了自然界中地质过程造成的背景值变化以及人类活动对环境的影响，是反映重金属分布的自然变化特征和判别人为活动对环境影响的重要参数[5]。近年来，地累积指数法被广泛用于土壤风沙尘[6]、大气颗粒物[7]以及燃煤电厂周边积尘[8]等的元素污染特征研究。本研究采用地累积指数法分析大气降尘中主要重金属元素污染特征。计算公式如下：

$$I_{geo} = \log_2\left(\frac{C_n}{1.5B_n}\right) \tag{7-2}$$

式中，I_{geo} —— 地积累指数；

C_n —— 大气降尘中重金属元素 n 的浓度，mg/kg；

B_n —— 重金属元素 n 的地球化学背景值，取北京 A 层土壤元素平均值[1]，mg/kg；

1.5 —— 考虑到各地造岩运动等效应可能引起的背景值差异而取的修正系数。

根据计算的 I_{geo} 值可以用来判断大气降尘中重金属元素的污染等级及程度，二者的关系分级见表 7-5。

表 7-5 I_{geo} 与污染程度的分级

I_{geo}	$I_{geo}\leqslant 0$	$0<I_{geo}\leqslant 1$	$1<I_{geo}\leqslant 2$	$2<I_{geo}\leqslant 3$	$3<I_{geo}\leqslant 4$	$4<I_{geo}\leqslant 5$	$I_{geo}>5$
等级	0	1	2	3	4	5	6
污染程度	无污染	轻微污染	轻度污染	中度污染	偏重污染	重度污染	严重污染

根据 I_{geo} 的定义，分别计算了北京城区和近郊大气降尘中 10 种重金属元素的平均 I_{geo}，计算结果见表 7-6。从表 7-6 中可以看出，除 Cr、Co 外（城区 Cr 的 I_{geo} 值与近郊对应值相当，城区 Co 的 I_{geo} 值略低于郊区对应值），绝大部分重金属在城区的 I_{geo} 值大于在近郊对应的重金属 I_{geo} 值。

北京城区和近郊大气降尘重金属 V、Co、Ni、Cr、Pb、Zn、Cu 的污染等级以及污染程度一致，即无论是城区还是近郊地区大气降尘中重金属 V 和 Co 的 I_{geo} 值均小于 0，等级 0 级，无污染；重金属 Ni 和 Cr 的 I_{geo} 值均介于 0 和 1 之间，等级 1 级，污染程度为轻微污染；重金属 Pb 的 I_{geo} 值均介于 1 和 2 之间，等级 2 级，污染程度为轻度污染；重金属 Cu 和 Zn 的 I_{geo} 的取值为 2～3，等级 3 级，污染程度为中度污染；重金属 Mo、Bi 和 Cd 的污染等级及程度在北京城区和近郊有所差异，城区 Mo 的 I_{geo} 值介于 1 和 2 之间，等级 2 级，污染程度为轻度污染，郊区 Mo 的 I_{geo} 值介于 0 和 1 之间，等级 1 级，污染程度为轻微污染；城区 Bi 的 I_{geo} 值介于 2 和 3 之间，等级 3 级，污染程度为中度污染，近郊 Bi 的 I_{geo} 值介于 1 和 2 之间，等级 2 级，污染程度为轻度污染；城区 Cd 的 I_{geo} 值最高（4.2），污染程度为重度污染，而近郊地区 Cd 的 I_{geo} 值最高（3.6），污染程度为偏重污染。以上结果说明北京城区大气降尘中大部分重金属污染受人类活动影响相比近郊更显著。

表 7-6　北京降尘中重金属地积累指数

元素	背景值	城区降尘			郊区降尘		
		I_{geo}	等级	污染程度	I_{geo}	等级	污染程度
Bi	0.4	2.3	3	中度污染	1.7	2	轻度污染
Cd	0.1	4.2	5	重度污染	3.6	4	偏重污染
Co	12.7	−0.4	0	无污染	−0.3	0	无污染
Cr	61	0.6	1	轻微污染	0.6	1	轻微污染
Cu	22.6	2.7	3	中度污染	2	3	中度污染
Mo	2	1.6	2	轻度污染	0.8	1	轻微污染
Ni	26.9	0.5	1	轻微污染	0.3	1	轻微污染
Pb	26	1.7	2	轻度污染	1.2	2	轻度污染
V	75.5	−0.5	0	无污染	−0.9	0	无污染
Zn	74.2	2.6	3	中度污染	2.2	3	中度污染

为详细了解北京城区及周边大气降尘重金属的污染程度及其空间分布，本研究利用北京降尘 49 个采样点的重金属含量数据计算了各采样点的大气降尘重金属的 I_{geo} 值，并利用 ArcGIS 10.1 软件地统计工具的空间插值方法，模拟了北京大气降尘中出现污染的重金属 Ni、Cr、Mo、Pb、Bi、Zn、Cu 和 Cd 的 I_{geo} 值的空间分布，如图 7-5～图 7-12 所示。

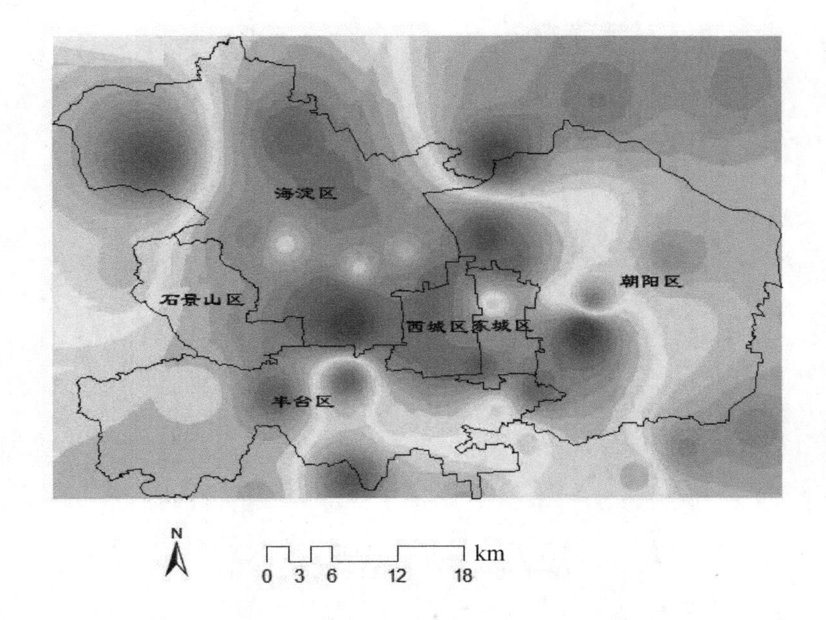

图 7-5　北京大气降尘重金属 Bi I_{geo} 空间分布

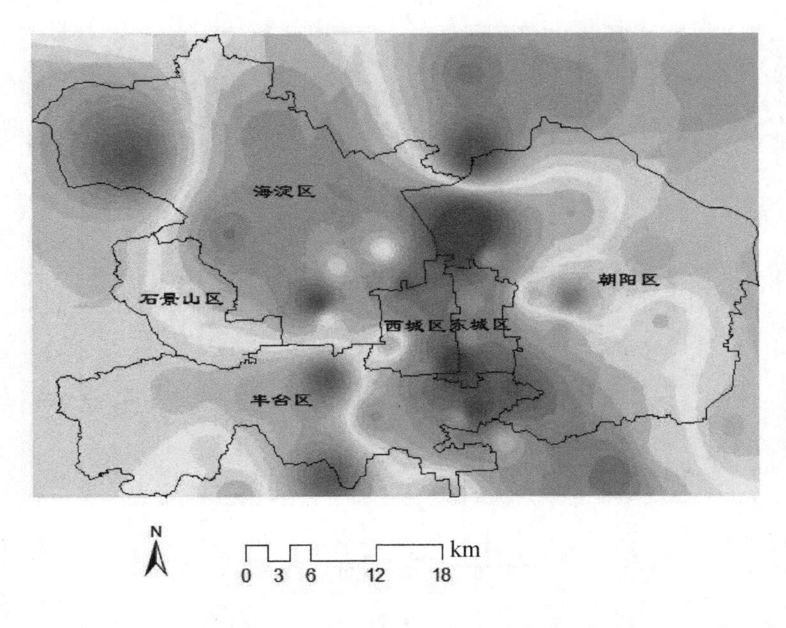

图 7-6　北京大气降尘重金属 Cd I_{geo} 空间分布

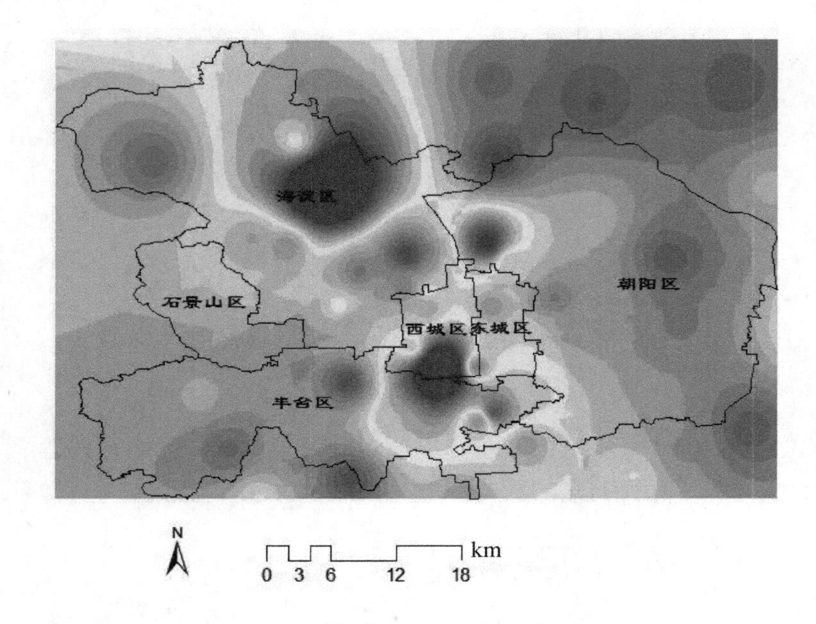

图 7-7 供暖期北京大气降尘重金属 Cr I_{geo} 空间分布

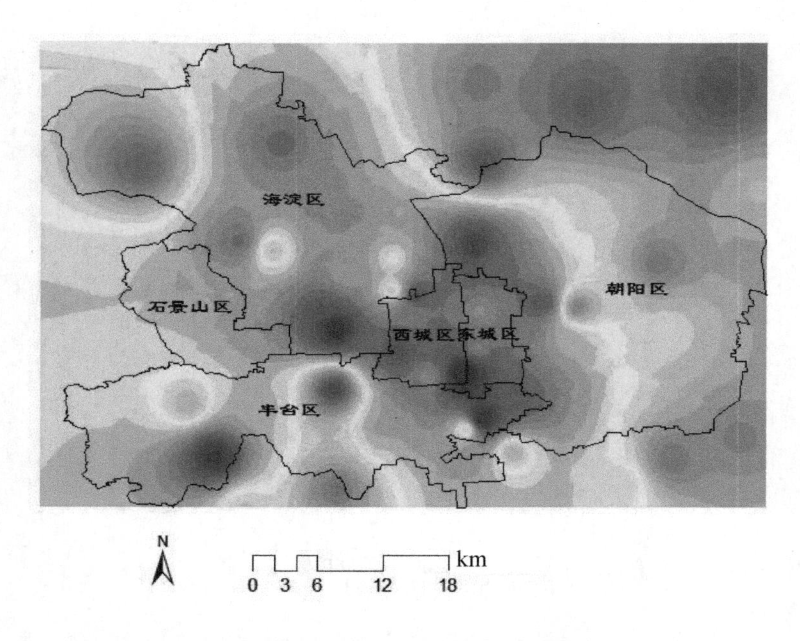

图 7-8 供暖期北京大气降尘重金属 Cu I_{geo} 空间分布

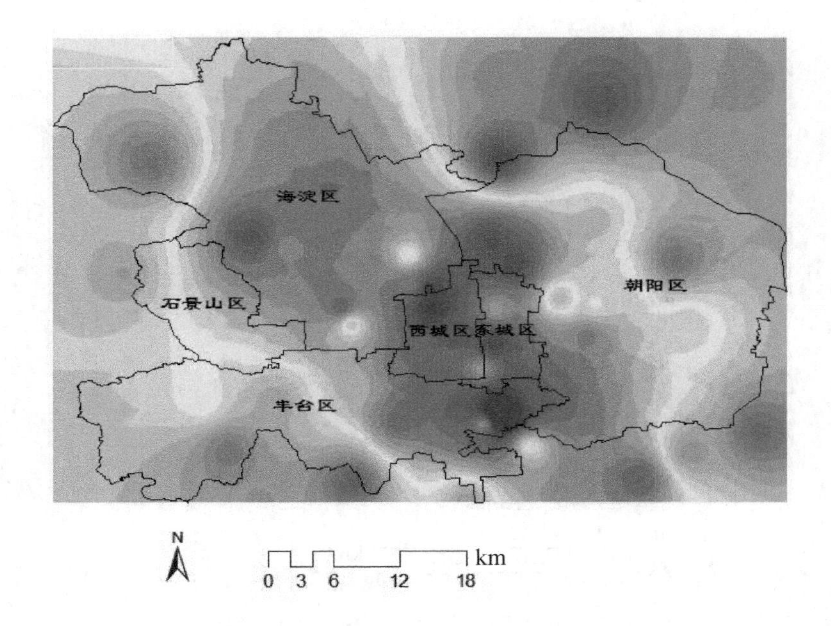

图 7-9　北京大气降尘重金属 Mo I_{geo} 空间分布

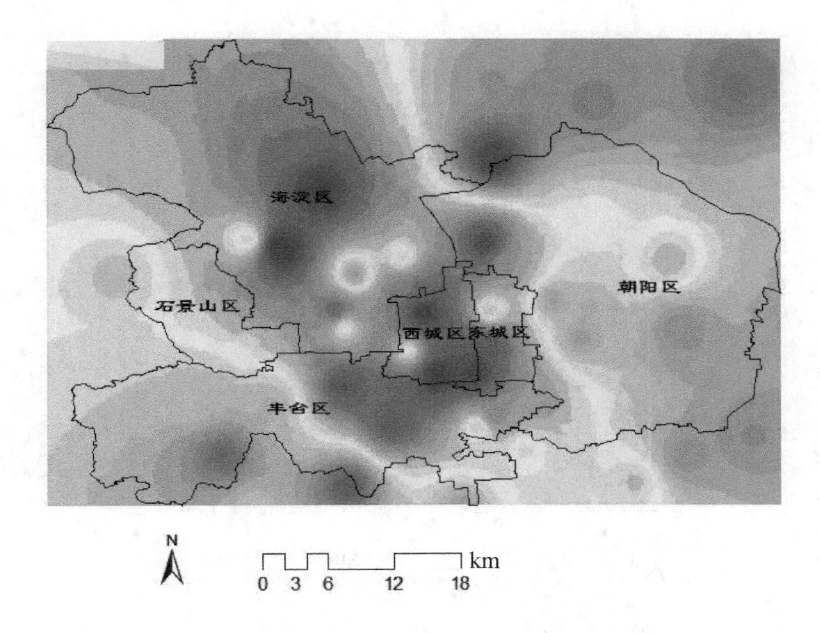

图 7-10　北京大气降尘重金属 Ni I_{geo} 空间分布

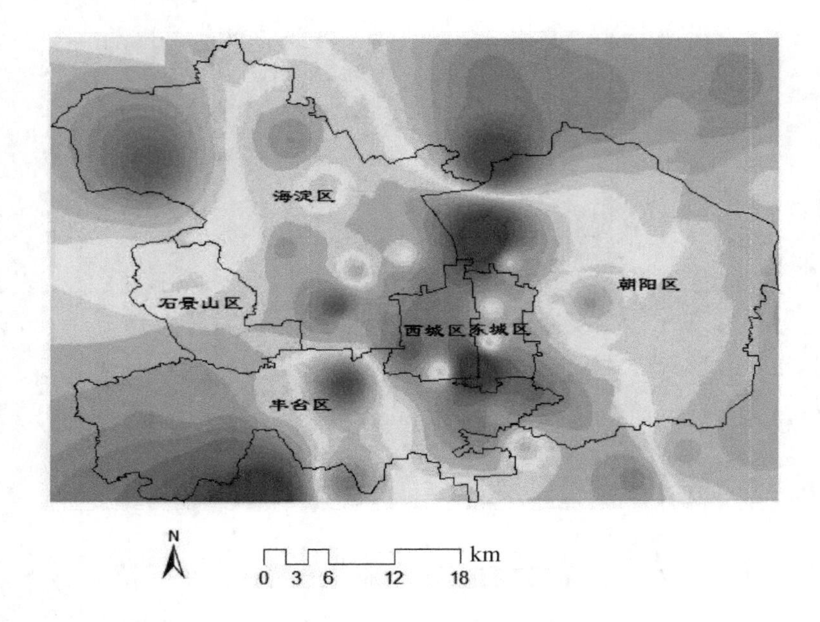

图 7-11 北京大气降尘重金属 Pb I_{geo} 空间分布

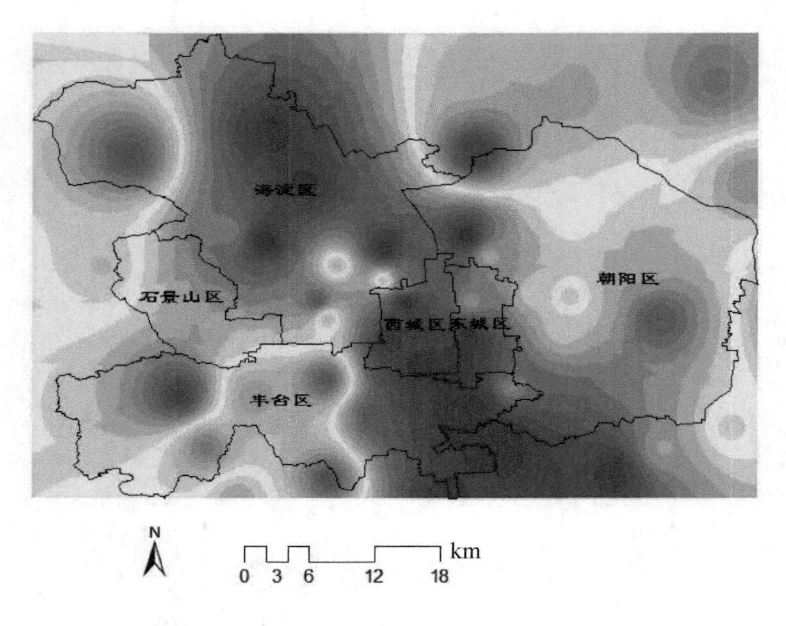

图 7-12 北京大气降尘重金属 Zn I_{geo} 空间分布

从图 7-5 中可以看出，北京大气降尘重金属 Bi 的 I_{geo} 在 0.3 ～ 4.0，大部分地区 I_{geo} 在 1 以上，呈现轻度以上的污染；其中，在海淀区南部和朝阳区的西南、西北部 I_{geo} 较高，呈现中度到偏重污染。

从图 7-6 中可以看出，供暖期北京大气降尘重金属 Cd 的 I_{geo} 在 2.6～6.5，大部分地区 I_{geo} 在 3 以上，呈现偏重以上的污染；其中，在西城区东南部、东城区西南部和朝阳区西北部的 I_{geo} 较高，呈现重度到严重污染。

从图 7-7 中可以看出，北京大气降尘重金属 Cr 的 I_{geo} 在−0.1～3.8，大部分地区 I_{geo} 在 1 以下，无污染或轻微污染；但在海淀区中北部、西城区和丰台区的邻近区域以及朝阳区西北部的 I_{geo} 较高，呈现中度到偏重污染。

从图 7-8 中可以看出，北京大气降尘重金属 Cu 的 I_{geo} 在 1.2～3.9，整个城区 I_{geo} 都在 1 以上，呈现轻度以上的污染；其中，在中心城区（东城区和西城区）及其周边海淀区大部、朝阳区西部以及丰台区西南部的 I_{geo} 较高，呈现中度到偏重污染。

从图 7-9 中可以看出，北京大气降尘重金属 Mo 的 I_{geo} 在−0.1～3.7，大部分地区 I_{geo} 在 1 以上，呈现轻度以上的污染；其中，在中心城区（东城区和西城区）及其周边海淀区大部、朝阳区西南和西北部以及丰台区东北部的 I_{geo} 较高，呈现中度到偏重污染。

从图 7-10 中可以看出，北京大气降尘重金属 Ni 的 I_{geo} 在−0.4～1.2，绝大部分地区 I_{geo} 在 1 以下，为无污染或轻微污染；但西城区北部和南部，以及海淀区中北部的 I_{geo} 较高，呈现轻度污染。

从图 7-11 中可以看出，北京大气降尘重金属 Pb 的 I_{geo} 在 0.0～3.7，绝大部分地区 I_{geo} 在 1 以上，为轻度以上污染；其中，朝阳区西北部、西城区东南部、东城区西南部以及丰台区南部的 I_{geo} 较高，呈现偏重污染。

从图 7-12 中可以看出，北京大气降尘重金属 Zn 的 I_{geo} 在 1.1～3.2，大部分地区 I_{geo} 在 2 以上，为中度以上的污染；其中，中心城区（东城区和西城区）及其周边海淀区大部、朝阳区西北部和南部以及丰台区东部的 I_{geo} 较高，呈现偏重污染。

7.3 大气降尘重金属生态风险评价

7.3.1 潜在生态风险指数的改进

潜在生态风险指数，是 1980 年由瑞典科学家 Hakanson 提出的基于元素丰度响应以及污染物协同效应的定量评价重金属潜在生态风险的指标[9]，被广泛应用于大气颗粒物[10]、土壤[11,12]和沉积物[13]中重金属的潜在生态风险评价。潜在生态风险指数不仅反映了特定颗粒物中单一重金属的潜在生态危害，而且考虑了多种重金属的综合生态效应，同时定量划分出重金属的潜在生态风险等级，是表征重金属的生态环境效应的综合指标，计算公式如下：

$$C_f^i = \frac{C^i}{C_n^i} \tag{7-3}$$

$$E_r^i = T_r^i \times C_f^i \tag{7-4}$$

$$\mathrm{RI} = \sum_i^m E_r^i \tag{7-5}$$

式中，C^i_f、C^i、C^i_n、T^i_r 分别为第 i 种重金属的污染系数、样品中第 i 种重金属含量的实测值（mg/kg）、第 i 种重金属的背景值（mg/kg）以及第 i 种重金属的毒性系数。本研究对原来的 E_r^i（第 i 种重金属的潜在生态风险系数）和 RI（多种重金属总的潜在生态风险指数）与潜在生态危害程度关系分级标准中的“轻微”级别进行了改进（原有的分级标准忽略了危害/风险极小的情况），拆分成“几乎无危害”和“轻微”两个级别，见表 7-7[14,15]。

表 7-7 潜在生态风险评价指标分级

E_r^i	单因子潜在生态危害程度	RI	总的潜在生态风险程度
＜10	几乎无危害	＜50	几乎无风险
10～40	轻微	50～150	轻微
40～80	中等	150～300	中等
80～160	强	300～600	强
160～320	很强	600～1 200	很强
＞320	极强	＞1 200	极强

7.3.2　大气降尘重金属生态危害程度

大气降尘中含有大量有害元素，尤其是具有毒性和持久毒性的重金属对生态环境危害较大。本研究采用潜在生态风险指数法分别对北京城区和郊区冬季大气降尘中 V、Cr、Co、Ni、Cu、Zn、Cd 和 Pb 等 8 种有毒重金属元素（Mo 和 Bi 毒性较小，且没有找到相应的毒性系数，未计算）潜在生态风险进行评价。8 种有毒重金属元素 V、Cr、Co、Ni、Cu、Zn、Cd 和 Pb 的土壤背景值[1]依次为 79.2 mg/kg、68.1 mg/kg、15.6 mg/kg、29.0 mg/kg、23.6 mg/kg、102.6 mg/kg、0.074 mg/kg 和 25.4 mg/kg，毒性系数[16,17]分别为 2、2、5、5、5、1、30 和 5。北京大气降尘重金属潜在生态危害系数（E_r^i）及生态风险指数（RI）计算结果见表 7-8。

表 7-8　北京降尘重金属潜在生态风险评价结果

项目	毒性系数	城区降尘			郊区降尘		
		污染系数	E_r^i	生态危害程度	污染系数	E_r^i	生态危害程度
Cd	30	33	988	极强	20	599	极强
Co	5	1	5	几乎无危害	1	5	几乎无危害
Cr	2	3	5	几乎无危害	3	5	几乎无危害
Cu	5	11	56	中等	6	29	轻微
Ni	5	2	11	轻微	2	9	几乎无危害
Pb	5	6	30	轻微	4	22	轻微
V	2	1	2	几乎无危害	1	2	几乎无危害
Zn	1	7	7	几乎无危害	6	6	几乎无危害
RI	—	—	1 104	很强	—	678	很强

从表 7-8 的计算结果看，北京冬季城区和郊区大气降尘中重金属的单因子潜在 E_r^i 排序一致，均为 V＜Co=Cr＜Zn＜Ni＜Pb＜Cu＜Cd。北京冬季城区和郊区大气降尘中 8 种重金属总的 RI 分别高达 1 104 和 678，对应的生态危害程度均为很强等级，其中城区接近最高危害等级（极强）。8 种重金属中以 Cd 的潜在 E_r^i 最大，无论是城区还是郊区，对总的 RI 的贡献均超过 88%，生态危害程度均为极强；Cu 和 Pb 的单因子潜在 E_r^i 次之，二者之和分别占城区和郊区总的 RI 的 7.8% 和 7.5%，其中城区降尘中 Cu 的潜在生态危害程度为中等级别；其余重金属的潜

在生态危害程度均较小，可忽略。

北京城区大气降尘重金属 Cd、Cu、Pb 的污染系数以及单因子潜在 E_r^i 均显著高于郊区大气降尘中对应重金属的污染系数及潜在 E_r^i；城区大气降尘重金属 Ni 和 Zn 的单因子潜在 E_r^i 略高于郊区降尘中对应重金属的潜在生态风险值；城区大气降尘中重金属 Cr、Co、V 单因子潜在 E_r^i 与郊区降尘中的对应值比较接近。

7.3.3 大气降尘重金属潜在生态风险空间分布

北京大气降尘重金属 V、Cr、Co、Ni 和 Zn 在不同采样点的单因子潜在 E_r^i 均不超过 40，单因子潜在生态危害程度轻微，无明显空间差异。利用 ArcGIS 10.1 软件地统计模块中的空间插值方法，模拟了供暖期北京大气降尘重金属 Cd、Cu、Pb 的潜在 RI 以及总的潜在 RI 的空间分布，分别如图 7-13～图 7-16 所示。

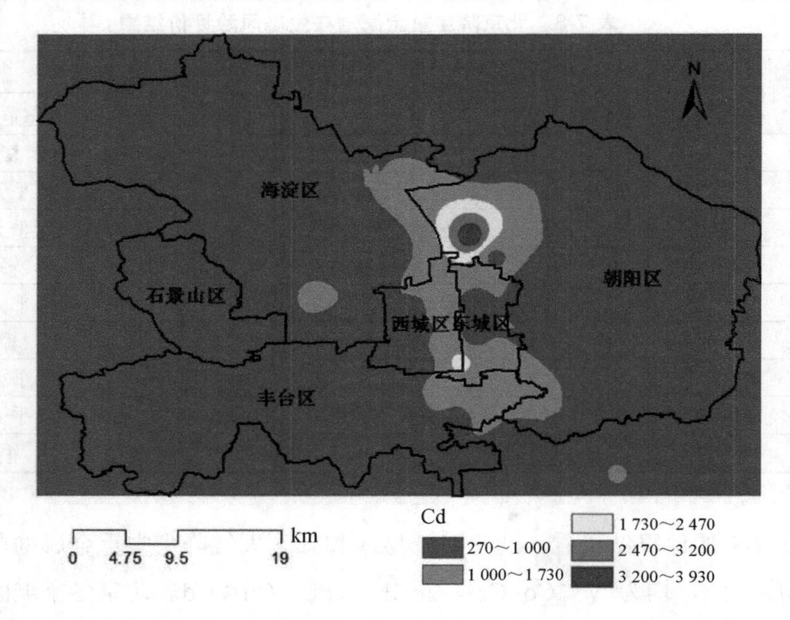

图 7-13 北京大气降尘重金属 Cd 的潜在 RI 空间分布

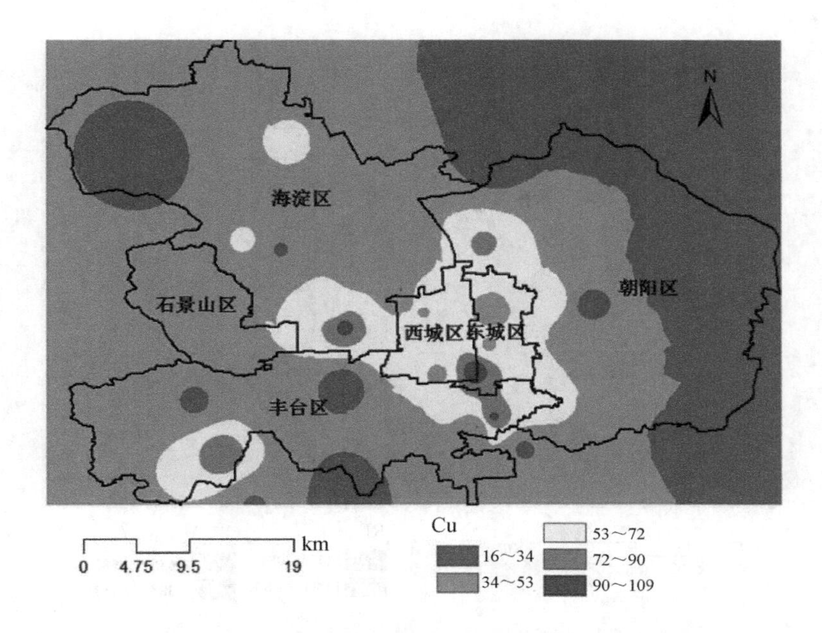

图 7-14　北京大气降尘重金属 Cu 的潜在 RI 空间分布

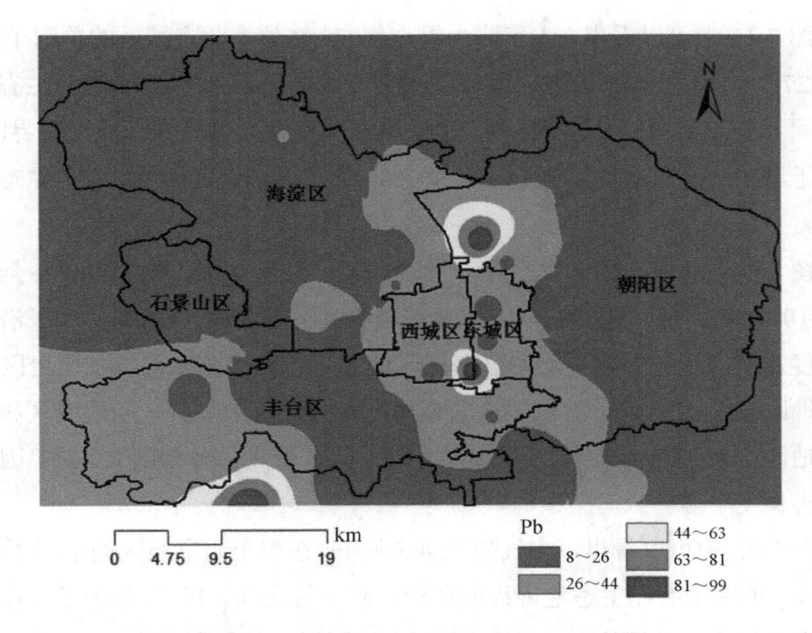

图 7-15　北京大气降尘重金属 Pb 的潜在 RI 空间分布

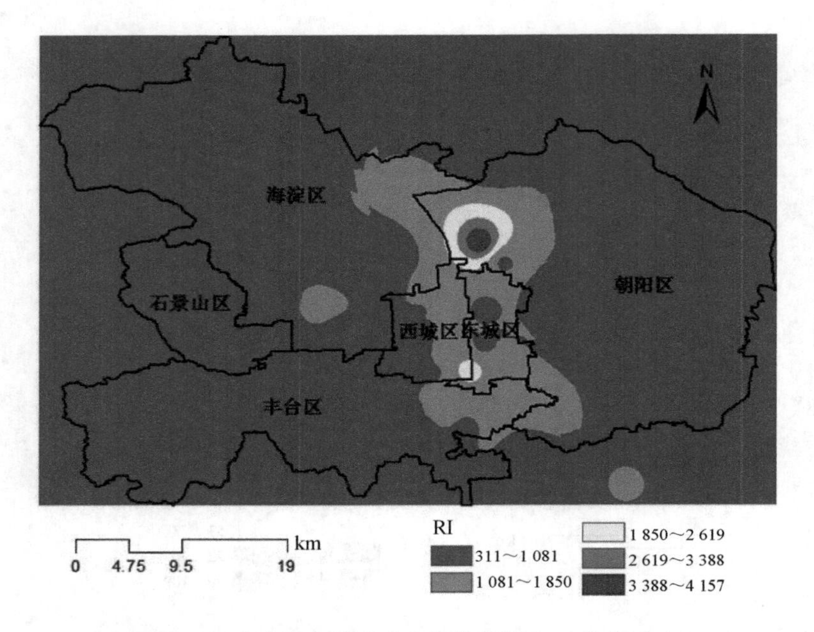

图 7-16 北京大气降尘重金属总的潜在 RI 空间分布

从图 7-13 中可以看出，大气降尘重金属 Cd 在整个北京城区的单因子潜在 RI 均超过 270，单因子潜在生态危害程度在中等以上。Cd 的单因子潜在生态危害程度在空间上分布不均匀。朝阳区西北角、丰台区以及西城区和东城区交界区域 Cd 的单因子潜在生态危害程度极强，其余大部分地区 Cd 的单因子潜在生态危害程度很强。

从图 7-14 中可以看出，大气降尘重金属 Cu 在整个北京城区的单因子潜在 RI 在 16～109，单因子潜在生态危害程度在轻微到中等之间。Cu 的单因子潜在生态危害程度在空间上分布极不均匀。海淀区西北角、朝阳区东部以及丰台区的“零星”状地区 Cu 的单因子潜在生态危害程度轻微，而中心城区的西城区和东城区及周边地区 Cu 的单因子潜在生态危害程度强，其余大部分地区 Cu 的单因子潜在生态危害程度中等。

从图 7-15 中可以看出，大气降尘重金属 Pb 在整个北京城区的单因子潜在 RI 在 8～99，单因子潜在生态危害程度在轻微到中等之间。Pb 的单因子潜在生态危害程度在空间上分布不均匀。石景山区、海淀区以及朝阳区的大部分地区 Pb 的单因子潜在生态危害程度轻微，而中心城区的西城区和东城区、朝阳区西北部、丰台区的西部和东部Pb的单因子潜在生态危害程度中等到强，其中朝阳区西北角以及西城区和东城区交界处Pb的单因子潜在生态危害程度中等。

从图7-16中可以看出，大气降尘重金属在整个北京城区总的潜在RI均大于300，总的潜在生态危害程度在强以上。总的潜在生态危害程度在空间上的分布与Cd的单因子潜在生态危害程度的空间分布类似。朝阳区西北角、丰台区以及西城区和东城区交界区域总的重金属潜在生态危害程度极强，其余大部分地区总的重金属潜在生态危害程度为强或很强。

7.4　大气降尘重金属综合污染评价

单因子污染指数法、地累积指数法以及潜在生态风险指数法分别从重金属污染物的超标情况、累积程度和对生态环境的潜在危害等不同维度评估了北京大气降尘重金属的污染状况。为尽可能全面地了解和评价北京地区大气降尘重金属的综合污染水平，在上述单一重金属污染评价方法的基础上，本研究提出并构建了降尘重金属综合污染指数，用以评价北京大气降尘重金属的综合污染状况。

7.4.1　大气降尘重金属综合污染指数的构建

单一重金属污染评价方法被大量应用于对大气降尘重金属污染进行分析评价。为综合评价北京大气降尘重金属污染及风险，本研究在上述大气降尘重金属单一污染评价方法的基础上，提出了降尘重金属综合污染指数模型。以北京大气降尘重金属为主要研究对象，采用《土壤环境质量标准》（GB 15618—2008）[2]中居住用地土壤（城乡居住区、游乐场所、学校、宾馆、公园、绿地等）的第二级标准值，即保障居民健康生活的土壤临界值为参照；以综合评估大气降尘重金属的污染程度和生态风险为目的，从大气降尘中重金属含量水平、富集程度、污染程度及对生态环境构成的潜在风险出发，选择大气降尘重金属的背景比值（表征社会经济活动对北京市大气降尘重金属影响的程度）、大气降尘重金属的单因子污染指数（反映北京市大气降尘中各重金属对污染的贡献率）、大气降尘重金属的地累积指数（可以反映大气降尘重金属污染程度）和大气降尘重金属的潜在生态风险指数（反映北京大气降尘重金属的潜在生态危害程度）等 4 项评价指标，对大气降尘中 Cd、Pb、Cr、Cu、Ni、Zn、Co、V 等 8 种主要重金属污染物进行综合污染指数的计算，从而科学合理、全面综合地确定北京市应重点关注的大气降尘重金属指标。

在构建“降尘重金属综合污染指数”之前，首先依次对 4 项评价指标进行归一化处理，公式如式（7-6）所示：

$$y=(x-\text{Value}_{\min})/(\text{Value}_{\max}-\text{Value}_{\min}),\ y\in[0,1] \qquad (7\text{-}6)$$

式中，x、y —— 转换前、后的值；

$\text{Value}_{\max}$、$\text{Value}_{\min}$ —— 样本的最大值和最小值。

大气降尘重金属综合污染指数（integrated pollution index of the dust heavy metal，IPI.dhm）的计算公式如式（7-7）所示：

$$\text{IPI.dhm} = \text{PI}_1+\text{PI}_2+\text{PI}_3+\text{PI}_4 \qquad (7\text{-}7)$$

式中，PI_1 —— 大气降尘中重金属背景比值的归一化系数，参考《中国土壤元素背景值》[1]中北京地区 A 层土壤对应的重金属元素平均值进行计算，可以表征社会经济活动对北京市大气降尘重金属影响的程度；PI_1 的取值在 0.15 以上的重金属，为大气降尘中显著污染因子。

PI_2 —— 大气降尘中重金属单因子污染指数的归一化系数，参考《土壤环境质量标准》（GB 15618—2008）[2]中居住用地土壤二级标准值进行计算，反映北京市大气降尘中各重金属对污染的贡献率；PI_2 的取值在 0.15 以上的重金属，为大气降尘中显著污染因子。

PI_3 —— 大气降尘中重金属 I_{geo} 的归一化系数，在 I_{geo} 计算结果的基础上进行归一化处理，反映北京市大气降尘重金属的污染程度；PI_3 的取值在 0.15 以上的重金属，为大气降尘中显著污染因子。

PI_4 —— 大气降尘中重金属潜在 E_r^i 的归一化系数，基于潜在 E_r^i 的计算结果进行归一化处理，反映北京市大气降尘重金属的潜在生态危害程度；PI_4 的取值在 0.15 以上的重金属，为大气降尘中显著污染因子。

IPI.dhm —— 大气降尘中某种重金属最终的综合污染指数，由上述 4 项单一污染指数加和计算得到；IPI.dhm 值大于 0.5 的重金属，定义为大气降尘中的显著污染因子[18]。

7.4.2　大气降尘重金属综合污染特征

利用 7.4.1 节中构建的“大气降尘重金属综合污染指数”对北京大气降尘中 V、Cr、Co、Ni、Cu、Zn、Cd 和 Pb 等 8 种主要重金属污染物进行综合污染指数的计算，进而综合评价北京大气降尘中重金属的污染状况。根据 IPI.dhm 的计算公式，分别计算了北京城区、郊区大气降尘中 8 种主要重金属污染物（Cr、Co、V、Ni、Cu、Zn、Cd 和 Pb）的平均值（mean）、背景比值（BR）及其归一化系数（PI_1）、单因子污染指数（SPI）的归一化系数（PI_2）、地累积指数（I_{geo}）的归一化系数（PI_3）、潜在生态危害系数（E_r^i）的归一化系数（PI_4）以及最终计算的北京城区和郊区降尘中重金属的综合污染指数（IPI.dhm）分别如表 7-9、表 7-10 所示。

表 7-9　北京城区降尘重金属污染综合评价结果

重金属	Mean	BR	PI_1	SPI	PI_2	I_{geo}	PI_3	E_r^i	PI_4	IPI.dhm
Cd	2.8	28.1	1	0.31	0	4.2	1	988	1	3
Co	14.7	1.2	0.01	0.31	0	−0.4	0.02	5	0	0.03
Cr	136.1	2.2	0.05	0.42	0.1	0.6	0.23	5	0	0.38
Cu	242.7	10.7	0.36	0.81	0.45	2.7	0.68	56	0.05	1.55
Ni	61	2.3	0.05	0.41	0.09	0.5	0.21	11	0.01	0.36
Pb	143.6	5.5	0.17	0.5	0.18	1.7	0.47	30	0.03	0.84
V	79.7	1	0	0.4	0.08	−0.5	0	2	0	0.08
Zn	703.3	9.5	0.31	1.41	1	2.6	0.66	7	0.01	1.97

从表 7-9 的结果来看，北京城区大气降尘中 PI_1 排序为：Cd＞Cu＞Zn＞Pb＞Ni＞Cr＞Co＞V，其中 Cd、Cu、Zn 的 PI_1 值均大于 0.3，这 3 种重金属是北京城区大气降尘中受到社会经济活动影响程度极强的重金属，另外 Pb 的 PI_1 值大于 0.15，也是北京城区大气降尘中受到社会经济活动影响程度较强的重金属；PI_2 排序为：Zn＞Cu＞Pb＞Cr＞Ni＞V＞Co＞Cd，其中 Zn、Cu 的 PI_2 值大于或等于 0.45，这两种重金属是北京城区大气降尘中对污染的贡献率极高的重金属，另外 Pb 的 PI_2 值大于 0.15，也是北京城区大气降尘中对污染的贡献率较高的重金属；

PI_3 排序为：Cd＞Cu＞Zn＞Pb＞Cr＞Ni＞Co＞V，其中 Cd、Cu、Zn、Pb、Cr、Ni 的 PI_3 值均大于或等于 0.15，是北京城区大气降尘中污染程度较高的重金属，并且 Cd、Cu、Zn、Pb 在城区大气降尘中污染程度极高；PI_4 排序为：Cd＞Cu＞Pb＞Ni＞Zn＞Cr＞Co＞V，其中 Cd（PI_4 值超过 0.05）的潜在生态危害程度极高。IPI.dhm 排序为：Cd＞Zn＞Cu＞Pb＞Cr＞Ni＞V＞Co，并且 Cd、Zn、Cu、Pb 的 IPI.dhm 值均大于 0.8，是北京城区大气降尘中的显著污染因子，其中 Cd、Zn 的 IPI.dhm 值分别高达 3.00、1.97，是北京城区大气降尘中的极显著污染因子。

表 7-10　北京近郊大气降尘重金属污染综合评价结果

重金属	Mean	BR	PI_1	SPI	PI_2	I_{geo}	PI_3	E_r^i	PI_4	IPI.dhm
Cd	2.0	19.8	1.00	0.20	0.00	3.6	1.00	599	1.00	3.00
Co	17.4	1.4	0.02	0.35	0.16	−0.3	0.13	5	0.01	0.31
Cr	128.3	2.1	0.06	0.49	0.31	0.6	0.33	5	0.01	0.70
Cu	144.9	6.4	0.29	0.48	0.30	2.0	0.64	29	0.05	1.28
Ni	51.5	1.9	0.05	0.34	0.15	0.3	0.27	9	0.01	0.48
Pb	93.5	3.6	0.14	0.31	0.12	1.2	0.47	22	0.03	0.76
V	82.9	1.0	0.00	0.41	0.23	−0.9	0.00	2	0.00	0.23
Zn	572.2	7.7	0.36	1.14	1.00	2.2	0.69	6	0.01	2.06

从表 7-10 计算的结果来看，北京近郊大气降尘中 PI_1 排序为：Cd＞Zn＞Cu＞Pb＞Cr＞Ni＞Co＞V，其中重金属 Cd、Zn 和 Cu 的 PI_1 值均大于 0.25，是北京大气降尘中受社会经济活动影响程度极强的重金属，此外 Pb 的 PI_1 值接近 0.15，也是北京市大气降尘中受社会经济活动影响程度较强的重金属；PI_2 排序为：Zn＞Cr＞Cu＞V＞Co＞Ni＞Pb＞Cd，其中 Zn、Cr 和 Cu 的 PI_2 值大于等于 0.3，这 3 种重金属是北京市大气降尘中对污染的贡献率极高的重金属，此外 V 和 Co 的 PI_2 值大于 0.15，也是北京市大气降尘中对污染的贡献率较高的重金属；PI_3 排序为：Cd＞Zn＞Cu＞Pb＞Cr＞Ni＞Co＞V，其中 Cd、Zn、Cu、Pb、Cr 和 Ni 的 PI_3 值均不小于 0.25，是北京城区大气降尘中污染程度较高的重金属，且 Cd、Zn、Cu 和 Pb 在城区大气降尘中污染程度极高；PI_4 排序为：Cd＞Cu＞Pb＞Ni＞Zn＞Cr＞

Co＞V，除 Cd 以外的重金属的 PI_4 值均不超过 0.05，Cd 是北京城区唯一的潜在生态危害程度极高的大气降尘重金属。IPI.dhm 排序为：Cd＞Zn＞Cu＞Pb＞Cr＞Ni＞Co＞V，并且 Cd、Zn、Cu、Pb 和 Cr 的 IPI.dhm 值均不小于 0.7，是北京市大气降尘中显著污染因子，其中 Cd 和 Zn 的 IPI.dhm 值分别高达 3.00 和 2.06，是北京近郊大气降尘中极显著污染因子。

7.5 本章小结

本章分析了北京大气降尘中重金属的污染水平；在此基础上，分别利用 SPI、I_{geo}、潜在 RI 等重金属常规污染评价指标评价了大气降尘中重金属的单一污染特征；进而构建了大气降尘重金属的综合污染指数，并探讨了北京大气降尘重金属的综合污染特征。本章主要结论如下：

（1）北京大气降尘中 Cd、Cu 和 Zn 3 种重金属污染较重（其中，Zn 和 Cu 的平均含量分别为对应土壤环境背景值的 9.5 倍和 10.7 倍，均达到重度污染；Cd 的平均含量高达相应土壤环境背景值的 28.1 倍，为严重污染）。北京大气降尘重金属 Ni 和 Cr 在城区和近郊均为轻微污染，Pb 在城区和近郊均为轻度污染；Mo 在城区为轻度污染，在近郊为轻微污染；Bi 在城区为中度污染，在近郊为轻度污染。

（2）北京城区和郊区大气降尘重金属总的生态危害程度均为很强等级，其中城区接近最高危害等级（极强）。8 种重金属中以 Cd 的单因子潜在 E_r^i 最大，分别占城区和郊区总的 RI 的 89.5%和 88.3%，生态危害程度均为极强；Cu 和 Pb 的单因子潜在 E_r^i 次之，其中城区降尘中 Cu 的生态危害达到中等。

（3）北京大气降尘重金属 Cd 在大部分地区的 I_{geo} 在 3 以上，呈现偏重以上的污染；其中，在西城区东南部、东城区西南部和朝阳区的西北部 I_{geo} 较高，呈现重度到严重污染。Zn 在大部分地区的 I_{geo} 在 2 以上，为中度以上的污染；其中，中心城区（东城区和西城区）及其周边海淀区大部分地区、朝阳区西北部和南部以及丰台区的东部 I_{geo} 较高，呈现偏重污染。Cu 在整个城区的 I_{geo} 都在 1 以上，呈现轻度以上的污染；其中，在中心城区（东城区和西城区）及其周边海淀区大部分地区、朝阳区西部以及丰台区西南部的 I_{geo} 较高，呈现中度到偏重污染。Pb 在绝大部分地区的 I_{geo} 在 1 以上，为轻度以上污染。其中，朝阳区西北部、西城区东南部、东城区西南部以及丰台区南部的 I_{geo} 较高，呈现偏重污染。其他重金属 Cr、Mo、Ba 和 Bi 在北京城区的部分地区 I_{geo} 较高，呈现中度到偏重污染。

（4）北京城区 IPI.dhm 排序为：Cd＞Zn＞Cu＞Pb＞Cr＞Ni＞V＞Co，并且 Cd、Zn、Cu 和 Pb 的 IPI.dhm 值均大于 0.8，是北京市降尘中显著污染因子，其中 Cd 和 Zn 的 IPI.dhm 值分别高达 3.00 和 1.97，是北京城区降尘中极显著污染因子。

（5）北京近郊 IPI.dhm 排序为：Cd＞Zn＞Cu＞Pb＞Cr＞Ni＞Co＞V，并且 Cd、Zn、Cu、Pb 和 Cr 的 IPI.dhm 值均不小于 0.7，是北京市降尘中的显著污染因子，其中 Cd 和 Zn 的 IPI.dhm 值分别高达 3.00 和 2.06，是北京近郊降尘中的极显著污染因子。

参考文献

[1] 中国环境监测总站. 中国土壤元素背景值[M]. 北京：中国环境科学出版社，1990.

[2] 环境保护部，国家质量监督检验检疫总局. 土壤环境质量标准 GB 15618—2008[S]. 北京：中国环境科学出版社，2008.

[3] 方晓波，史坚，廖欣峰，等. 临安市雷竹林土壤重金属污染特征及生态风险评价[J]. 应用生态学报，2015，26（6）：1883-1891.

[4] 李向，李玲玲. GIS 支持的土壤重金属污染评价与分析[M]. 郑州：郑州大学出版社，2012.

[5] 潘月鹏，王跃思，杨勇杰，等. 区域大气颗粒物干沉降采集及金属元素分析方法[J]. 环境科学，2010，3：553-559.

[6] 李友平，慧芳，周洪，等. 成都市 $PM_{2.5}$ 中有毒重金属污染特征及健康风险评价[J]. 中国环境科学，2015，35（7）：2225-2232.

[7] 李丽娟，温彦平，彭林，等. 太原市采暖季 $PM_{2.5}$ 中元素特征及重金属健康风险评价[J]. 环境科学，2014，35（12）：4431-4438.

[8] 范晓婷，蒋艳雪，崔斌，等. 富集因子法中参比元素的选取方法——以元江底泥中重金属污染评价为例[J]. 环境科学学报，2016，36（10）：3795-3803.

[9] HAKANSON L. An ecological risk index for aquatic pollution control-a sedimentological approach[J]. Water Research，1980，14（8）：975-1001.

[10] 林海鹏，武晓燕，战景明，等. 兰州市某城区冬夏季大气颗粒物及重金属的污染特征[J]. 中

国环境科学，2012，32（5）：810-815.

[11] 闫欣荣，樊旭辉. 多种方法评价城市表层土壤重金属污染的比较研究[J]. 甘肃农业大学学报，2013，48（1）：118-14.

[12] 林海鹏，于云江，李定龙，等. 沈抚污灌区土壤重金属污染潜在生态风险评价[J]. 环境与健康杂志，2009，26（4）：320-323.

[13] 安立会，郑丙辉，张雷，等. 渤海湾河口沉积物重金属污染及潜在生态风险评价[J]. 中国环境科学，2010，30（5）：666-670.

[14] 姚青，韩素芹，蔡子颖. 天津大气 $PM_{2.5}$ 中重金属元素污染及其生态风险评价[J]. 中国环境科学，2013，33（9）：1596-1600.

[15] XIONG Q L，ZHAO W J，ZHAO J Y，et al. Concentration levels，Pollution Characteristics and Potential Ecological Risk of Dust Heavy Metals from metropolitan area of Beijing，China[J]. International Journal of Environmental Research and Public Health，2017，14：1159.

[16] 徐争启，倪师军，庹先国，等. 潜在生态危害指数法评价中重金属毒性系数计算[J]. 环境科学与技术，2008，2：112-115.

[17] 方宏达，陈锦芳，段金明，等. 厦门市郊区 $PM_{2.5}$ 和 PM_{10} 中重金属的形态特征及生物可利用性研究[J]. 生态环境学报，2015，24（11）：1872-1877.

[18] 熊秋林，赵文吉，李大军，等. 北京冬季降尘重金属富集特征及综合污染评价[J]. 环境科学，2018，39（9）：1-12.

第 8 章
北京表土重金属污染特征及大气沉降贡献

本章用沉析法对采集的北京市不同功能区的表土样品进行沉降和分级，研究了不同功能区表土重金属的浓度特征及粒径分布特征，通过地累积指数法以及潜在生态风险评价法探讨了北京表土中主要重金属的污染特征及潜在生态风险，并对大气沉降贡献进行了定量表征。

8.1 表土样品采集与粒径分级

8.1.1 表土样品采集

表土样品采集严格按照《土壤环境质量标准》（GB 15618—2008）[1]执行。2013 年 11 月和 12 月连续干燥 7 d 以上没有降雨时，在北京城区及周边用小型铁铲同步收集城市不同功能区地表 0～10 cm 的松散表层土壤样品 49 组，用写好标签的专用塑料袋密封保存，每个样品袋收集不少于 300 g 的颗粒物。63 μm、32 μm、16 μm、8 μm、4 μm 和 2 μm 粒径的分粒径表土样分别要求的采样深度为 10 cm、10 cm、10 cm、10 cm、5 cm 和 3 cm，如表 8-1 所示。采样点遵循“随机、均匀”的布点原则，基本覆盖北京城区的主要功能区（商业区 8 个、居民区 8 个、道路交通 9 个、工业区 8 个、城乡接合部 7 个和公园绿地 9 个），如图 8-1 所示。

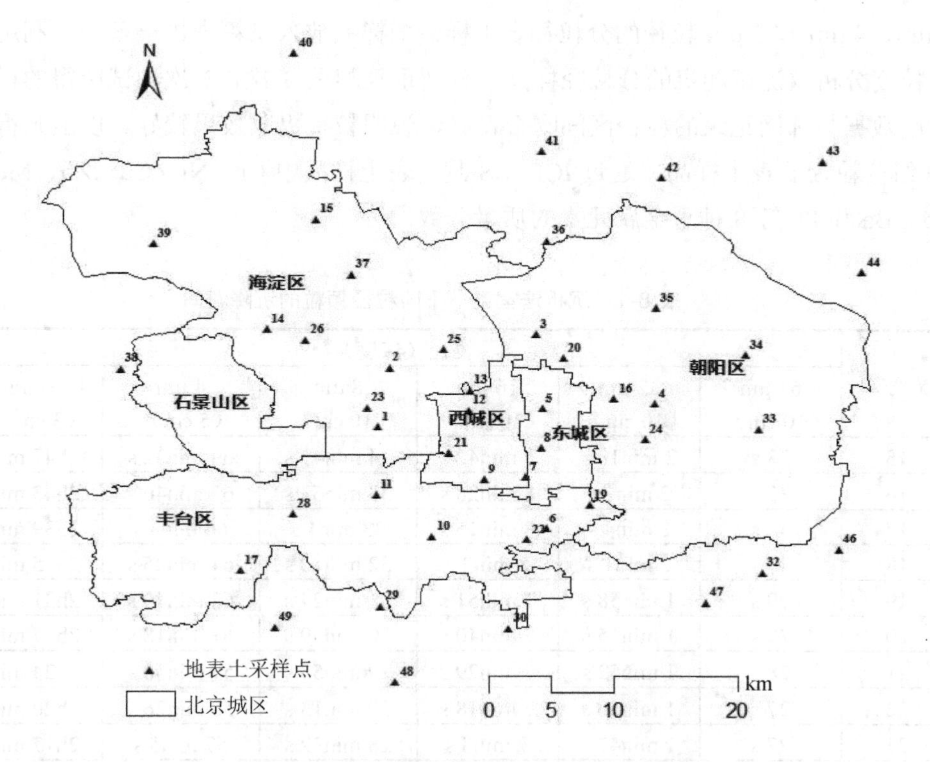

图 8-1　北京城区及周边表土采样点分布示意

8.1.2　表土样品粒径分级

将表土样品用沉析法进行沉降和分级。首先，称取 10 g 表土干样品过 20 目筛，去除较大矿物颗粒和其他大颗粒，并使用玛瑙研磨罐将表土样品充分研磨后使用硫酸纸保存，放置在干燥罐中。其次，准确称取 5 g 干样品放入离心管，加入 150 mL 蒸馏水，超声波振荡均匀，放置约 12 h；均匀搅拌 4 次，充分搅拌，倒取上层溶液，多次倒取，去除底部的粗颗粒；加入 150 mL 蒸馏水超声波振荡，均匀，放置约 20 min，离心机内 3 000 r/min，离心 8 min；上层液废弃，连续两次。然后，将底部样品加适量蒸馏水，超声振荡，转入 500 mL 烧杯后，加蒸馏水至 500 mL。根据粒径分级的需要以及室温（15～25℃），确定提取时间（表 8-1）。最后，把提取的溶液离心 8 min，倒掉上层清液，分别得到 63 μm、32 μm、16 μm、

8 μm、4 μm 和 2 μm 粒径的分粒径表土样，把样品放入烘箱中烘干备用。利用激光粒度分析仪测试随机的分粒径样品，分别重复测试 3 次，3 次测试所得的样品粒度数据与筛网记录的粒径区间吻合良好，说明粒径提取效果较好。以上共得到 49 组分粒径的表土样品。通过 ICP-MS 测定表土样品中 Cr、Ni、Cu、Zn、Mo、Cd、Ba 和 Pb 等 8 种重金属元素的质量分数。

表 8-1 沉析法室温下不同粒径颗粒的沉降时间

温度/℃	粒径（深度）					
	63 μm（10 cm）	32 μm（10 cm）	16 μm（10 cm）	8 μm（10 cm）	4 μm（5 cm）	2 μm（3 cm）
15	33 s	2 min10 s	8 min42 s	34 min47 s	69 min32 s	2h47 min
16	32 s	2 min7 s	8 min28 s	33 min53 s	67 min46 s	2h43 min
17	31 s	2 min4 s	8 min15 s	33 min1 s	66 min3 s	2h39 min
18	30 s	2 min1 s	8 min3 s	32 min12 s	64 min25 s	2h35 min
19	29 s	1 min58 s	7 min51 s	31 min24 s	62 min49 s	2h31 min
20	29 s	1 min55 s	7 min40 s	30 min39 s	61 min18 s	2h27 min
21	28 s	1 min52 s	7 min29 s	29 min55 s	59 min50 s	2h24 min
22	27 s	1 min50 s	7 min18 s	29 min13 s	58 min26 s	2h20 min
23	27 s	1 min47 s	7 min8 s	28 min32 s	57 min5 s	2h17 min
24	26 s	1 min45 s	6 min58 s	27 min53 s	55 min46 s	2h14 min
25	25 s	1 min42 s	6 min49 s	27 min15 s	54 min31 s	2h11 min

8.2 不同功能区表土重金属分布特征

根据样品 ICP-MS 化学分析结果，统计了北京不同功能区（商业区、居民区、道路交通、工业区、城乡接合部和公园绿地）表土（粒级范围 2～63 μm）中 8 种重金属（Cr、Ni、Cu、Zn、Mo、Cd、Ba 和 Pb）的浓度分布，如表 8-2 和图 8-2 所示。从表 8-2 中可以看出，Cd 在道路交通、工业区和城乡接合部浓度较高；Mo 在道路交通、工业区浓度较高；Ni 在不同功能区浓度相差不大；Pb 在道路交通功能区浓度最高，其次是工业区和城乡接合部；Cu 在道路交通功能区浓度最高，远高于其他功能区，工业区和商业区次之；Cr 在道路交通、工业区和商业区浓度较高；Zn 在道路交通功能区浓度最高，远高于其他功能区，其次是工业区；Ba 在工业区功能区浓度最高，其次是道路交通，与于洋等[2]、Xin Wei 等[3]的研究结果基本一致。

表 8-2　北京不同功能区表土重金属浓度　　单位：mg/kg

功能区	Cd	Mo	Ni	Pb	Cu	Cr	Zn	Ba
公园绿地	0.8	1.3	48	46	55	91	162	583
居民区	0.9	1.3	47	47	59	93	232	589
城乡接合部	1.7	1.8	45	75	77	97	292	623
商业区	0.9	1.5	48	58	86	105	196	630
工业区	1.7	2.3	50	76	93	110	403	776
道路交通	2.7	3.8	50	109	141	115	710	712
平均值	1.4	2.0	48	69	85	102	333	652

不同粒径的表土重金属在不同功能区浓度的高低顺序基本一致，大致为：公园绿地＜居民区＜城乡接合部＜商业区＜工业区＜道路交通。且重金属 Pb、Cu、Zn、Ba 在不同功能区浓度的差异较大，其中 Pb、Cu、Zn 3 种重金属在道路交通采样点处的浓度明显高于其他功能区采样点，而 Ba 在工业区附近的浓度要高于其他功能区。具体到不同粒径，其重金属浓度分布在不同功能区表现出细微的差异，如图 8-2 所示。①63 μm 粒级：Cd、Mo、Ni、Pb、Cu、Zn 浓度在道路交通监测点浓度最高；Cr、Ba 在工业区监测点浓度最高；大部分重金属在公园绿地监测点浓度最低。②32 μm 粒级：Cd、Mo、Ni、Pb、Cu、Zn、Cr、Ba 浓度均在道路交通监测点浓度最高，且明显高于其他功能区；Mo、Pb、Cu、Zn 在城乡接合部监测点浓度次高；Cr、Ba 浓度在工业区浓度次高；大部分重金属在公园绿地监测点浓度最低。③16 μm 粒级：Cd、Mo、Pb、Cu、Zn、Cr 浓度均在道路交通监测点浓度最高，且明显高于其他功能区；Ni、Ba 在城乡接合部监测点浓度最高；大部分重金属在公园绿地监测点浓度最低。④在细表土（8 μm、4 μm 和 2 μm 粒径）中，Cd、Mo、Pb、Cu、Zn、Cr 浓度均在道路交通监测点浓度最高，且明显高于其他功能区；Ba 在城乡接合部监测点浓度最高；大部分重金属在公园绿地监测点浓度最低；而 Ni 的浓度在不同功能区之间差异不显著。

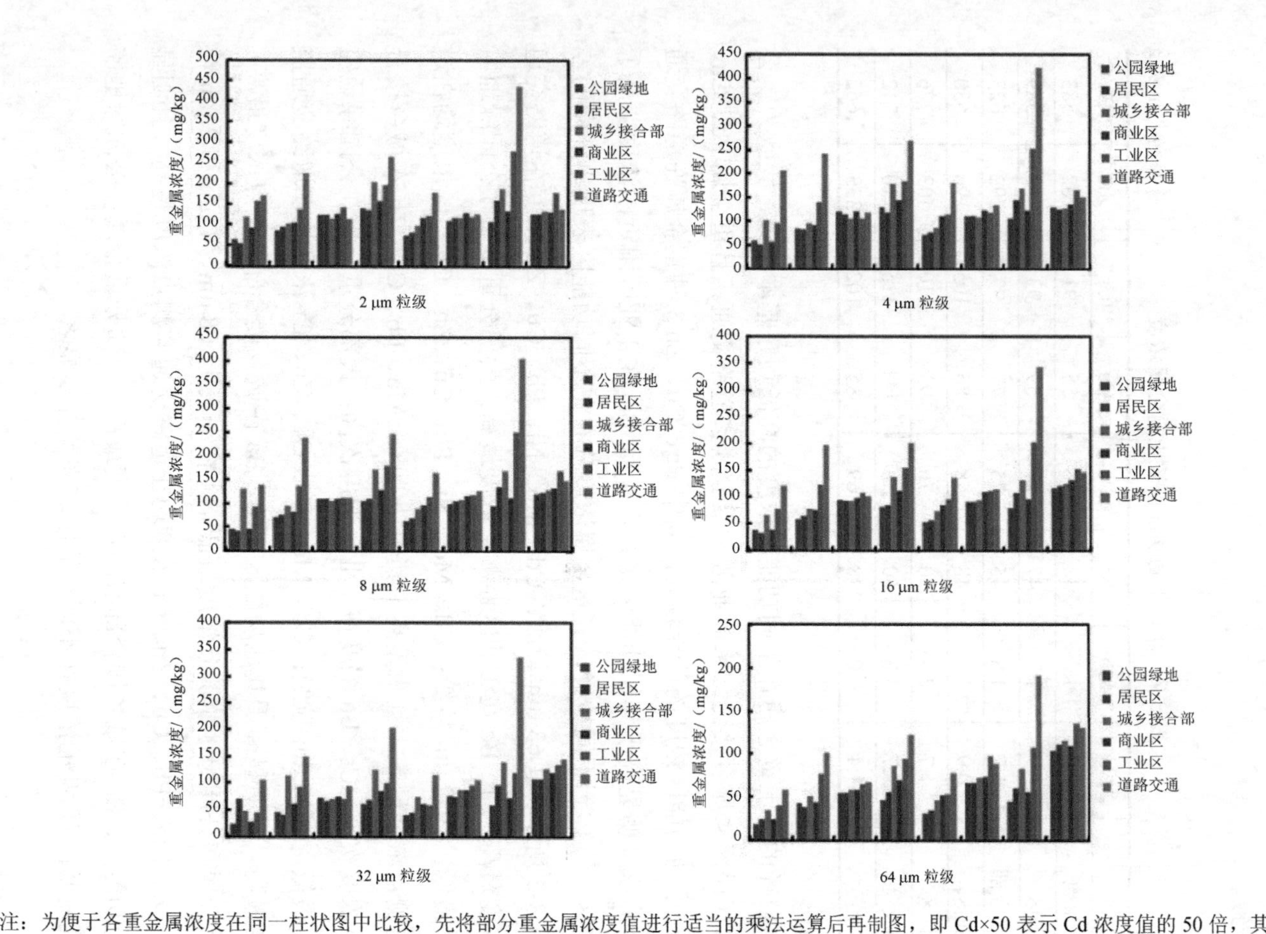

注：为便于各重金属浓度在同一柱状图中比较，先将部分重金属浓度值进行适当的乘法运算后再制图，即 Cd×50 表示 Cd 浓度值的 50 倍，其他重金属类似处理。

图 8-2　不同功能区表土重金属浓度分布

8.3 表土重金属的粒径分布特征

表土的粒径对吸附在其中的重金属浓度分布影响较大。8 种重金属不同粒径的浓度分布如表 8-3 所示。由表 8-3 可知，一般来讲，表土粒径越小，其重金属浓度越高，在细表土中呈现出一定的富集特征；且其粒径分布具有分段特征，粒径 2 μm、4 μm 和 8 μm 的表土重金属浓度比较接近，为细表土，其重金属浓度最高；粒径 16 μm 的表土重金属浓度与其他重金属浓度存在明显的“分层”效应，为中表土，其重金属浓度较高；粒径 32 μm 和 63 μm 的表土重金属浓度比较接近，为粗表土，其重金属浓度最低。具体来看，重金属 Cr、Ni、Cu、Zn、Mo、Cd、Ba、Pb 在细表土（粒径 2～8 μm）中浓度明显高于粗表土（粒径 32～63 μm），而细表土之间或者粗表土不同粒径之间存在细微差异。不同粒径表土中重金属含量随粒径增加而降低的结果与陈景辉等[4]、康丹等[5]对西安市土壤重金属粒径分布的研究结果较一致。

表 8-3　北京表土重金属不同粒径浓度分布　　单位：mg/kg

粒径/μm	Cd	Mo	Ni	Pb	Cu	Cr	Zn	Ba
2	2.2	2.5	61	91	110	127	381	689
4	1.9	2.4	57	85	105	128	349	686
8	1.6	2.3	55	78	99	126	331	682
16	1.2	2.0	49	64	83	130	320	658
32	0.9	1.5	37	48	59	104	223	604
63	0.7	1.2	29	39	49	108	180	585
平均值	1.4	2.0	48	68	84	120	297	651

从功能区尺度来看，不同功能区的表土重金属粒径分布特征有所差异。如图 8-3 所示，各功能区表土重金属粒径分布特征如下：①商业区，除 Ba 外，其余重金属粒径分布明显，随着粒径增大，重金属浓度呈阶梯式递减；②居民区，除 Ba、Cd 外，粒径分布明显，随着粒径增大，重金属浓度呈阶梯式递减；③道路交通，Cu、Zn、Pb 分级明显；④工业区，Cd、Ni、Zn 浓度在 2 μm 粒径中很突出；⑤公园绿地，除 Ba 外，粒径分布明显，随着粒径增大，重金属浓度呈阶梯式递减；⑥城乡接合部，Cd 在 8 μm 粒径浓度最高，Mo 在 32 μm 粒径浓度最高。

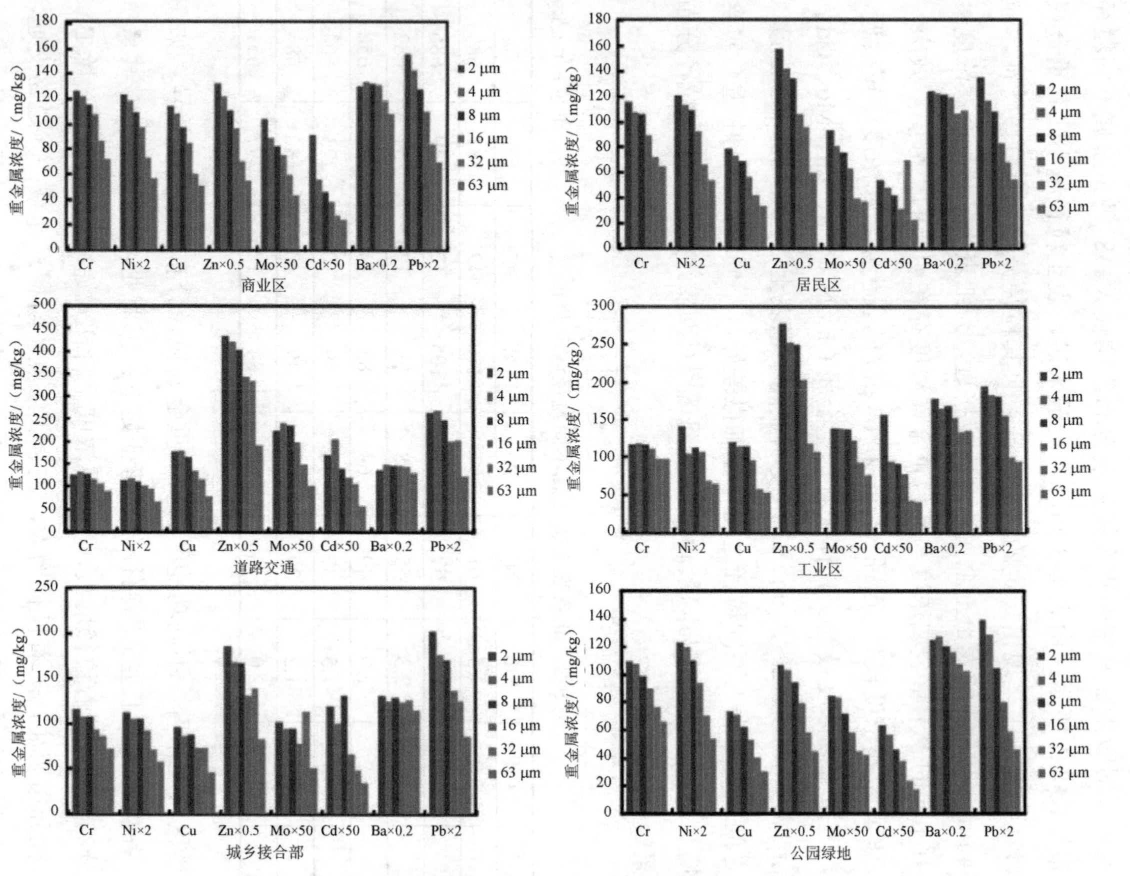

注：为了便于各重金属浓度在同一柱状图中比较，先将部分重金属浓度值进行适当的乘法运算后再制图，即 Ni×2 表示 Ni 浓度值的 2 倍，其他重金属类似处理。

图 8-3　不同功能区地表土重金属不同粒径浓度分布

8.4　表土重金属的污染特征

北京市不同功能区地表土中重金属的 I_{geo} 计算结果见表 8-4。由表 8-4 可知，重金属在不同功能区地表土中的分布有差异，北京不同功能区表土中重金属元素的污染程度的大致顺序为：公园绿地＜居民区＜商业区＜城乡接合部＜工业区＜道路交通。其中，道路交通中 8 种重金属全部呈现出不同程度的污染，Mo、Ba、Ni、Cr 轻微污染，Pb 轻度污染，Cu、Zn 中度污染，Cd 重度污染。公园绿地、居民区、商业区、城乡接合部和工业区中重金属 Mo、Ni 和 Pb 的污染级别一致：Mo 无污染，Ni 和 Pb 轻微污染。Cd 在所有重金属中污染最严重，其中在公园绿地、

表 8-4　北京不同功能区表土重金属 I_{geo}

重金属	公园绿地			居民区			城乡接合部		
	I_{geo}	等级	污染程度	I_{geo}	等级	污染程度	I_{geo}	等级	污染程度
Ba	−0.27	0	无污染	−0.26	0	无污染	−0.17	0	无污染
Cd	2.44	3	中度污染	2.59	3	中度污染	3.47	4	偏重污染
Cr	0	0	无污染	0.02	1	轻微污染	0.08	1	轻微污染
Cu	0.69	1	轻微污染	0.81	1	轻微污染	1.18	2	轻度污染
Mo	−1.23	0	无污染	−1.2	0	无污染	−0.76	0	无污染
Ni	0.24	1	轻微污染	0.21	1	轻微污染	0.16	1	轻微污染
Pb	0.25	1	轻微污染	0.28	1	轻微污染	0.94	1	轻微污染
Zn	0.54	1	轻微污染	1.06	2	轻度污染	1.39	2	轻度污染
重金属	商业区			工业区			道路交通		
	I_{geo}	等级	污染程度	I_{geo}	等级	污染程度	I_{geo}	等级	污染程度
Ba	−0.16	0	无污染	0.14	1	轻微污染	0.02	1	轻微污染
Cd	2.65	3	中度污染	3.48	4	偏重污染	4.14	5	重度污染
Cr	0.2	1	轻微污染	0.26	1	轻微污染	0.33	1	轻微污染
Cu	1.35	2	轻度污染	1.45	2	轻度污染	2.06	3	中度污染
Mo	−0.98	0	无污染	−0.35	0	无污染	0.35	1	轻微污染
Ni	0.26	1	轻微污染	0.31	1	轻微污染	0.32	1	轻微污染
Pb	0.56	1	轻微污染	0.95	1	轻微污染	1.48	2	轻度污染
Zn	0.82	1	轻微污染	1.85	2	轻度污染	2.67	3	中度污染

居民区和商业区中为中度污染，在城乡接合部和工业区中为偏重污染，在道路交通中为中度污染。Cu、Zn 和 Pb 在道路交通中的污染明显重于其他功能区。Mo 仅在道路交通处为轻微污染，在其他功能区无污染；Ba 在道路交通和工业区为轻微污染，在其他功能区无污染；Cr 仅在公园绿地无污染。Ni 在所有功能区中污染级别相当，均为轻微污染。

北京市不同粒径地表土中重金属 I_{geo} 计算结果见表 8-5。由表 8-5 可知，北京地表土中大部分重金属的 I_{geo} 值随粒径的增加而降低，粒径越大，对应的重金属 I_{geo} 越低，其污染程度越小。其中，10 μm 以下不同粒径（8 μm、4 μm、2 μm）之间各重金属的污染级别一致：Mo、Ba 无污染，Ni、Cr 轻微污染，Pb、Cu、Zn 轻度污染，Cd 偏重污染。10 μm 以上粒径（16 μm、32 μm、63 μm）重金属 Cd、

表 8-5　北京不同粒径表土重金属 I_{geo}

重金属	2 μm			4 μm			8 μm		
	I_{geo}	等级	污染程度	I_{geo}	等级	污染程度	I_{geo}	等级	污染程度
Ba	−0.03	0	无污染	−0.04	0	无污染	−0.04	0	无污染
Cd	3.86	4	偏重污染	3.64	4	偏重污染	3.46	4	偏重污染
Cr	0.48	1	轻微污染	0.48	1	轻微污染	0.46	1	轻微污染
Cu	1.67	2	轻度污染	1.61	2	轻度污染	1.52	2	轻度污染
Mo	−0.27	0	无污染	−0.31	0	无污染	−0.37	0	无污染
Ni	0.6	1	轻微污染	0.48	1	轻微污染	0.44	1	轻微污染
Pb	1.22	2	轻度污染	1.12	2	轻度污染	1	2	轻度污染
Zn	1.78	2	轻度污染	1.65	2	轻度污染	1.58	2	轻度污染
重金属	16 μm			32 μm			63 μm		
	I_{geo}	等级	污染程度	I_{geo}	等级	污染程度	I_{geo}	等级	污染程度
Ba	−0.1	0	无污染	−0.22	0	无污染	−0.27	0	无污染
Cd	3.05	4	偏重污染	2.53	3	中度污染	2.13	3	中度污染
Cr	0.5	1	轻微污染	0.18	1	轻微污染	0.23	1	轻微污染
Cu	1.27	2	轻度污染	0.77	1	轻微污染	0.5	1	轻微污染
Mo	−0.6	0	无污染	−0.98	0	无污染	−1.36	0	无污染
Ni	0.27	1	轻微污染	−0.15	0	无污染	−0.46	0	无污染
Pb	0.71	1	轻微污染	0.29	1	轻微污染	0.01	1	轻微污染
Zn	1.53	2	轻度污染	1.01	2	轻度污染	0.7	1	轻微污染

Cu、Pb 的 I_{geo} 值较 10 μm 以下粒径对应的数值明显降低；Zn 在 32 μm 和 63 μm 粒径处的 I_{geo} 值较细粒径（16 μm、8 μm、4 μm、2 μm）处显著降低。与此同时，部分重金属在较粗粒径处的污染级别相比较细粒径处要低一级：重金属 Cd 和 Cu 分别由较细粒径（16 μm、8 μm、4 μm、2 μm）处的偏重污染和轻度污染降为 32 μm、63 μm 粒径处的中度污染和轻微污染；Pb 由 10 μm 以下粒径处的轻度污染降为 10 μm 以上粒径处的轻微污染；Zn 在 63 μm 粒径处由较细粒径处的轻度污染降为轻微污染。

8.5　表土重金属潜在生态风险评价

表土中含有大量有害元素，尤其是具有毒性和持久毒性的重金属对人体危害较大。本研究采用潜在生态风险指数法分别对北京不同功能区、不同粒径表土中 Cd、Pb、Cu、Ni、Cr 和 Zn 6 种有毒重金属元素的潜在生态风险进行评价。Cd、Ni、Pb、Cu、Cr 和 Zn 6 种有毒重金属元素的土壤背景值[6]依次为 0.1 mg/kg、27 mg/kg、26 mg/kg、23 mg/kg、61 mg/kg、74 mg/kg，毒性系数[7]分别为 30、5、5、5、2、1。北京不同功能区和不同粒径表土中重金属潜在 E_r^i 及 RI 计算结果分别见表 8-6 和表 8-7。北京表土重金属在不同粒径和不同功能区分布上的差异导致它们的生态环境或人体健康风险的增加或降低。

表 8-6　北京不同功能区表土重金属潜在生态风险评价结果

功能区	E_r^i						RI
	Cd	Cr	Cu	Ni	Pb	Zn	
公园绿地	243.81	2.99	12.14	8.85	8.94	2.19	278.91
居民区	271.41	3.05	13.16	8.66	9.11	3.13	308.52
城乡接合部	497.73	3.17	17.04	8.4	14.39	3.93	544.66
商业区	282	3.45	19.06	8.99	11.08	2.64	327.22
工业区	502.82	3.59	20.5	9.27	14.52	5.43	556.12
道路交通	795.52	3.78	31.28	9.34	20.93	9.57	870.42

表 8-7　北京不同粒径表土重金属潜在生态风险评价结果

粒径/μm	E_r^i						RI
	Cd	Cr	Cu	Ni	Pb	Zn	
2	653.83	4.18	24.36	11.39	17.53	5.13	716.42
4	560.31	4.18	23.29	10.52	16.34	4.71	619.36
8	494.28	4.13	21.97	10.2	15.04	4.46	550.07
16	371.77	4.26	18.4	9.05	12.29	4.31	420.07
32	260.67	3.4	13.06	6.79	9.14	3.01	296.07
63	196.58	3.52	10.8	5.48	7.56	2.43	226.37

由表 8-6 可知，不同功能区表土总的重金属潜在 RI 大小排序为：公园绿地＜居民区＜商业区＜城乡接合部＜工业区＜道路交通，与表土中重金属元素的污染程度的顺序一致。其中，道路交通（RI 为 870.42）重金属总的潜在生态风险远高于其他功能区，程度很强；工业区（RI 为 556.12）和城乡接合部（RI 为 544.66）总的潜在生态风险次之，程度较强；居民区和商业区的 RI 值稍高于 300，总的潜在生态风险偏强；公园绿地 RI 值低于 300，总的潜在生态风险中等。Cd、Pb、Zn 在不同功能区中的单因子潜在生态危害程度变化较显著，在城乡接合部、工业区和道路交通点明显高于其他功能区；而 Cu、Ni、Cr 在不同功能区中的单因子潜在生态危害程度变化不大。除 Zn 外，其余 5 种重金属在不同功能区表土中的单因子潜在生态危害程度大小排序具有一致性：Cd＞Cu＞Pb＞Ni＞Cr。Zn 在公园绿地和商业区中单因子潜在生态危害程度最低；在居民区、城乡接合部和工业区中单因子潜在生态危害程度仅高于 Cr；在道路交通中单因子潜在生态危害程度高于 Cr 和 Ni。

由表 8-7 可知，北京不同粒径表土总的重金属 RI 大小随粒径的减小而增大，粒径越小，对应的 RI 越高，其生态健康风险越大。北京不同粒径表土均呈现不同程度的重金属生态健康风险：其中 2 μm、4 μm 粒径处的 RI 均超过 600，生态健康风险很强；8 μm、16 μm 粒径处的 RI 在 300～600，生态健康风险强；32 μm、63 μm 粒径处的 RI 在 150～300，生态健康风险中等。大部分重金属的单因子潜在生态危害程度随粒径的减小而增大，粒径越小，对应的单因子生态健康风险越大。Cd 在较细粒径（16 μm、8 μm、4 μm、2 μm）处的单因子 RI 均超过 320，危害程度极强；在 32 μm 和 63 μm 粒径处的单因子 RI 介于 160 和 320 之间，危害程度很强。Cu、Ni、Cr、Pb、Zn 在 6 种粒径处的单因子 RI 均不超过 40，危害程度轻微。

8.6　大气沉降对北京表土重金属的影响

8.6.1　北京表土重金属与大气沉降相关分析

根据不同空间点位的表土以及对应的大气沉降样品中主要重金属（Cd、Cr、Cu、Ni、Pb 和 Zn）质量分数的统计相关性分析可知，降尘重金属 Cd、Cu、Ni、Zn、Pb 与表土中对应的重金属均具有很好的线性正相关性；表土中的 Ni 与降尘中的 Ni 的相关系数 R 为 0.866（R^2=0.75）；表土中的 Cu 与降尘中的 Cu 的相关系数 R 为 0.92（R^2=0.846）；表土中的 Zn 与降尘中的 Zn 的相关系数 R 为 0.904（R^2=0.818）；表土 Cd 的质量分数与降尘 Cd 的质量分数的相关系数 R 为 0.805（R^2=0.648）；表土 Pb 的质量分数与降尘 Pb 的质量分数的相关系数 R 为 0.797（R^2=0.635）。北京表土中的 Cr 与降尘中的 Cr 有很好的线性负相关，相关系数 R 为 0.83（R^2=0.689），可能与 Cr 主要来源于地壳源、外源输入较少有关。

为了进一步探讨北京表土重金属与其对应的大气降尘中重金属的空间相关性，本研究利用地理加权回归模型（GWR）分析了二者的空间关系，得到北京表土中 6 种主要重金属与降尘中对应的重金属分析结果（表 8-8）。Bandwidth（Bw）是模型中用于各个局部估计的带宽，它对结果影响很大，是 GWR 模型最重要的参数，控制着模型的平滑程度。Residual Squares（RS）是模型的残差平方和，其值越小，GWR 模型拟合得效果越好。Effective Number（EN）与带宽的选择有关，介于拟合值的方差与系数估计值的偏差之间。西格玛值（Sigma）为标准化剩余平方和的平方根，是残差的估计标准差，其值越小越好。AICc 是模型性能的一种度量，用于比较不同的回归模型，AICc 值越低的模型拟合效果越好。R^2 表征拟合度，其值介于 0 和 1 之间，可解释为回归模型所包含的因变量方差的比例，值越大拟合度越高。R^2_A 为校正后的 R^2（对分子以及分母的自由度进行正规化），其值对模型中的变量数进行了补偿，因此校正的 R^2 值通常小于原始的 R^2 值。由表 8-8 分析结果可知，北京表土中的主要重金属与大气降尘中对应重金属的拟合效果均较好，说明二者在空间上具有较好的相关性。

表 8-8 表土重金属与降尘重金属 GWR 模型分析结果

重金属	Bw	RS	EN	Sigma	AICc	R^2	R^2_A
Cd	0.13	3 354.34	16.37	10.30	375.94	0.67	0.51
Cr	0.11	3 201.28	19.15	10.53	385.94	0.69	0.49
Cu	0.13	3 346.61	16.58	10.32	378.12	0.67	0.51
Ni	0.12	4 011.38	17.11	11.40	388.09	0.61	0.40
Pb	0.12	3 321.18	16.87	10.33	377.30	0.67	0.51
Zn	0.12	3 659.19	17.62	10.97	384.51	0.64	0.44

综上所述，北京表土重金属 Cd、Cu、Ni、Zn 和 Pb 的含量与降尘中对应重金属的含量存在明显的正相关，即大气沉降对表土中的主要重金属 Cd、Cu、Cr、Ni、Zn 和 Pb 的累积均有重要影响。

8.6.2 大气沉降对北京表土重金属的贡献

由于人类活动的影响，城市环境中的主要重金属含量通常要高于其对应的土壤元素背景值。本研究以北京所在地区 A 层土壤元素 i 背景值 B_i 为参照。比较城市大气干沉降样品中某种重金属 i 的含量 D_i 与表土样品中对应重金属 i 的含量 T_i。若 $D_i > T_i$，则认为重金属主要由大气降尘迁移到表土；理想状况下（不考虑地表扰动及其他影响），大气重金属沉降输入对表土中重金属累积的贡献率 C_i 可表征为

$$C_i = (T_i - B_i) / (D_i - B_i) \times 100\% \tag{8-1}$$

根据式（8-1）求算了 6 种重金属在不同采样点处的大气沉降贡献率，并进行统计分析，结果如表 8-9 所示。由表 8-9 可知，北京表土中重金属 Cd、Cr、Cu、Ni、Zn 和 Pb 的平均大气沉降贡献率分别为 17.4%、21.2%、14.6%、12.2%、16.0% 和 20.0%。上述重金属的大气沉降贡献率与采样点的空间位置关系密切。其中，Cu、Zn 和 Pb 3 种重金属在不同采样点处的大气沉降贡献率变幅较大，可能与 Cu、

Zn 和 Pb 受人为源影响的强弱有显著的空间异质性有关。

表 8-9　北京表土中主要重金属的大气沉降贡献率　　单位：%

重金属	Cr	Ni	Cu	Zn	Cd	Pb
平均值	21.2	12.2	14.6	16.0	17.4	20.0
最大值	65.6	52.9	74.1	81.8	57.8	75.6
最小值	0.8	1.6	1.2	0.4	2.7	0.1

8.7　本章小结

（1）北京表土中不同功能区表土重金属浓度的高低顺序大致为：公园绿地＜居民区＜城乡接合部＜商业区＜工业区＜道路交通，且重金属 Pb、Cu、Zn、Ba 在不同功能区浓度的差异较大，其中 Pb、Cu、Zn 3 种重金属在道路交通采样点处的浓度明显高于其他功能区，而 Ba 在工业区附近的浓度要高于其他功能区。

（2）北京表土重金属浓度具有明显的粒径分布特征：表土粒径越小，其重金属浓度越高；其中，粒径 16 μm 的表土重金属浓度与其他粒径之间存在明显的“分层”效应。

（3）北京不同功能区表土中重金属元素污染程度的大致顺序为：公园绿地＜居民区＜商业区＜城乡接合部＜工业区＜道路交通。其中，道路交通中 8 种重金属全部呈现不同程度的污染：Mo、Ba、Ni、Cr 轻微污染，Pb 轻度污染，Cu、Zn 中度污染，Cd 重度污染。北京地表土中大部分重金属的 I_{geo} 随粒径的增加而降低，粒径越大，对应的值越低，其污染程度越小。

（4）北京表土重金属在不同功能区和不同粒径分布上的差异，导致它们的生态环境或人体健康风险的增加或降低。道路交通总的潜在生态风险远高于其他功能区，程度很强；工业区和城乡接合部的总的潜在生态风险次之，程度较强。北京不同粒径表土总的重金属潜在生态指数随粒径的减小而增大，粒径越小，对应的值越高，其生态健康风险越大。北京不同功能区不同粒径表土均呈现不同程度的重金属生态健康风险，且以 Cd 的潜在生态健康风险为主。

（5）大气沉降对北京表土中的主要重金属 Cd、Cu、Cr、Ni、Zn 和 Pb 的累积均有重要影响。

参考文献

[1] 环境保护部，国家质量监督检验检疫总局. 土壤环境质量标准 GB 15618—2008[M]. 北京：中国环境科学出版社，2008.

[2] 于洋，马俊花，宋宁宁，等. 北京市地表灰尘中 Cu 的分布及健康风险评价[J]. 生态毒理学报，2014（4）：744-750.

[3] WEI Xin，GAO Bo，WANG Peng，et al. Pollution characteristics and health risk assessment of heavy metals in street dusts from different functional areas in Beijing，China[J]. Ecotoxicology and Environmental Safety，2015，112：186-192.

[4] 陈景辉，卢新卫. 西安城市路边土壤重金属粒径效应与污染水平[J]. 环境化学，2011，30（7）：1370-1371.

[5] 康丹，卢新卫，罗大成，等. 西安市公园土壤重金属粒径分布特征与污染水平[J]. 陕西师范大学学报（自然科学版），2010（4）：104-108.

[6] 中国环境监测总站. 中国土壤元素背景值[M]. 北京：中国环境科学出版社，1990.

[7] 方宏达，陈锦芳，段金明，等. 厦门市郊区 $PM_{2.5}$ 和 PM_{10} 中重金属的形态特征及生物可利用性研究[J]. 生态环境学报，2015，24（11）：1872-1877.

第9章 北京大气降尘重金属污染成因分析

大气降尘重金属污染通常是一种由诸多人为源（燃煤尘、汽车尾气、工业粉尘、金属冶炼、垃圾焚烧、建筑尘等）和自然源（风沙扬尘和地面土壤尘）构成的多源复合污染。它既受到局地污染源排放的影响，又有区域传输贡献的作用，同时还受局部环境（地表土重金属污染以及下垫面类型等）的影响。本章对北京降尘重金属污染的局地污染源排放影响和区域传输贡献进行了定量研究和半定量评估；利用统计相关分析和空间相关分析，探讨了地表土重金属污染对降尘重金属的影响；并结合遥感解译的研究区土地利用分类图，研究了下垫面类型对大气降尘重金属的影响。

9.1 大气降尘重金属局地污染源解析

近年来，元素示踪法结合某一种单一数理统计方法，如相关分析法、主成分分析法（Principal Component Analysis，PCA）/因子分析法、聚类分析法（Cluster Analysis，CA）被广泛应用于大气降尘重金属污染来源的识别。杨丽萍和陈发虎[1]运用因子分析法研究得出兰州市大气降尘的主要污染来源分别是燃煤（41.04%）、风沙扬尘（22.97%）、汽车尾气（18.67%）、建材（12.84%）及其他（4.48%）。陈圆圆等[2]利用单因子指数法和空气污染指数法对上海宝山区降尘污染进行评价，结果表明工业区是宝山最主要的降尘污染源。谢玉静等[3]在合肥市工业区、居民区、交通干道等典型的功能区采集了21个大气降尘样品并测定了降尘中重金属元素含量，并运用富集因子和因子分析解析了合肥市降尘重金属污染的来源。张海珍等[4]利用因子分析研究发现，风沙扬尘、金属冶炼、燃煤尘以及垃圾焚烧是乌鲁木齐大气降尘中重金属的主要污染源。上述研究表明，大气降尘重金属来源普遍为多源复合污染，其潜在污染源包括燃煤尘、汽车尾气、工业粉尘、金属冶炼、垃圾焚烧、建筑尘等人为源以及风沙扬尘和地面土壤尘等自然源。

本研究摒弃了以往研究中依靠一两种单一统计分析方法结合主观性较强的特征元素示踪法对污染源的研究思路；提出了综合运用多元统计分析方法（聚类分析、Pearson 相关分析、Kendall 相关分析以及主成分分析）结合实地调查的污染端元重金属成分谱对大气降尘及其重金属的局地污染源进行解析。

9.1.1 典型污染端元显著因子识别与重金属成分谱构建

（1）北京及周边典型污染端元显著因子识别

大气降尘颗粒较大，一般不容易远距离传输，主要受局地污染源排放的影响。研究表明，局地污染源对降尘重金属具有显著的影响。如庞绪贵等[5]系统研究了济南降尘和污染端元元素的含量特征，发现不同污染端元中的元素含量差别比较明显，燃煤尘中重金属 Cd 和 Pb 的含量最高；汽车尾气尘中重金属 Cr、Ni、Zn 的含量最高，冶炼尘中 Co、Ni、Pb 的含量偏高，而建筑尘中大部分重金属含量比其他端元尘中都要低；济南市大气降尘中 Cd、Cu、Pb 等主要来源于企业燃煤，大气降尘中这些元素高含量区与燃煤污染源（热电厂、冶炼厂、化工厂等）的空间分布相一致；而 As、Cr 等主要源于交通污染。

为研究局地污染端元对北京降尘重金属污染的影响，本章参考庞绪贵[5]的“降尘污染端元样品采集方法”对北京及周边的典型污染端元建筑尘、工业尘、化工尘、交通尘、钢铁尘、燃煤尘等进行选点采样。利用 ICP-MS 测试了上述 13 份局地污染端元样品的 V、Cr、Ni、Cu、Zn、Mo、Cd、Sb、Ba、Pb 和 Th 等 11 种重金属的含量，结果如表 9-1 所示。

表 9-1 北京及周边各污染端元重金属含量　　单位：mg/kg

污染端元	V	Cr	Ni	Cu	Zn	Mo	Cd	Sb	Ba	Pb	Th
钢铁尘	166	161	39	66	935	4.3	3.8	3.8	486	103	4
工业尘	144	162	61	58	208	2.7	3.9	4.4	1 424	61	16
工业混合尘	203	213	84	92	292	3.6	4.5	6.8	1 596	84	20
化工尘	138	147	138	61	5 676	8.4	3.6	15.9	2 294	241	12

污染端元	V	Cr	Ni	Cu	Zn	Mo	Cd	Sb	Ba	Pb	Th
建筑尘	120	129	55	44	135	1.7	2.8	3.6	1 502	42	3
煤渣	76	126	159	61	95	9.9	4.2	9.3	2 060	28	12
汽车尘	125	145	48	58	166	1.7	3.2	7.1	1 421	48	11
燃煤尘	126	143	52	61	433	3.0	4.1	4.4	1 445	61	15
水泥尘	161	181	60	80	285	3.5	3.9	8.0	1 147	96	16

从表 9-1 中可以看出，V 在各污染端元中含量由低到高的顺序为：煤渣＜建筑尘＜汽车尘＜燃煤尘＜化工尘＜工业尘＜水泥尘＜钢铁尘＜工业混合尘；Cr 在各污染端元中含量由低到高的顺序为：煤渣＜建筑尘＜燃煤尘＜汽车尘＜化工尘＜钢铁尘＜工业尘＜水泥尘＜工业混合尘；Ni 在各污染端元中含量由低到高的顺序为：钢铁尘＜汽车尘＜燃煤尘＜建筑尘＜水泥尘＜工业尘＜工业混合尘＜化工尘＜煤渣；Cu 在各污染端元中含量由低到高的顺序为：建筑尘＜汽车尘＜工业尘＜燃煤尘＜化工尘＜煤渣＜钢铁尘＜水泥尘＜工业混合尘；Zn 在各污染端元中含量由低到高的顺序为：煤渣＜建筑尘＜汽车尘＜工业尘＜水泥尘＜工业混合尘＜燃煤尘＜钢铁尘＜化工尘；Mo 在各污染端元中含量由低到高的顺序为：汽车尘＜建筑尘＜工业尘＜燃煤尘＜水泥尘＜工业混合尘＜钢铁尘＜化工尘＜煤渣；Cd 在各污染端元中含量由低到高的顺序为：建筑尘＜汽车尘＜化工尘＜钢铁尘＜水泥尘＜工业尘＜燃煤尘＜煤渣＜工业混合尘；Sb 在各污染端元中含量由低到高的顺序为：建筑尘＜钢铁尘＜工业尘＜燃煤尘＜工业混合尘＜汽车尘＜水泥尘＜煤渣＜化工尘；Ba 在各污染端元中含量由低到高的顺序为：钢铁尘＜水泥尘＜汽车尘＜工业尘＜燃煤尘＜建筑尘＜工业混合尘＜煤渣＜化工尘；Pb 在各污染端元中含量由低到高的顺序为：煤渣＜建筑尘＜汽车尘＜燃煤尘＜工业尘＜工业混合尘＜水泥尘＜钢铁尘＜化工尘；Th 在各污染端元中的含量由低到高的顺序：建筑尘＜钢铁尘＜汽车尘＜化工尘＜煤渣＜燃煤尘＜水泥尘＜工业尘＜工业混合尘。

识别煤渣、建筑尘、汽车尘、燃煤尘、化工尘、工业尘、水泥尘、钢铁尘以及工业混合尘等 9 种污染端元的显著因子，本研究将检测的污染端元中 11 种重金属的含量与对应土壤重金属的比值定义为显著因子识别系数[6]（Significant Factor Identification Index，SFII），计算公式为

$$\mathrm{SFII} = C_{i\mathrm{sample}} / C_{i\mathrm{background}} \tag{9-1}$$

式中，$C_{i\mathrm{sample}}$ —— 检测的污染端元中第 i 种重金属含量，mg/kg；

$C_{i\mathrm{background}}$ —— 第 i 种重金属对应的土壤背景值，V、Cr、Ni、Cu、Zn、Mo、Cd、Sb、Ba、Pb 和 Th 的背景值取中国 A 层土壤重金属元素平均值[7]，即 82.4 mg/kg、61 mg/kg、26.9 mg/kg、22.6 mg/kg、74.2 mg/kg、2 mg/kg、0.1 mg/kg、1.06 mg/kg、469 mg/kg、26 mg/kg 和 13.8 mg/kg。

北京及周边各污染端元显著因子识别系数计算结果如表 9-2 所示。

表 9-2 北京及周边各污染端元显著因子识别系数

污染端元	V	Cr	Ni	Cu	Zn	Mo	Cd	Sb	Ba	Pb	Th
建筑尘	1.5	2.1	2.0	1.9	1.8	0.8	28.3	3.4	3.2	1.6	0.2
钢铁尘	2.0	2.6	1.5	2.9	12.6	2.1	40.6	3.6	1.0	4.0	0.3
汽车尘	1.5	2.4	1.8	2.5	2.2	0.8	31.6	6.7	3.0	1.8	0.8
化工尘	1.7	2.4	5.1	2.7	76.5	4.2	35.6	15.0	4.9	9.3	0.9
煤渣	0.9	2.1	5.9	2.7	1.3	4.9	42.2	8.8	4.4	1.1	0.9
燃煤尘	1.5	2.3	1.9	2.7	5.8	1.5	40.8	4.1	3.1	2.3	1.1
水泥尘	2.0	3.0	2.2	3.6	3.8	1.7	39.4	7.5	2.4	3.7	1.1
工业尘	1.8	2.7	2.3	2.5	2.8	1.4	39.4	4.1	3.0	2.3	1.1
工业混合尘	2.5	3.5	3.1	4.1	3.9	1.8	45.0	6.5	3.4	3.2	1.4

（2）北京降尘局地污染端元重金属成分谱构建

通过典型污染端元显著因子的识别，SFII≥3 为极显著因子；2≤SFII＜3 为显著因子，构建了北京降尘局地污染端元重金属成分谱。

1）建筑尘：SFII 排序为 Cd＞Sb＞Ba＞Cr＞Ni＞Cu＞ Zn＞Pb＞V＞Mo＞Th，其中 Cd、Sb 和 Ba 的 SFII 值均超过 3，为极显著因子；Cr 和 Ni 的 SFII 值均超过 2 但小于 3，为显著因子。

2）钢铁尘：SFII 排序为 Cd＞Zn＞Pb＞Sb＞Cu＞Cr＞Mo＞V＞Ni＞Ba＞Th，其中 Cd、Zn、Pb 和 Sb 的 SFII 值均大于 3，为钢铁尘中的极显著因子；Cu、Cr、Mo 和 V 的 SFII 值均超过 2 但小于 3，为钢铁尘中的显著因子。

3）汽车尘：SFII 排序为 Cd＞Sb＞Ba＞Cu＞Cr＞Zn＞Pb＞Ni＞V＞Mo＞Th，

其中 Cd、Sb 和 Ba 的 SFII 值均超过 3，为极显著因子；Cu、Cr 和 Zn 的 SFII 值均超过 2 但小于 3，为显著因子。

4）化工尘：SFII 排序为 Zn＞Cd＞Sb＞Pb＞Ni＞Ba＞Mo＞Cu＞Cr＞V＞Th，其中 Zn、Cd、Sb、Pb、Ni、Ba 和 Mo 的 SFII 值均大于 3，为化工尘中的极显著因子；Cu 和 Cr 的 SFII 值均大于 2 但小于 3，为化工尘中的显著因子。

5）煤渣：SFII 排序为 Cd＞Sb＞Ni＞Mo＞Ba＞Cu＞Cr＞Zn＞Pb＞V＞Th，其中 Cd、Sb、Ni、Mo 和 Ba 的 SFII 值均超过 3，为极显著因子；Cu 和 Cr 的 SFII 值均超过 2 但小于 3，为显著因子。

6）燃煤尘：SFII 排序为 Cd＞Zn＞Sb＞Ba＞Cu＞Cr＞Pb＞Ni＞V＞Mo＞Th，其中 Cd、Zn、Sb 和 Ba 的 SFII 值均超过 3，为极显著因子；Cu、Cr 和 Pb 的 SFII 值均超过 2 但小于 3，为显著因子。

7）水泥尘：SFII 排序为 Cd＞Sb＞Zn＞Pb＞Cu＞Cr＞Ba＞Ni＞V＞Mo＞Th，其中 Cd、Sb、Zn、Pb、Cu 和 Cr 的 SFII 值均超过 3，为水泥尘的极显著因子；Ba、Ni 和 V 的 SFII 值均超过 2 但小于 3，为水泥尘的显著因子。

8）工业尘：SFII 排序为 Cd＞Sb＞Ba＞Zn＞Cr＞Cu＞Pb＞Ni＞V＞Mo＞Th，其中 Cd、Sb 和 Ba 的 SFII 值均超过 3，为极显著因子；Zn、Cr、Cu、Pb 和 Ni 的 SFII 值均超过 2 但小于 3，为显著因子。

9）工业混合尘：SFII 排序为 Cd＞Sb＞Cu＞Zn＞Cr＞Ba＞Pb＞Ni＞V＞Mo＞Th，其中 Cd、Sb、Cu、Zn、Cr、Ba、Pb 和 Ni 的 SFII 值均超过了 3，为极显著因子；V 的 SFII 值均超过 2 但小于 3，为显著因子。

9.1.2 大气降尘重金属污染来源分析

为了从测试的 40 种大气降尘金属元素中筛选出代表性元素进行深入分析，本研究利用了经典统计软件 SPSS 对大气降尘金属元素含量进行了聚类分析。首先，采用“R 型聚类分析”对 40 种大气降尘金属元素含量进行降维处理，先确定用相似性来测度，度量标准选用 Pearson 相关系数，聚类方法选“组间连接”，得到聚类分析结果如表 9-3 所示。

表 9-3 大气降尘重金属含量相似性矩阵

	Cd	Cs	Ba	La	Ce	Pr	Nd	Sm	Eu	Gd	Tb	Dy
Cd	1											
Cs	0.59	1										
Ba	0.16	0.40	1									
La	0.81	0.64	0.19	1								
Ce	0.74	0.56	0.16	0.96	1							
Pr	0.13	0.36	−0.07	0.43	0.60	1						
Nd	0.11	0.43	−0.04	0.43	0.57	0.98	1					
Sm	0.13	0.53	−0.12	0.45	0.50	0.87	0.93	1				
Eu	0.07	0.45	−0.10	0.33	0.42	0.88	0.92	0.96	1			
Gd	0.40	0.67	0.29	0.71	0.75	0.81	0.86	0.85	0.80	1		
Tb	0.24	0.65	−0.02	0.51	0.48	0.69	0.78	0.93	0.85	0.84	1	
Dy	0.05	0.19	−0.08	0.15	0.13	0.22	0.25	0.34	0.28	0.26	0.34	1
Ho	0.19	0.65	−0.02	0.49	0.46	0.67	0.76	0.92	0.83	0.83	0.97	0.38
Er	0.25	0.69	−0.03	0.52	0.51	0.72	0.80	0.93	0.86	0.84	0.96	0.35
Tm	0.16	0.62	−0.03	0.47	0.45	0.69	0.78	0.92	0.84	0.83	0.97	0.36
Yb	0.21	0.63	−0.02	0.52	0.48	0.67	0.75	0.91	0.81	0.84	0.96	0.40
Lu	0.18	0.63	0.02	0.49	0.45	0.65	0.74	0.89	0.80	0.83	0.95	0.40
Hf	0.32	0.53	0.12	0.51	0.43	0.46	0.54	0.71	0.62	0.71	0.78	0.31
Ta	0.20	0.43	0.04	0.40	0.35	0.35	0.42	0.52	0.46	0.51	0.55	0.14
W	0.13	−0.06	−0.11	0.03	−0.01	−0.19	−0.20	−0.16	−0.16	−0.17	−0.18	−0.11
Pb	0.74	0.58	0.19	0.54	0.49	0.08	0.08	0.10	0.01	0.24	0.20	0.01
Bi	0.43	0.29	0.30	0.22	0.17	−0.07	−0.05	−0.09	−0.07	0.09	−0.03	−0.08
Th	0.24	0.74	0.13	0.46	0.38	0.53	0.64	0.81	0.72	0.77	0.90	0.33
U	0.36	0.76	0.21	0.54	0.47	0.53	0.63	0.77	0.68	0.80	0.88	0.36

	Ho	Er	Tm	Yb	Lu	Hf	Ta	W	Pb	Bi	Th	U
Ho	1											
Er	0.97	1										
Tm	0.98	0.97	1									
Yb	0.98	0.96	0.99	1								
Lu	0.97	0.95	0.98	0.97	1							
Hf	0.81	0.77	0.80	0.84	0.86	1						
Ta	0.59	0.57	0.59	0.60	0.57	0.64	1					
W	−0.11	−0.14	−0.21	−0.17	−0.19	−0.19	−0.06	1				
Pb	0.16	0.21	0.15	0.17	0.14	0.21	0.10	−0.04	1			
Bi	−0.08	−0.02	−0.09	−0.05	−0.07	0.05	−0.03	−0.07	0.35	1		
Th	0.90	0.89	0.90	0.90	0.90	0.82	0.57	−0.12	0.23	0.09	1	
U	0.88	0.89	0.88	0.90	0.90	0.84	0.54	−0.17	0.35	0.15	0.95	1

	V	Cr	Co	Ni	Cu	Zn	Ga	Rb	Sr	Y	Zr	Nb	Mo
V	1												
Cr	0.18	1											
Co	0.56	0.13	1										
Ni	0.09	0.46	0.33	1									
Cu	−0.05	0.11	0.13	0.38	1								
Zn	0.03	0.31	0.32	0.58	0.38	1							
Ga	0.81	0.02	0.69	0.03	0.01	−0.03	1						
Rb	0.68	−0.03	0.49	−0.14	−0.26	−0.32	0.81	1					
Sr	0.50	0.04	0.61	0.14	0.21	0.12	0.64	0.48	1				
Y	0.46	−0.03	0.27	0.08	−0.23	−0.22	0.51	0.61	0.21	1			
Zr	0.56	−0.02	0.28	−0.13	−0.11	−0.13	0.68	0.63	0.29	0.39	1		
Nb	0.46	−0.02	0.32	−0.02	−0.02	−0.12	0.50	0.53	0.42	0.36	0.53	1	
Mo	−0.15	0.16	0.23	0.49	0.54	0.49	−0.07	−0.39	0.05	−0.27	−0.28	−0.08	1
Cd	0.36	0.14	0.68	0.50	0.58	0.47	0.47	0.25	0.68	0.04	0.16	0.32	0.45
Cs	0.65	−0.02	0.64	0.24	0.16	0.11	0.80	0.72	0.63	0.42	0.54	0.40	−0.12
Ba	0.17	−0.03	0.04	0.02	0.33	0.17	0.19	0.06	0.35	−0.03	0.18	0.07	0.12
La	0.57	0.07	0.75	0.22	0.21	0.17	0.66	0.58	0.86	0.26	0.35	0.47	0.11
Ce	0.63	0.06	0.68	0.19	0.17	0.13	0.61	0.55	0.81	0.24	0.29	0.42	0.10
Pr	0.81	0.05	0.34	−0.07	−0.22	−0.22	0.58	0.64	0.33	0.42	0.40	0.40	−0.25
Nd	0.84	0.04	0.35	−0.11	−0.22	−0.26	0.66	0.71	0.36	0.47	0.48	0.41	−0.31
Sm	0.83	0.06	0.43	−0.10	−0.31	−0.28	0.80	0.85	0.40	0.61	0.62	0.50	−0.40

	V	Cr	Co	Ni	Cu	Zn	Ga	Rb	Sr	Y	Zr	Nb	Mo
Eu	0.81	0.07	0.36	−0.08	−0.30	−0.29	0.71	0.75	0.27	0.58	0.56	0.44	−0.29
Gd	0.88	0.08	0.56	−0.01	−0.09	−0.11	0.83	0.80	0.66	0.51	0.60	0.53	−0.22
Tb	0.81	0.07	0.51	−0.05	−0.21	−0.18	0.87	0.86	0.44	0.62	0.69	0.55	−0.36
Dy	0.23	−0.02	0.15	−0.08	−0.18	0.08	0.27	0.29	0.12	0.20	0.24	0.14	−0.19
Ho	0.79	0.01	0.48	−0.08	−0.28	−0.22	0.84	0.88	0.42	0.70	0.70	0.55	−0.42
Er	0.85	0.07	0.55	−0.01	−0.24	−0.14	0.87	0.86	0.44	0.59	0.69	0.50	−0.36
Tm	0.79	0.01	0.45	−0.13	−0.30	−0.24	0.84	0.86	0.41	0.59	0.72	0.55	−0.46
Yb	0.78	0.07	0.47	−0.07	−0.28	−0.22	0.84	0.86	0.45	0.61	0.71	0.57	−0.43
Lu	0.76	−0.03	0.43	−0.13	−0.27	−0.22	0.84	0.84	0.44	0.57	0.75	0.55	−0.41
Hf	0.62	0.04	0.40	−0.04	−0.03	−0.07	0.73	0.67	0.46	0.47	0.72	0.67	−0.23
Ta	0.47	−0.03	0.32	0.04	−0.16	−0.21	0.51	0.57	0.36	0.40	0.49	0.77	−0.18
W	−0.15	−0.08	0.19	0.19	0.12	0.05	0.02	−0.14	0.00	0.28	−0.20	−0.15	0.54
Pb	0.30	0.00	0.40	0.33	0.49	0.33	0.38	0.22	0.46	0.03	0.09	0.15	0.13
Bi	0.12	0.18	0.18	0.36	0.65	0.26	0.14	−0.05	0.26	−0.14	−0.07	0.03	0.27
Th	0.73	0.00	0.51	−0.03	−0.13	−0.14	0.88	0.78	0.52	0.61	0.72	0.55	−0.36
U	0.79	0.04	0.52	0.06	−0.03	0.01	0.87	0.71	0.56	0.51	0.69	0.53	−0.30

从相似性矩阵表（表 9-3）中可以看出，Tb 与 V、Ga、Rb、Sm、Eu、Gd、Ho、Er、Tm、Yb、Lu、Th、U 中的任意一种金属元素含量相关系数均大于 0.8，这 13 种金属元素中选取 Tb 作为聚类变量即可；La 与 Sr 和 Ce 的相关系数均大于 0.8，这 3 种金属元素中选取 La 作为聚类变量即可；镧系元素 Pr 与 Nd 的相关系数高达 0.98，选其中一种金属元素 Nd 即可；La 与 Cd 的相关系数为 0.81，但两者分属不同类别元素，都予以保留。根据相似性矩阵计算结果，从上述大气降尘金属元素中选取出 21 种具有代表性的金属元素 Cr、Co、Ni、Cu、Cd、Cs、Ba、Zn、Y、Zr、Nb、Mo、La、Nd、Tb、Dy、Hf、Ta、W、Pb 和 Bi 进行下一步的聚类分析。

其次，对选出的 21 种具有代表性的金属元素 Cr、Co、Cd、Cs、Ba、Ni、Cu、Zn、Y、Zr、Nb、Mo、La、Nd、Tb、Dy、Hf、Ta、W、Pb 和 Bi 进行系统聚类分析，得到树状聚类图（图 9-1）。由图 9-1 可知，大气降尘中的 21 种代表性金属元素可分为六类，第一类为 Cd、La、Co、Cs 和 Pb，第二类为 Cu、Bi 和 Ba，第三类为 Ni、Zn 和 Cr，第四类为 Mo 和 W，第五类为 Y、Zr、Nb、Nd、Tb、Hf 和 Ta，第六类为 Dy。

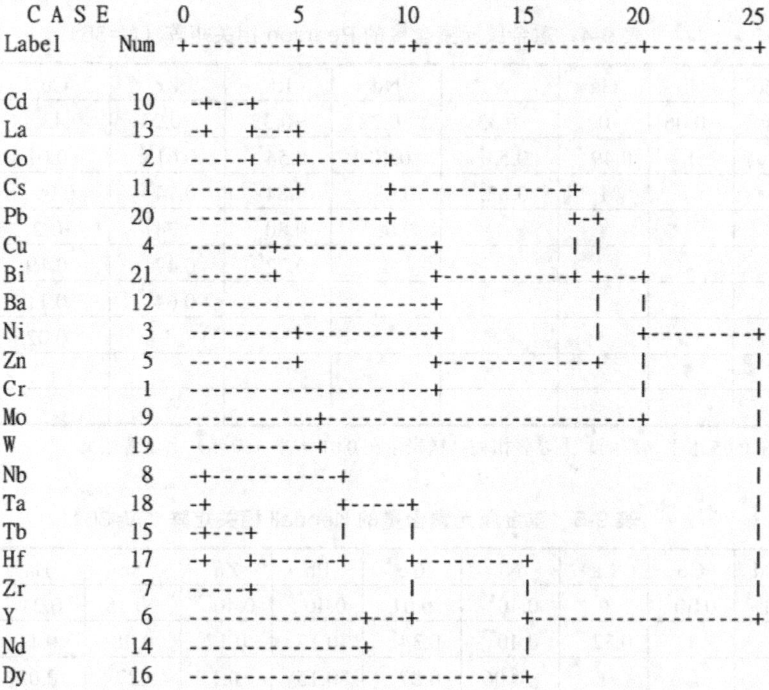

```
  C A S E       0         5         10        15        20        25
Label     Num   +---------+---------+---------+---------+---------+

Cd         10    -+---+
La         13    -+   +---+
Co          2    -----+   +-------+
Cs         11    ---------+       +---------------+
Pb         20    -----------------+               +-+
Cu          4    -------+-------------+           | |
Bi         21    -------+             +-----------+ +---+
Ba         12    ---------------------+             |   |
Ni          3    ---------+-----------+             |   +---------+
Zn          5    ---------+           +-------------+   |         |
Cr          1    ---------------------+                 |         |
Mo          9    -----------+---------------------------+         |
W          19    -----------+                                     |
Nb          8    -+-----------+                                   |
Ta         18    -+           +-----+                             |
Tb         15    -+---+       |     |                             |
Hf         17    -+   +-------+     +---------+                   |
Zr          7    -----+             |         |                   |
Y           6    ---------------+---+         +-------------------+
Nd         14    ---------------+             |
Dy         16    -----------------------------+
```

图 9-1　大气降尘金属元素树状聚类图

随后运用统计软件 SPSS 对北京大气降尘中 Cd、Mo、Nb、Ga、Co、Ni、Rb、V、Ce、Pb、Zr、Cr、Cu、Y、Nd、La、Zn、Sr、Ba 等 19 种主要金属元素（Cd、Mo 为常见微量金属，其余 17 种金属元素含量均大于 10 mg/kg）进行相关分析。用直方图对金属元素变量（Cd、Mo、Nb、Ga、Co、Y、Nd、La、Ni、Rb、V、Ce、Pb、Zr、Cr、Cu、Zn、Sr、Ba）进行正态分布检验发现，Mo、Nb、Ga、Y、Nd、Rb、V、Zr、Cu 呈正态分布。因此，对 Mo、Nb、Ga、Y、Nd、Rb、V、Zr、Cu 进行 Pearson 相关分析（表 9-4），对 Cd、Co、La、Ni、Ce、Pb、Zn、Sr、Ba、Cr 进行 Kendall 相关分析（表 9-5）。

表 9-4 重金属元素含量的 Pearson 相关矩阵（N=36）

	Mo	Nb	Ga	Y	Nd	Rb	Zr	Cu	V
Mo	1	−0.06	0	−0.33*	−0.28	−0.32	−0.24	0.43**	−0.17
Nb		1	0.49**	0.53**	0.40*	0.54**	0.61**	−0.01	0.44**
Ga			1	0.82**	0.63**	0.84**	0.74**	0.09	0.81**
Y				1	0.66**	0.80**	0.74**	−0.2	0.75**
Nd					1	0.72**	0.47**	−0.19	0.84**
Rb						1	0.64**	−0.11	0.73**
Zr							1	−0.02	0.59**
Cu								1	−0.07
V									1

注：*表示在 0.05 水平（双侧）上显著相关；**表示在 0.01 水平（双侧）上显著相关。

表 9-5 重金属元素含量的 Kendall 相关矩阵（N=36）

	Cd	Co	La	Ni	Ce	Pb	Zn	Sr	Ba	Cr
Cd	1	0.30*	0	0.40**	0.01	0.40**	0.40**	−0.15	0.24*	0.43**
Co		1	0.32**	0.40**	0.34**	0.17	0.17	0.08	0.11	0.45**
La			1	−0.06	0.87**	0.15	−0.11	0.27*	0.08	0.21
Ni				1	−0.08	0.23*	0.40**	−0.11	0.05	0.40**
Ce					1	0.12	−0.14	0.21	0.03	0.22
Pb						1	0.24*	0.11	0.34**	0.26*
Zn							1	0.08	0.22	0.31**
Sr								1	0.38**	0.06
Ba									1	0.29*
Cr										1

注：*表示在 0.05 水平（双侧）上显著相关；**表示在 0.01 水平（双侧）上显著相关。

从表 9-4 中可以看出，Mo 与 Cu 在置信度为 0.01 时极显著相关，Mo 与 Y 在置信度为 0.05 时显著负相关，Mo 与除 Y、Cu 外其他金属元素相关性不显著；Cu 与除 Mo 外其他金属元素相关性不显著；除 Mo、Cu 外其他金属元素两两之间，绝大部分在置信度为 0.01 时极显著相关(Nb 与 Nd 在置信度为 0.05 时显著相关)，这表明 Mo、Cu 与其他金属元素（Nb、Ga、Y、Nd、Rb、V、Zr）在来源上有很大差异。

从表 9-5 中可以看出，Co、La、Ce 两两之间在置信度为 0.01 时极显著相关；Cd、Ni、Pb、Zn、Cr 两两之间，绝大部分在置信度为 0.01 时极显著相关（Pb 分别与 Zn、Cr、Ni 在置信度为 0.05 时显著相关）；Sr 与 Ba 在置信度为 0.01 时极显著相关，说明 3 组金属元素（Co、La、Ce；Cd、Ni、Pb、Zn、Cr；Sr、Ba）分别来自 3 类不同的来源。

PCA 通过计算变量方差以及协方差矩阵的特征量，将多个原始环境变量通过降维转化成少数几个综合变量，从众多环境污染物中识别出起主导作用的成分，从而达到对环境污染物的信息进行集中和提取的目的，被广泛应用于大气降尘污染评价分析中。为研究北京大气降尘及其主要金属元素（Cd、Mo、Nb、Ga、Co、Y、Nd、La、Ni、Rb、V、Ce、Pb、Zr、Cr、Cu、Zn、Sr、Ba）的来源，对各金属元素含量进行了主成分因子分析，结果见表 9-6 和表 9-7。

表 9-6　主成分解释的总方差

成分	特征值	方差/%	累积/%
1	9.080	45.402	45.402
2	3.334	16.672	62.074
3	1.575	7.877	69.951
4	1.148	5.741	75.693

表 9-7　重金属元素的成分矩阵

元素		Cd	Mo	Nb	Ga	Co	Y	Nd	La	Rb
成分	1	0.75	−0.03	0.59	0.92	0.90	0.81	0.66	0.90	0.86
	2	0.58	0.73	−0.20	−0.11	0.25	−0.40	−0.47	0.22	−0.36
	3	−0.14	0.02	−0.09	0.01	0.10	0.22	0.18	−0.15	−0.03
	4	−0.15	0.00	0.07	0.13	−0.15	0.11	−0.14	−0.22	−0.03

元素		Ni	V	Ce	Zr	Pb	Cr	Cu	Sr	Zn	Ba
成分	1	0.22	0.82	0.87	0.68	0.55	0.10	0.13	0.88	0.11	0.21
	2	0.61	−0.26	0.14	−0.35	0.39	0.25	0.66	0.24	0.70	0.12
	3	0.57	0.21	−0.11	−0.03	−0.26	0.73	−0.40	−0.21	0.29	−0.41
	4	0.05	0.10	−0.30	0.44	−0.08	0.20	0.20	−0.12	0.24	0.73

从表 9-6 中的计算结果可以看出，提取的 4 个主成分可以解释原始变量 75%以上，代表了北京大气降尘及其重金属污染的主要来源。经过最大公差旋转后，各主成分的因子负荷矩阵见表 9-7。

从表 9-7 中可以看出，第一主成分主要由 Ga、La、Co、Sr、Ce、Rb、V、Y、Cd、Zr 和 Nd 构成，其因子负荷分别为 0.92、0.90、0.90、0.88、0.87、0.86、0.82、0.81、0.75、0.68、0.66；第二主成分主要由 Mo、Zn、Cu、Ni 和 Cd 构成，其因子负荷分别为 0.73、0.70、0.66、0.61 和 0.58；第三主成分主要由 Cr、Ni 构成，其因子负荷分别为 0.73、0.57；第四主成分主要由 Ba 构成，其因子负荷为 0.73。

由多元统计分析方法（聚类分析、Pearson 相关分析及 Kendall 相关分析、主成分分析等），并结合实地调查构建的典型污染端元重金属成分谱，研究发现第一主成分可以认为代表的是地壳来源[8]，包括道路再悬浮粉尘、建筑工地粉尘以及远程传输的尘埃；第二主成分可以认为代表的是化石燃烧源，如煤炭燃烧、汽车尾气排放、工业过程排放以及生物质燃烧[8]；第三主成分可以认为代表的是地表扬尘和汽车尾气排放的混合污染源[9]；而第四主成分主要代表的是地表扬尘。

通过以上分析，可以得出北京大气降尘重金属的局地污染源主要由地壳来源（包括道路扬尘、建筑粉尘和远程传输的尘埃）和化石燃料燃烧（汽车尾气排放、煤炭燃烧、生物质燃烧和工业过程）构成。

9.2 地表土对北京降尘重金属污染的影响

有关陆地生态系统（大气—水—土壤的循环体系）中重金属污染物的迁移累积规律的研究已成为当前环境科学领域研究的热点问题之一[10,11]。大气降尘是土壤重金属的主要来源之一，如汽车尾气排放的重金属铅等可以通过大气扩散、沉降等过程进入土壤环境中，造成地表土壤中重金属铅等的浓度显著升高。杨忠平等[12]研究发现，长春大气干湿沉降样品中重金属含量均明显高于土壤表层重金属的含量。在许多工业发达国家，大气沉降对土壤系统中的重金属累积贡献率排在各种外源输入因子中的首要位置。此外，英国的学者 Nicholson 等[13]研究发现，大气降尘是农田土壤中重金属的主要来源。

近年来，国内开始有学者关注大气降尘对土壤重金属的影响，并开展了相关研究。赖木收等[14]通过研究太原盆地的大气干湿沉降中重金属的含量分布特征，并计算各重金属的年输入通量，讨论了大气干湿沉降中重金属对土壤中重金属累积的影响，研究结果表明太原盆地每年随降尘降落到土壤中的重金属含量大小顺序为：Pb＞Cd＞Hg。邹海明等[15]研究了河南焦作不同区域大气降尘的污染状况，测定了大气降尘中 Hg、Cd、Pb 3 种重金属的含量，并计算出大气降尘对土壤重金属的年输入量；研究结果表明不同区域的大气污染状况与大气降尘输入土壤重金属的量的顺序基本一致，即矿区较高，近郊和市区次之，而远郊和公园最低。

Andersen 等[16]研究发现丹麦哥本哈根地区大气降尘重金属和土壤重金属浓度之间呈正相关。殷汉琴等[17]研究发现有色金属矿山城市安徽省铜陵市大气降尘对土壤中重金属 Cd 的输入通量较大，远高出合肥、马鞍山等城市。卢一富等[18]通过对铅冶炼企业周边大气降尘中 Pb、Cd、As 沉降量 1 个周期年的逐月监测，研究结果表明铅冶炼企业对周边大气降尘中 Pb、Cd、As 的含量影响显著；沉降量的时空分布与土壤污染分布现状基本一致，并且大气降尘中镉对土壤污染的速度最快，风险最大。依艳丽等[19]研究发现沈阳大气降尘中重金属铅的含量与表土重金属铅的含量呈极显著相关。魏兆轩等[20]研究了湘江下游农田土壤中重金属污染输入的途径及其影响程度，结果表明农田土壤中 Cd、As、Pb 等重金属主要以大气降尘的形式输入。目前，大气—土壤系统中重金属迁移转化特征及其机理的研究，大多局限于局部采样有限“点”的研究，而对于整个研究区域范围内“面”的研究很少。因此，很有必要开展研究区域范围内大气—土壤系统重金属立体污染的深入研究。

本节通过合理的空间采样（详见 2.2.1 节大气采样），在研究区内采集了 49 个大气降尘以及对应的土壤样品，进行了大气降尘以及土壤中主要重金属（Cd、Cr、Cu、Ni、Pb 和 Zn）的全量分析，分析了降尘重金属与地表土重金属的统计相关性，并利用 GIS 空间分析方法探讨了北京大气降尘与其对应的土壤环境中重金属的空间相关性。

9.2.1　地表土对降尘重金属 Cd、Cu、Ni、Zn 的影响

北京大气降尘重金属 Cd、Cu、Ni、Zn 的含量与地表土中对应重金属的含量值的相关分析结果如图 9-2 所示。由图 9-2 可知，大气降尘重金属 Cd、Cu、Ni、

Zn 与地表土中对应重金属具有很好的线性正相关：地表土中的 Ni 对降尘中的 Ni 有很好的线性关系，相关系数 R=0.866（R^2=0.75）；地表土中的 Cu 对降尘中的 Cu 有很好的线性关系，相关系数 R=0.92（R^2=0.846）；地表土中的 Zn 对降尘中的 Zn 有很好的线性关系，相关系数 R=0.904（R^2=0.818）；地表土 Cd 含量与降尘 Cd 含量具有很好的线性关系，相关系数 R=0.805（R^2=0.648）。

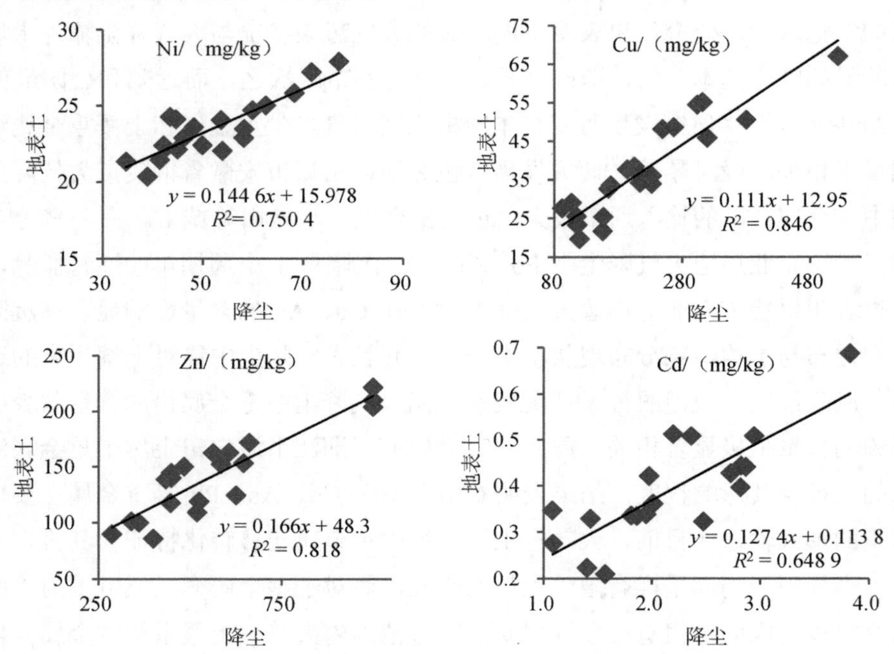

图 9-2　地表土重金属 Cd、Cu、Ni、Zn 与降尘重金属的相关分析

本研究在上述统计相关分析的基础上，根据 5.4 节介绍的交叉验证法选用 ArcGIS 10.1 软件中 GIS 地统计模块中的最优空间插值方法，分别对北京大气降尘重金属 Cd、Cu、Ni、Zn 样本数据以及同步采样的地表土重金属样本数据进行地统计插值，得到北京降尘和地表土中重金属 Cd、Cu、Ni、Zn 的空间分布图，如图 9-3～图 9-6 所示。

从图 9-3 中可以看出，总体上重金属 Cd 在地表土中的空间格局与其在大气降尘中的分布格局呈正相关，即大气降尘中重金属 Cd 含量高的地区（如海淀区中部、东城区等），往往也是其在地表土中含量的高值区。

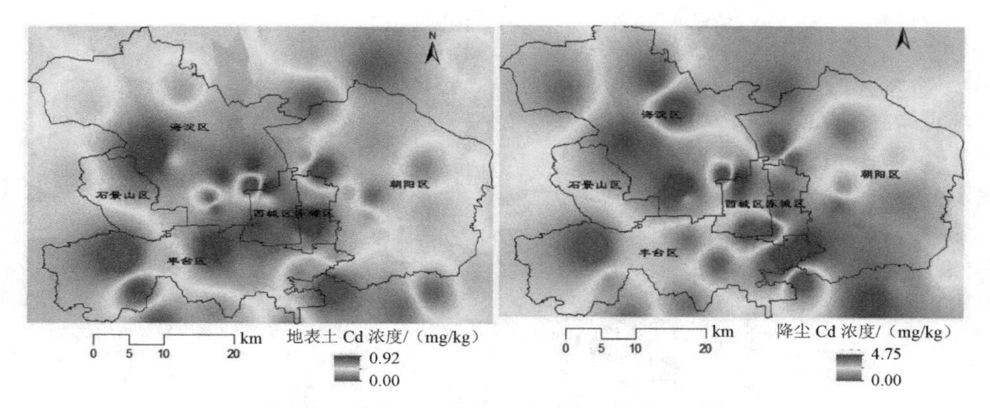

图 9-3　地表土与降尘重金属 Cd 的空间分布

从图 9-4 可以看出，总体上重金属 Cu 在地表土中的空间分布格局与在降尘中的格局呈部分正相关，即降尘中重金属 Cu 含量低的地区，往往其在地表土中的含量也比较低；但重金属 Cu 在地表土中的高值区分布与在降尘中的格局有差异，相关度不高。

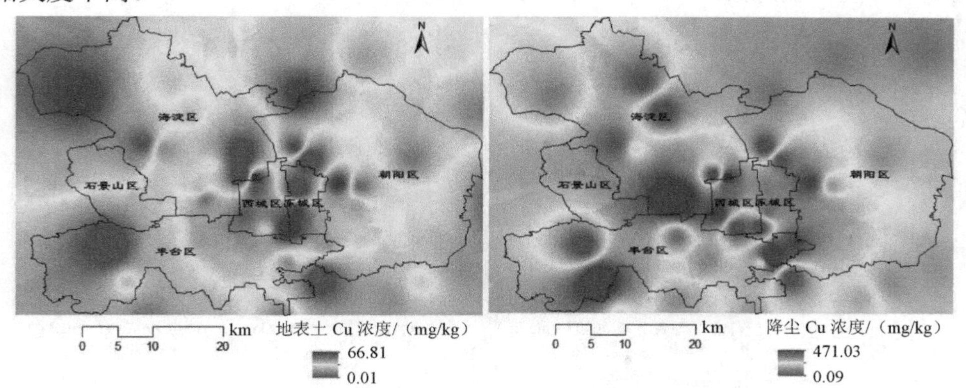

图 9-4　地表土与降尘重金属 Cu 的空间分布

从图 9-5 中可以看出，总体上重金属 Ni 在地表土中的空间分布格局与在降尘中的格局呈部分正相关，即降尘中重金属 Ni 含量低的地区，往往其在地表土中的含量也比较低；但重金属 Ni 在地表土中的高值区分布与在降尘中的格局有差异，相关度不高。

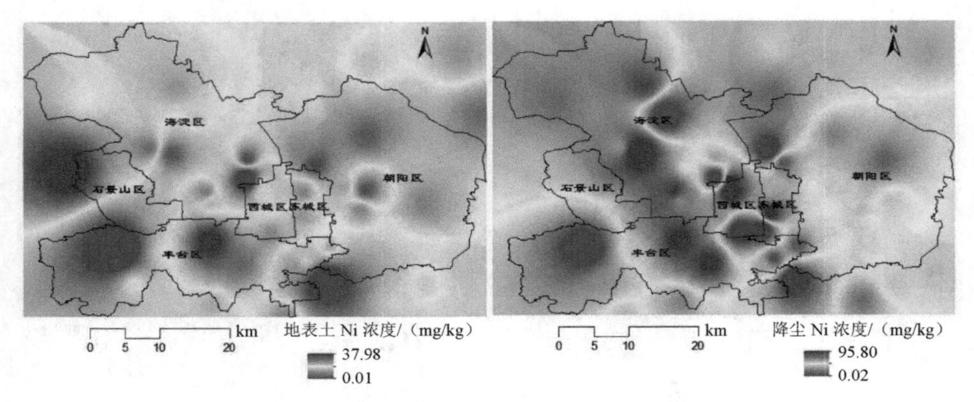

图 9-5　地表土与降尘重金属 Ni 的空间分布

从图 9-6 可以看出，总体上重金属 Zn 在地表土中的空间分布格局与在降尘中的格局相关度不高，降尘中重金属 Zn 主要在朝阳区呈现“连片”的面状污染，在东城区和西城区基本无高值区，而在地表土中主要在东城区、西城区以及海淀区呈“零星”状污染。

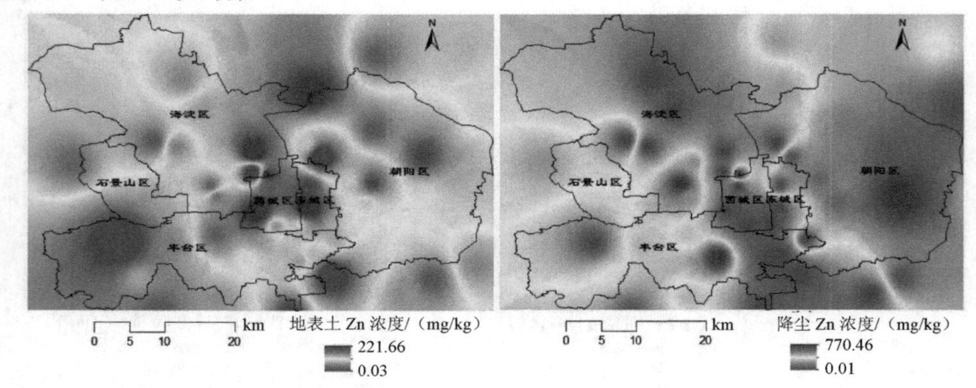

图 9-6　地表土与降尘重金属 Zn 的空间分布

为进一步定量化对地表土与降尘重金属的空间相关性，对北京地表土中重金属 Cd、Cu、Ni、Zn 与降尘中对应重金属的地理加权回归（GWR）模型的局部 R^2 值进行了可视化，如图 9-7～图 9-10 所示。

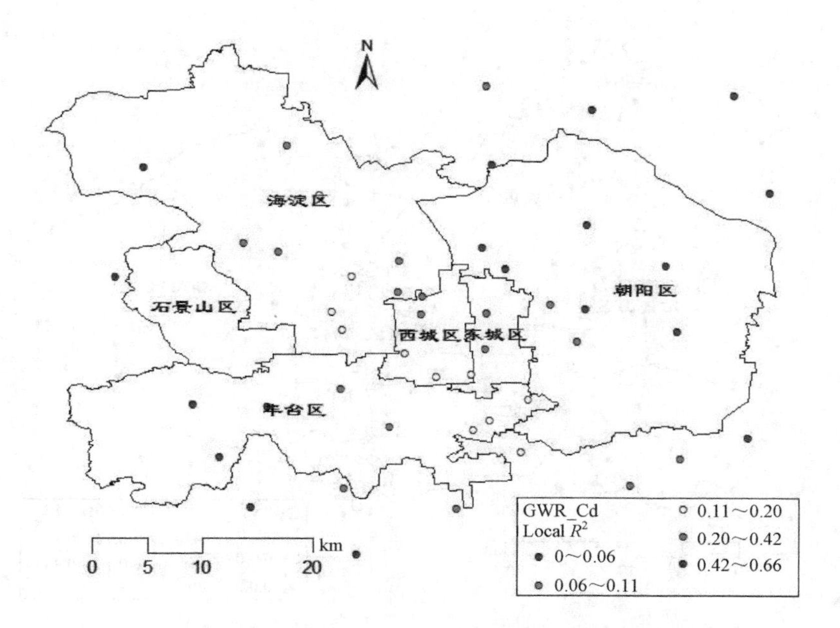

图 9-7　地表土 Cd 与降尘 Cd 的 GWR 模型局部 R^2 值可视化

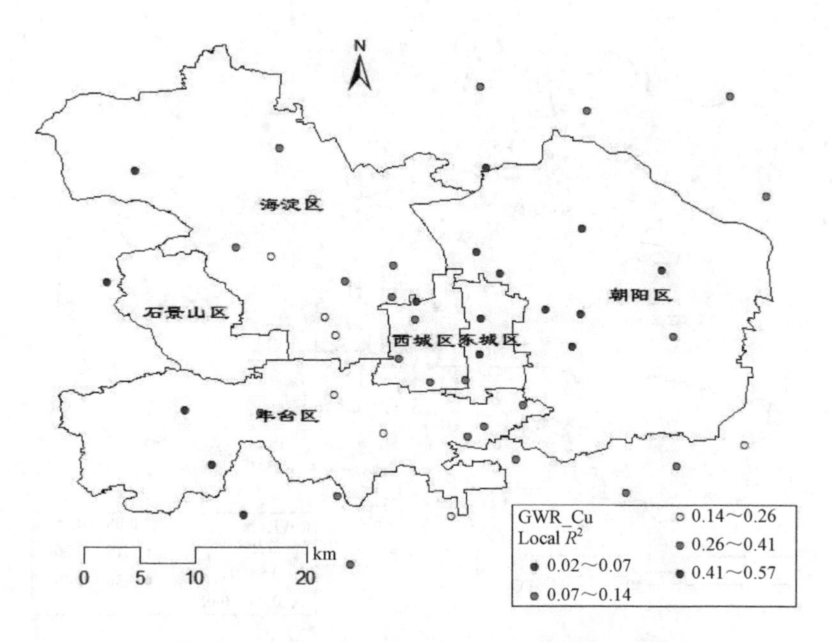

图 9-8　地表土 Cu 与降尘 Cu 的 GWR 模型局部 R^2 值可视化

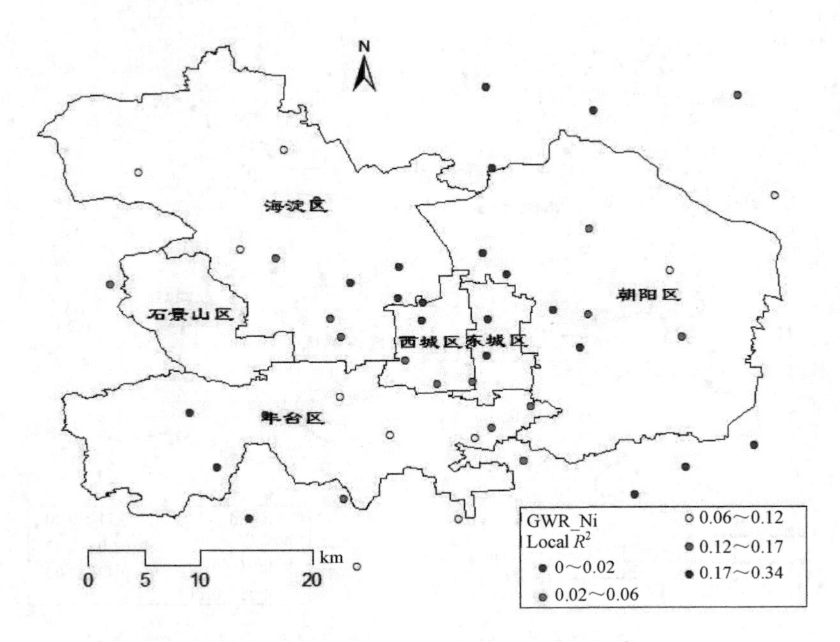

图 9-9 地表土 Ni 与降尘 Ni 的 GWR 模型局部 R^2 值可视化

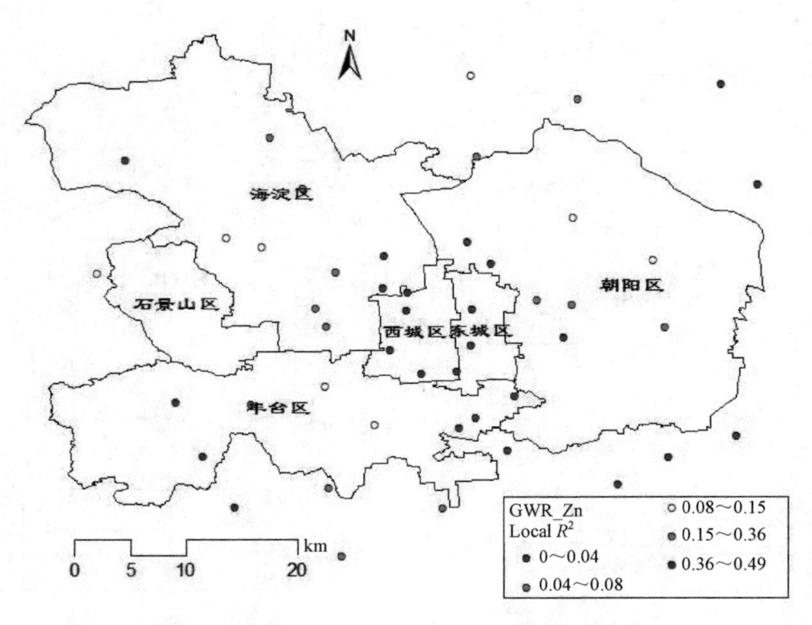

图 9-10 地表土 Zn 与降尘 Zn 的 GWR 模型局部 R^2 值可视化

9.2.2　地表土对降尘重金属 Cr、Pb 的影响

北京大气降尘重金属 Cr、Pb 的含量与地表土中对应重金属的含量值的相关分析结果如图 9-11 所示。由图 9-11 可知，降尘重金属 Cr、Pb 与地表土中对应重金属不具有线性正相关，即地表土中的 Cr 与降尘中的 Cr 有很好的线性负相关，相关系数 R=0.83（R^2=0.689）；地表土中的 Pb 与降尘中的 Pb 的线性关系有明显的离群点，相关关系具有不确定性。

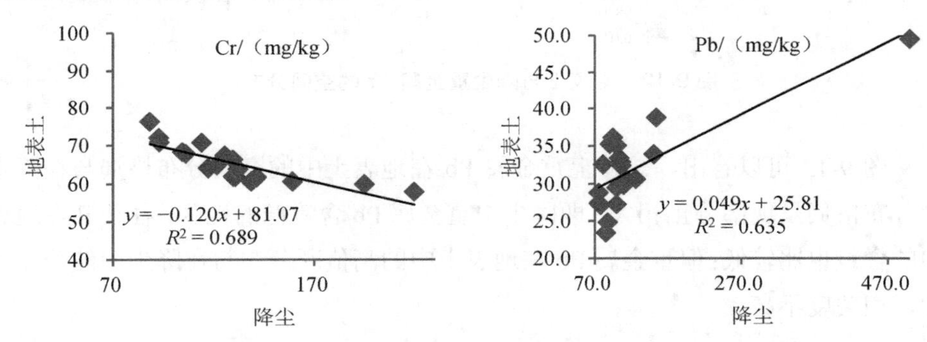

图 9-11　地表土重金属 Cr、Pb 与降尘重金属的相关分析

本研究在上述统计相关分析的基础上，根据 5.4 节介绍的交叉验证法选用 ArcGIS 10.1 软件中 GIS 地统计模块中的最优空间插值方法，分别对北京大气降尘重金属 Cr、Pb 样本数据以及同步采样的地表土重金属样本数据进行地统计插值，得到北京大气降尘和地表土中重金属 Cr、Pb 的空间分布图，如图 9-12、图 9-13 所示。

从图 9-12 中可以看出，总体上重金属 Cr 在地表土中的空间分布格局与在降尘中的格局呈典型的负相关，即降尘中重金属 Cr 含量高的地区，其在地表土中的含量反而比较低；而降尘中重金属 Cr 含量低的地区，则是地表土重金属 Cr 含量高的地区。

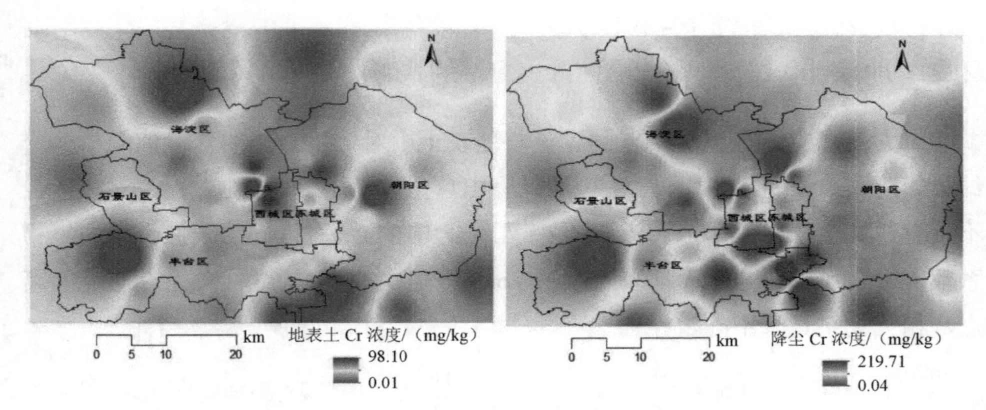

图 9-12 地表土与降尘重金属 Cr 的空间分布

从图 9-13 可以看出，总体上重金属 Pb 在地表土中的空间分布格局与在降尘中的分布格局呈现部分正相关，即降尘中重金属 Pb 含量低的地区，往往其在地表土中的含量也比较低；但重金属 Pb 在地表土中的高值区分布与在降尘中的分布有差异，相关度不高。

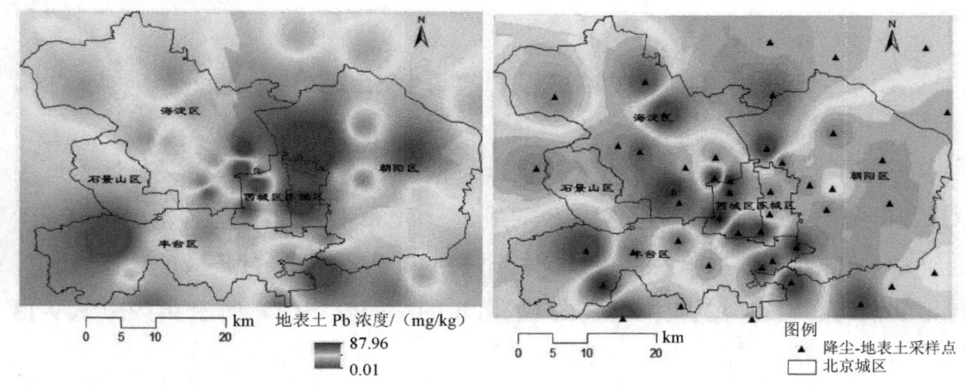

图 9-13 地表土与降尘重金属 Pb 的空间分布

本研究对北京地表土中重金属 Cr、Pb 与降尘中对应重金属的地理加权回归（GWR）模型的局部 R^2 值进行了可视化，如图 9-14、图 9-15 所示。

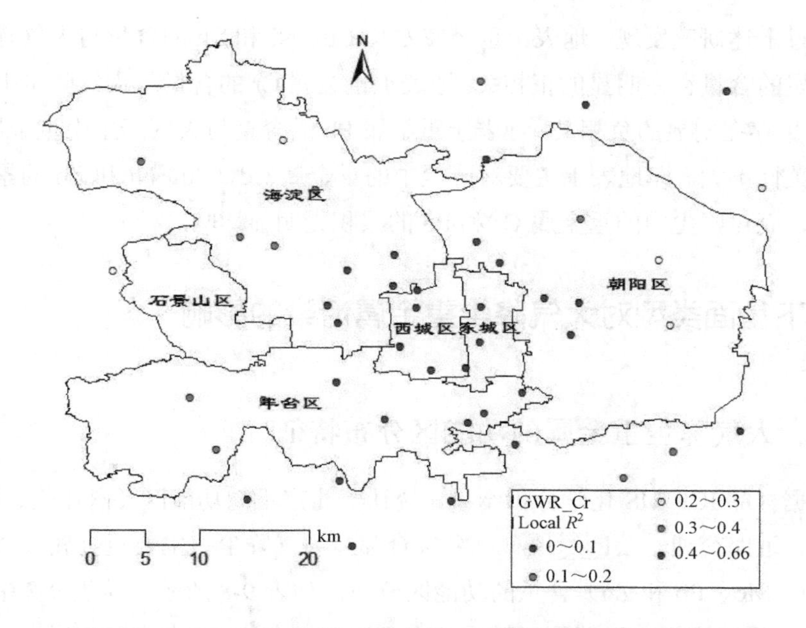

图 9-14　地表土 Cr 与降尘 Cr 的 GWR 模型局部 R^2 值可视化

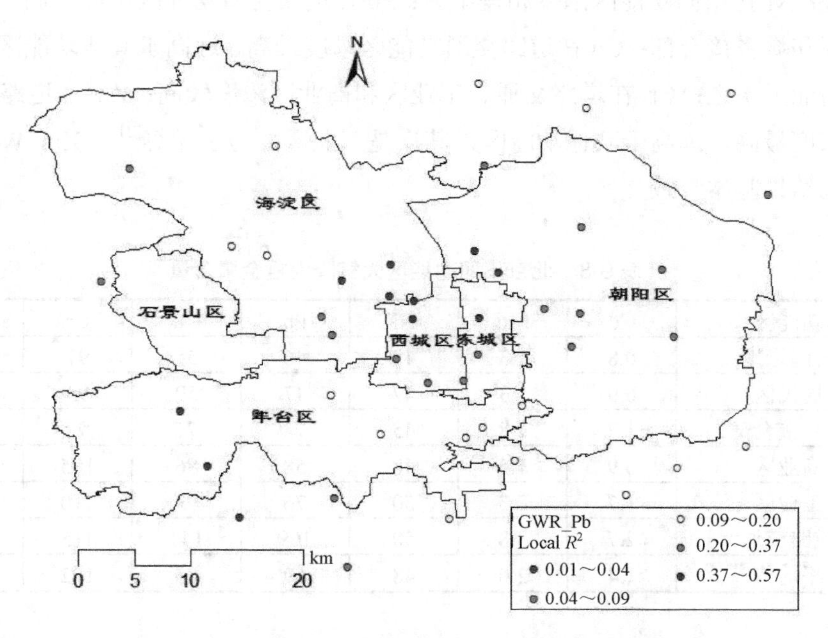

图 9-15　地表土 Pb 与降尘 Pb 的 GWR 模型局部 R^2 值可视化

通过上述研究发现，地表土重金属 Cd、Cu、Ni 和 Zn 的含量与大气降尘中对应重金属的含量存在明显的正相关；地表土重金属 Cr 的含量与大气降尘中重金属 Cr 的含量存在明显的负相关；地表土重金属 Pb 的含量与大气降尘中重金属 Pb 的含量相关性不大。即地表土主要对降尘中的重金属 Cd、Cu、Ni 和 Zn 的累积有重要影响，而对降尘中的重金属 Cr 和 Pb 的累积无明显影响。

9.3 下垫面类型对大气降尘重金属污染的影响

9.3.1 大气降尘重金属的功能区分布特征

根据样品 ICP-MS 化学分析结果，统计了北京不同功能区（商业区、居民区、工业区、道路交通、公园绿地和城乡接合部）大气降尘中主要重金属（Cr、Ni、Cd、Cu、Mo、Pb 和 Zn）含量的功能区分布，如表 9-8 所示。从表 9-8 中可以看出，Cd 在道路交通、工业区和城乡接合部浓度较高；Mo 在道路交通、工业区浓度较高；Ni 在不同功能区浓度相差不大；Pb 在道路交通功能区浓度最高，其次是工业区和城乡接合部；Cu 在道路交通功能区浓度最高，远高于其他功能区，工业区和商业区次之；Cr 在道路交通、工业区和商业区浓度较高；Zn 在道路交通功能区浓度最高，远高于其他功能区，其次是工业区，与于洋等[21]、Xin Wei 等[22]的研究结果基本一致。

表 9-8 北京不同功能区大气降尘重金属含量　　单位：mg/kg

功能区	Cd	Mo	Ni	Pb	Cu	Cr	Zn
公园绿地	0.8	1.3	48	46	55	91	162
居民区	0.9	1.3	47	47	59	93	232
城乡接合部	1.7	1.8	45	75	77	97	292
商业区	0.9	1.5	48	58	86	105	196
工业区	1.7	2.3	50	76	93	110	403
道路交通	2.7	3.8	50	109	141	115	710
平均值	1.4	2.0	48	69	85	102	333

9.3.2　下垫面类型与大气降尘重金属的相关性

（1）北京下垫面类型遥感提取

下垫面土地利用类型对大气污染具有重要影响[23]。为深入分析土地利用类型与降尘重金属污染间相互作用，本研究以 2013 年 12 月 19 日获取的 30 m 分辨率的北京地区 Landsat TM8 影像为数据源，利用 PCI 软件，采用 IsoData（Iterative Self-Orgnizing Data AnalysizeTechnique）非监督分类方法，对北京土地利用信息进行遥感的解译。IsoData 算法是一种已经整合到迭代分类算法中的全面的启发式过程，是 *k*-均值聚类算法的改进，包括：①如果类在多光谱特征空间中的分离距离小于用户初始定义的阈值，那么将这些类合并；②将单个类划分成两个类的规则。IsoData 迭代过程如图 9-16 所示。

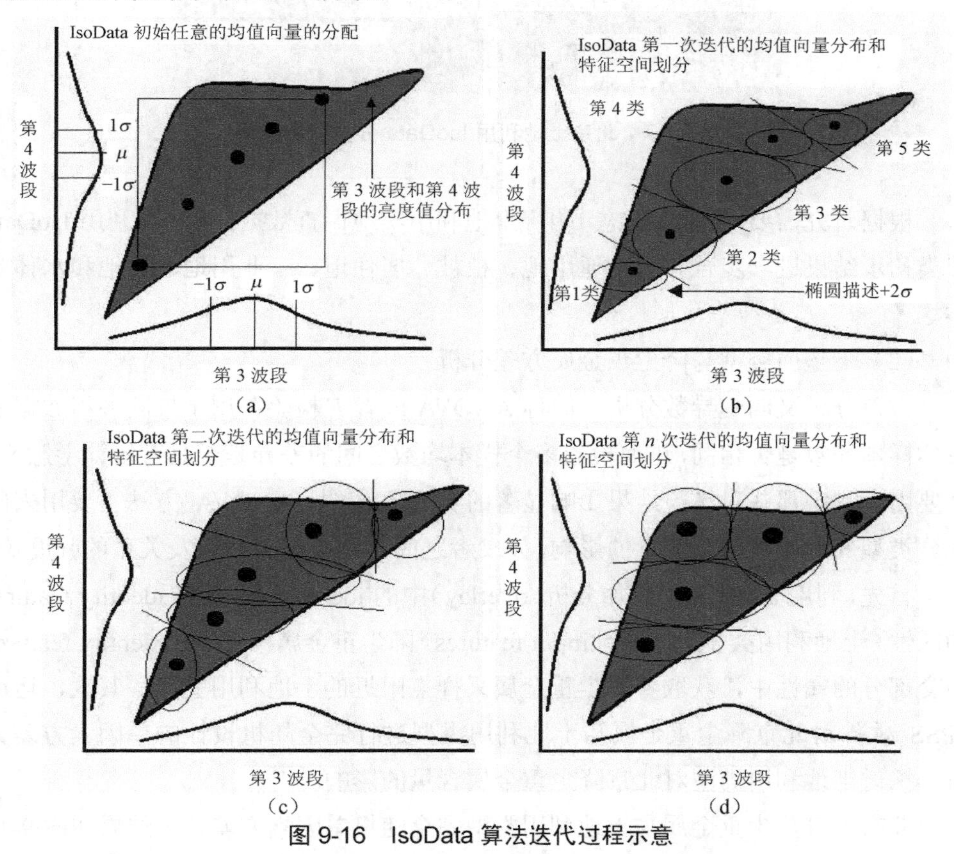

图 9-16　IsoData 算法迭代过程示意

IsoData 初步分类结果如图 9-17 所示。

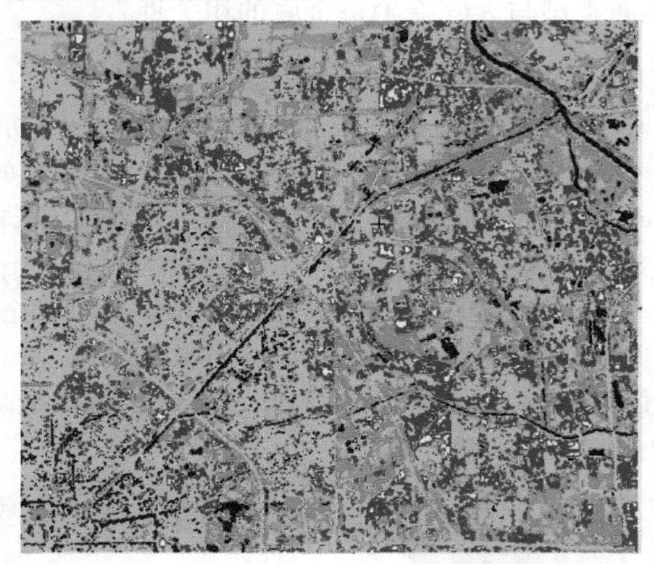

图 9-17　北京土地利用 IsoData 分类初步结果

根据研究需要，结合“生态十年”土地利用实地调查数据，把土地利用 IsoData 分类初步结果进一步合并为交通用地、植被、居住地、工业用地、裸地和水体等 6 类。

（2）下垫面类型与降尘重金属方差分析

方差分析又叫变异数分析，简称 ANOVA 或者 *F* 检验；用于推断多组数据的总体样本均数是否相同，进而检验多个样本均数之间的差异是否具有统计学意义，主要用来测定那些对实验结果影响显著的实验条件[24]。ANOVA 方法主要用来研究分类型变量对数值型变量的影响，如二者之间是否存在关系以及关系的强度等。

首先，利用 ArcGIS 中叠加分析（overlay）中的 identity 工具，将 identity features 的属性（土地利用类型）追加到 input features（降尘重金属样点）与 identity features 相交部分的属性中，获取各降尘重金属采样点附近的土地利用类型。其次，运用 SPSS 软件对北京降尘重金属与土地利用类型进行完全随机设计的单因素方差分析，探讨土地利用类型对北京降尘重金属含量的影响。

北京大气降尘重金属与土地利用类型完全随机单因素方差分析结果如图 9-18

和表 9-9、表 9-10 所示。

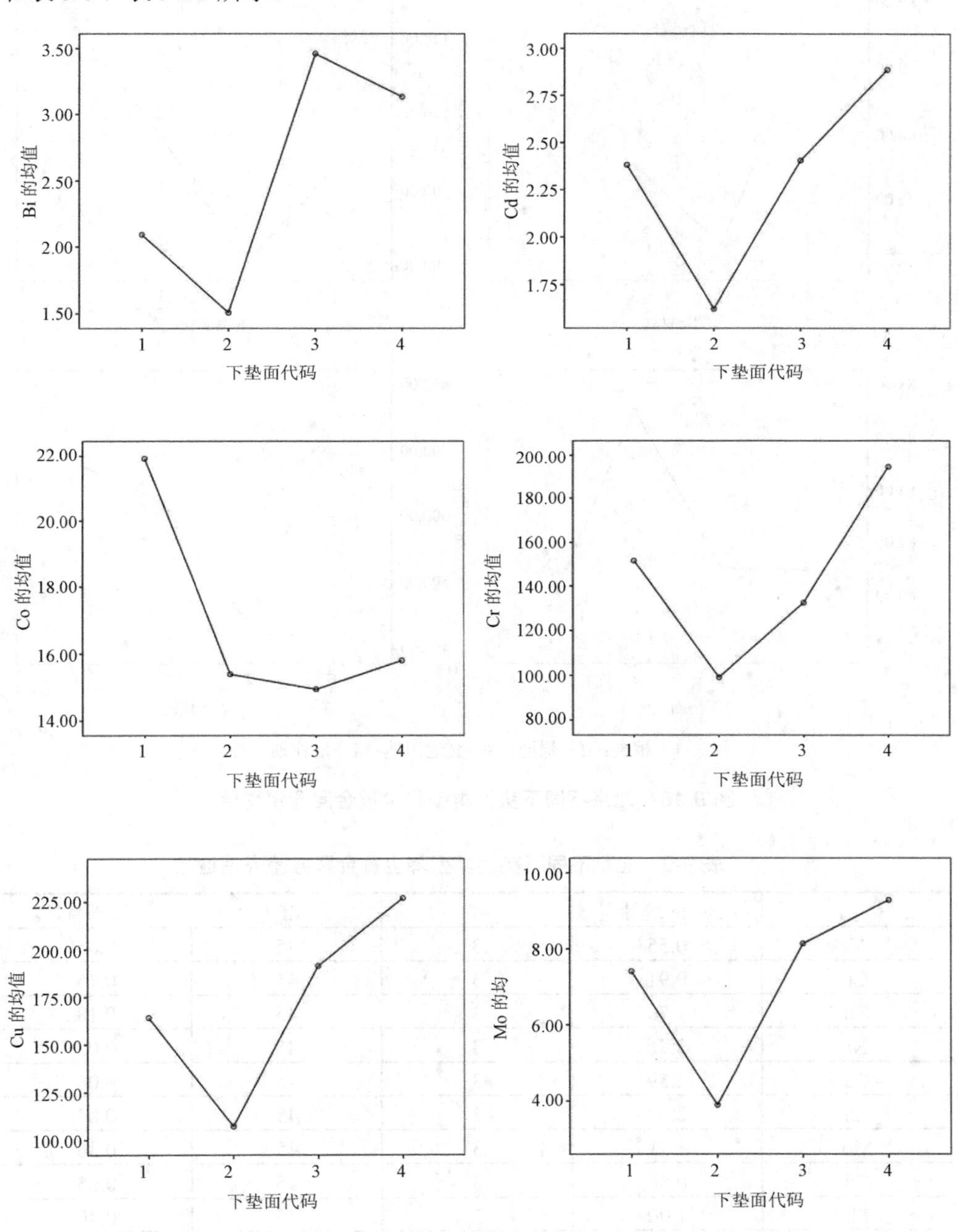
Bi 的均值
3.50
3.00
2.50
2.00
1.50
1
2
3
4
下垫面代码
Cd 的均值
3.00
2.75
2.50
2.25
2.00
1.75
1
2
3
4
下垫面代码
Co 的均值
22.00
20.00
18.00
16.00
14.00
1
2
3
4
下垫面代码
Cr 的均值
200.00
180.00
160.00
140.00
120.00
100.00
80.00
1
2
3
4
下垫面代码
Cu 的均值
225.00
200.00
175.00
150.00
125.00
100.00
1
2
3
4
下垫面代码
Mo 的均
10.00
8.00
6.00
4.00
1
2
3
4
下垫面代码

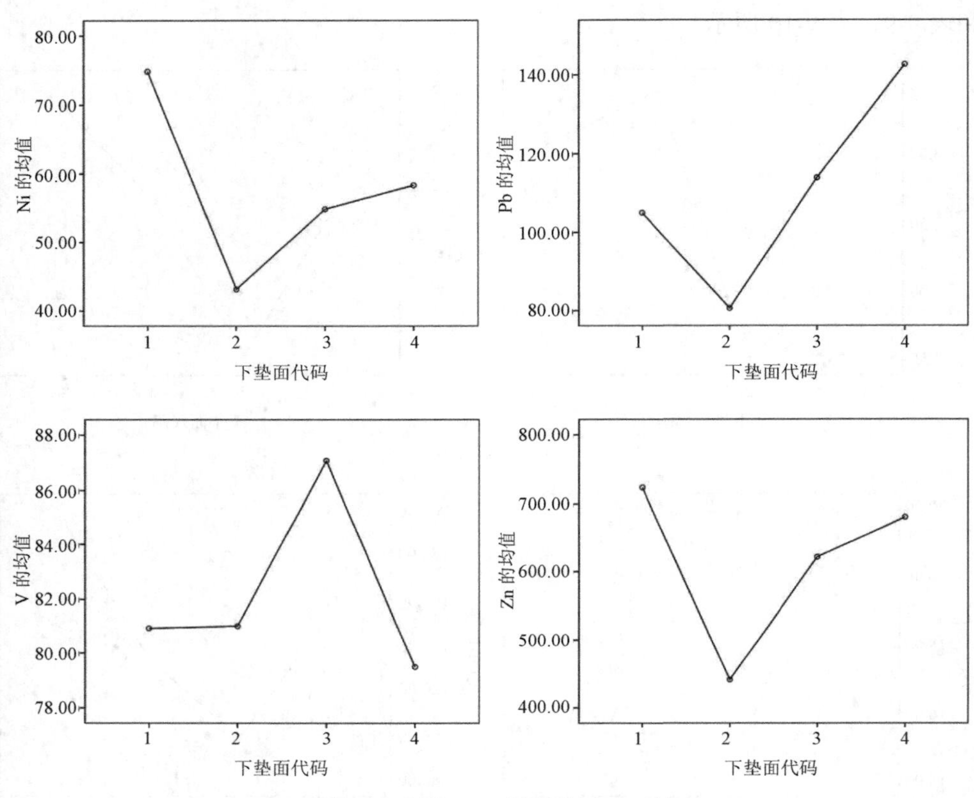

1—植被；2—裸地；3—交通用地；4—居住地

图 9-18 北京不同下垫面类型降尘重金属含量均值

表 9-9 北京不同下垫面类型降尘重金属方差齐性检验

	Levene 统计量	df_1	df_2	显著性
V	0.55	3	45	0.65
Cr	0.91	3	45	0.45
Co	1.73	3	45	0.18
Ni	3.76	3	45	0.02
Cu	2.59	3	45	0.06
Zn	2.92	3	45	0.04
Mo	1.11	3	45	0.36
Cd	0.56	3	45	0.65
Pb	1.00	3	45	0.40
Bi	2.65	3	45	0.06

表 9-10　北京不同下垫面类型降尘重金属 ANOVA 表

		平方和	df	均方	*F*	显著性
V * 下垫面类型	组间（组合）	337.04	3	112.35	0.75	0.53
	组内	6 765.37	45	150.34		
	总计	7 102.41	48			
Cr * 下垫面类型	组间（组合）	44 929.21	3	14 976.40	0.28	0.84
	组内	2 379 249.73	45	52 872.22		
	总计	2 424 178.94	48			
Co * 下垫面类型	组间（组合）	115.71	3	38.57	1.23	0.31
	组内	1 407.49	45	31.28		
	总计	1 523.20	48			
Ni * 下垫面类型	组间（组合）	1 590.07	3	530.02	2.05	0.12
	组内	11 615.00	45	258.11		
	总计	13 205.08	48			
Cu * 下垫面类型	组间（组合）	50 828.19	3	16 942.73	1.55	0.21
	组内	490 848.15	45	10 907.74		
	总计	541 676.34	48			
Zn * 下垫面类型	组间（组合）	182 304.68	3	60 768.23	0.88	0.46
	组内	3 094 388.97	45	68 764.20		
	总计	3 276 693.65	48			
Mo * 下垫面类型	组间（组合）	88.64	3	29.55	0.94	0.43
	组内	1 417.05	45	31.49		
	总计	1 505.69	48			
Cd * 下垫面类型	组间（组合）	5.66	3	1.89	0.54	0.66
	组内	156.18	45	3.47		
	总计	161.83	48			
Pb * 下垫面类型	组间（组合）	16 473.69	3	5 491.23	0.55	0.65
	组内	452 063.38	45	10 045.85		
	总计	468 537.08	48			
Bi * 下垫面类型	组间（组合）	11.29	3	3.76	1.14	0.34
	组内	148.04	45	3.29		
	总计	159.33	48			

9.4 区域传输对大气降尘重金属污染的影响

9.4.1 降尘重金属区域传输点实测数据对比分析

为研究区域传输对北京大气降尘重金属污染的影响，本研究选取京津冀地区的典型城市进行了大气降尘同步采样（具体采样时间及细节如 2.2.2 节所述）。共选取京津冀区域上的采样点数据 22 个，其中河北、天津 12 个，北京 10 个（涿州东、涿州西、保定东、保定西、石家庄南、石家庄北、沧州南、沧州北、天津南、天津北、廊坊东、廊坊西、北京东城、北京西城、北京朝阳、北京石景山、北京海淀、北京昌平、北京顺义、北京大兴、北京房山、北京丰台）。

基于京津冀区域大气降尘样品中重金属含量的 ICP-MS 分析结果，统计了京津冀典型城市大气降尘重金属含量均值，如表 9-11 和图 9-19 所示。

表 9-11 京津冀大气降尘重金属元素统计　　单位：mg/kg

城市	经度/（°）	纬度/（°）	V	Cr	Co	Ni	Cu	Zn	Mo	Cd	Pb	Bi
涿州	116.0	39.5	86.0	103.9	14.6	60.4	127.6	602.6	10.6	2.1	111.9	2.3
保定	115.5	38.9	94.2	102.2	17.9	45.6	132.8	776.7	14.4	5.4	348.2	2.7
石家庄	114.5	38.1	76.1	127.6	14.9	75.2	237.3	694.1	5.7	2.6	113.3	1.7
沧州	116.8	38.3	84.9	113.1	15.2	58.1	94.3	499.9	5.3	2.8	132.7	2.2
天津	117.0	38.9	71.3	137.1	16.7	58.0	127.1	671.0	5.6	3.0	131.4	2.4
廊坊	116.7	39.6	84.5	146.7	15.4	53.9	104.5	594.2	7.1	2.6	118.6	2.4
北京	116.3	40.0	81.9	130.1	16.6	54.8	169.1	584.8	6.8	2.0	147.5	2.4

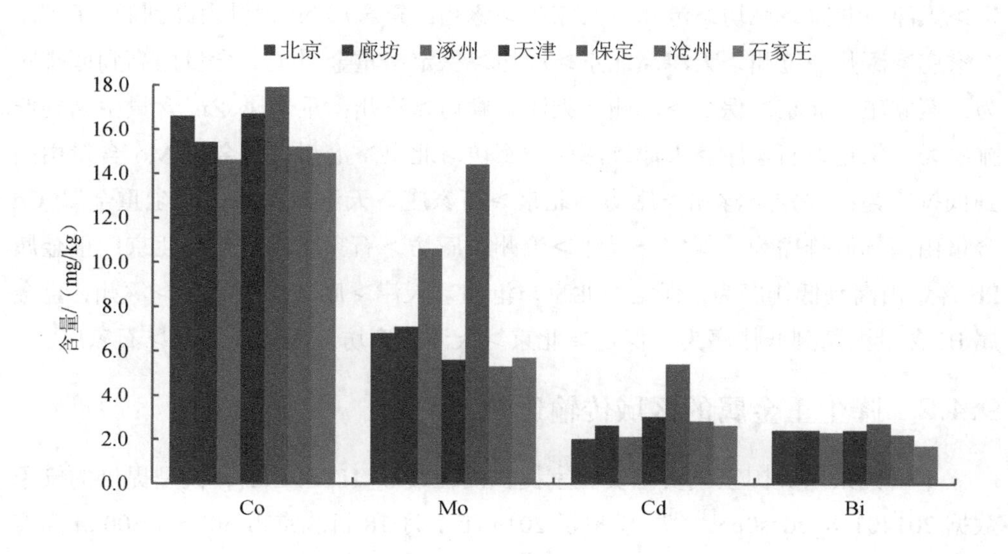

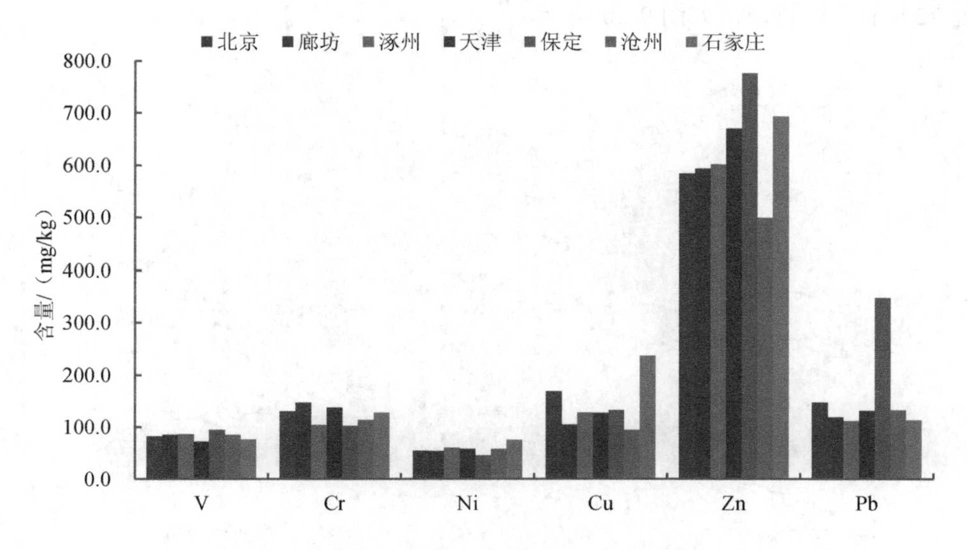

图 9-19　京津冀大气降尘重金属区域差异

从统计图表中可以看出，重金属 V 含量由高到低排序为：保定＞涿州＞沧州＞廊坊＞北京＞石家庄＞天津；降尘重金属 Cr 的含量由高到低排序为：廊坊＞天津＞北京＞石家庄＞沧州＞涿州＞保定；重金属 Co 的含量由高到低排序：保定＞天津＞北京＞廊坊＞沧州＞石家庄＞涿州；重金属 Ni 含量由高到低排序为：石家庄＞涿州＞沧州＞天津＞北京＞廊坊＞保定；重金属 Cu 含量由高到低排序为：石家庄＞北京＞保定＞涿州＞天津＞廊坊＞沧州；重金属 Zn 含量由高到低排序为：保定＞石家庄＞天津＞涿州＞廊坊＞北京＞沧州；重金属 Mo 含量由高到低排序为：保定＞涿州＞廊坊＞北京＞石家庄＞天津＞沧州；降尘重金属 Cd 含量由高到低排序为：保定＞天津＞沧州＞廊坊＞石家庄＞涿州＞北京；重金属 Pb 含量由高到低排序为：保定＞北京＞沧州＞天津＞廊坊＞石家庄＞涿州；重金属 Bi 含量由高到低排序为：保定＞北京＞天津＞廊坊＞涿州＞沧州＞石家庄。

9.4.2 降尘重金属的区域传输影响

本研究采用美国空气资源实验室提供的在线版 HYSPLIT-4 模型提供的气象数据 20140118_gdas0p5[25,26]，模拟了 2014 年 1 月 18 日北京市 500～1 500 m 高度处 72 h 的后向轨迹，如图 9-20 所示。

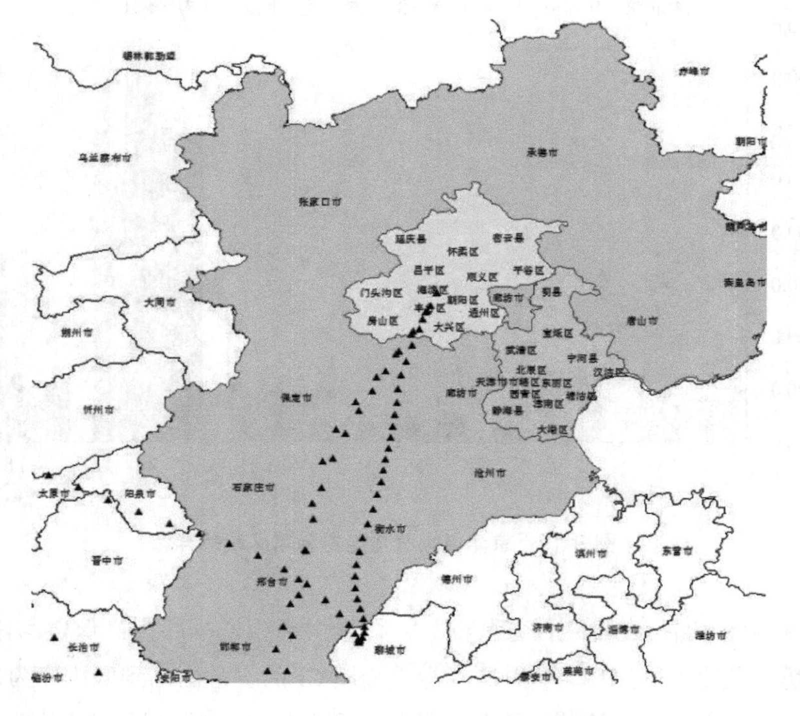

图 9-20　北京 500 m 高度处 72 h 后向轨迹

图 9-20 为 2014 年 1 月 18 日上午 8 时（对应为 UTC 00：00），向后回推 3 天的模拟轨迹图。向后轨迹模拟分析显示，1 月 17 日上午 8 时—1 月 18 日上午 8 时时段大气污染主要受南部和西南部气流的影响，南部的污染气团从山东聊城到河北衡水经保定到达北京中西部地区，西南部的污染气团从河北邯郸、邢台、石家庄经保定到达北京中西部地区。其中 500 m 高度、500～1 000 m 高度以及 1 000～1 500 m 高度处的大气污染物主要来自河北南部的邯郸、邢台、衡水、石家庄等，经过河南中部的保定、廊坊到达北京市境内。1 月 16 日，1 000 m 高度的气流变化不大。

9.5　本章小结

（1）多元统计分析（聚类分析、Pearson 相关分析、Kendall 相关分析以及主成分分析）结合污染端元重金属成分谱分析结果表明，北京大气降尘重金属的来源主要由地壳来源（包括道路扬尘、建筑粉尘和远程传输的尘埃）和化石燃料燃烧（汽车尾气排放、煤炭燃烧、生物质燃烧和工业过程）构成。

（2）北京及周边各污染端元显著因子识别结果表明，重金属 Cd、Sb 和 Ba 为建筑尘的极显著因子；重金属 Cd、Zn、Pb 和 Sb 为钢铁尘的极显著因子；重金属 Cd、Sb 和 Ba 为汽车尘的极显著因子；重金属 Zn、Cd、Sb、Pb、Ni、Ba 和 Mo 为化工尘的极显著因子；重金属 Cd、Sb、Ni、Mo 和 Ba 为煤渣的极显著因子；重金属 Cd、Zn、Sb 和 Ba 为燃煤尘的极显著因子；重金属 Cd、Sb、Zn、Pb、Cu 和 Cr 为水泥尘的极显著因子；重金属 Cd、Sb 和 Ba 为工业尘的极显著因子；重金属 Cd、Sb、Cu、Zn、Cr、Ba、Pb 和 Ni 为工业混合尘的极显著因子。

（3）从区域实测数据对比以及 HYSPLIT-4 模型区域传输模拟的结果来看，北京大气降尘中的重金属 Cu、Pb 和 Bi 主要受到局地污染源排放的影响，而区域传输的影响较弱；而 Zn、Cd、V、Cr、Co、Ni 和 Mo 除了受局地污染源排放影响外，还受一定的周边区域传输影响，尤其是北京南边（石家庄、保定方向）污染气团的传输影响。

（4）北京大气降尘重金属与北京地表土重金属在统计上具有较好的相关性。地表土中的主要重金属 Cr、Ni、Cu、Zn、Cd 和 Pb 均对降尘中相应的同一种重金属具有较好的线性关系，相关系数 R^2 分别达到 0.689、0.75、0.846、0.818、0.648 和 0.635。

（5）北京大气降尘和地表土中重金属 Cr、Ni、Cu、Cd 和 Pb 在空间上呈现一定的相关性。其中，重金属 Cd 在地表土中的空间分布格局与在降尘中的格局呈正相关；重金属 Cr 在地表土中的空间分布格局与在降尘中的格局呈典型的负相关；而重金属 Cu、Ni 和 Pb 在地表土中的空间格局与在大气降尘中的分布格局呈部分正相关。

（6）北京大气降尘重金属 Cd、Cu、Cr、Mo、Pb 和 Zn 在交通用地的含量最高，其次是工业用地，而绿地含量最低。

参考文献

[1] 杨丽萍，陈发虎. 兰州市大气降尘污染物来源研究[J]. 环境科学学报，2002，4：499-502.

[2] 陈圆圆，孙小静，王军，等. 上海市宝山区大气降尘污染时空变化特征[J]. 环境化学，2009，6：859-863.

[3] 谢玉静，朱继业，王腊春. 合肥市大气降尘粒度特征及污染物来源[J]. 城市环境与城市生态，2008，1：30-33.

[4] 张海珍，任泉，魏疆，等. 乌鲁木齐市不同区域大气降尘中重金属污染及来源分析[J]. 环境污染与防治，2014，8：19-23.

[5] 庞绪贵，王晓梅，代杰瑞，等. 济南市大气降尘地球化学特征及污染端元研究[J]. 中国地质，2014，1：285-293.

[6] 王琦. 合肥市近地表降尘重金属污染风险识别及风险评估研究[D]. 南京：南京大学，2012.

[7] 中国环境监测总站. 中国土壤元素背景值[M]. 北京：中国环境科学出版社，1990.

[8] SONG S J，WU Y，JIANG J K，et al. Chemical characteristics of size-resolved $PM_{2.5}$ at a roadside environment in Beijing，China[J]. Environmental Pollution，2012，161：215-221.

[9] GAO J J，TIAN H Z，CHENG K，et al. Seasonal and spatial variation of trace elements in multi-size airborne particulate matters of Beijing，China：Mass concentration，enrichment characteristics，source apportionment，chemical speciation and bioavailability[J]. Atmospheric Environment，2014，99：257-265.

[10] 戴凌骏. 贵阳城市表层土壤与降尘重金属规律研究[D]. 贵阳：贵州师范大学，2016.

[11] 赵珂. 大气降尘对土壤重金属累积量估算方法探讨——以重庆市綦江县永新冶炼厂为例[J]. 环境科学与管理，2007，11：55-58.

[12] 杨忠平，卢文喜，龙玉桥. 长春市城区重金属大气干湿降尘特征[J]. 环境科学研究，2009，22（1）：28-34.

[13] NICHOLSON F A，SMITH S R，ALLOWAY B J，et al. An inventory of heavy metals inputs to agricultural soils in England and Wales[J]. Science of the Total Environment，2003（311）：205-219.

[14] 赖木收，杨忠芳，王洪翠，等. 太原盆地农田区大气降尘对土壤重金属元素累积的影响及其来源探讨[J]. 地质通报，2008，2：240-245.

[15] 邹海明，李粉茹，官楠，等. 大气中 TSP 和降尘对土壤重金属累积的影响[J]. 中国农学通报，2006，5：393-395.

[16] ANDERSEN A，HOVMAND M F，JOHNSEN I. Atmospheric heavy metal deposition in the Copenhagen area[J]. Environmental Metal Pollution，1970（2）：133-151.

[17] 殷汉琴，周涛发，陈永宁，等. 铜陵市大气降尘中 Cd 元素污染特征及其对土壤的影响[J]. 地质论评，2011，2：218-222.

[18] 卢一富，邱坤艳. 铅冶炼企业周边大气降尘中铅、镉、砷量及其对土壤的影响[J]. 环境监测管理与技术，2014，3：60-63.

[19] 依艳丽，王义，张大庚，等. 沈阳城市土壤—旱柳—降尘系统中铅、镉的分布迁移特征研究[J]. 土壤通报，2010，6：1466-1470.

[20] 魏兆轩，张建新. 湘江下游农田土壤重金属污染输入途径及影响程度探析[J]. 国土资源导刊，2015，4：67-69.

[21] 于洋，马俊花，宋宁宁，等. 北京市地表灰尘中 Cu 的分布及健康风险评价[J]. 生态毒理学报，2014，4：744-750.

[22] WEI X，GAO B，WANG P，et al. Pollution characteristics and health risk assessment of heavy metals in street dusts from different functional areas in Beijing，China[J]. Ecotoxicology and Environmental Safety，2015，112：186-192.

[23] TOWNSHEND J R G，JUSTICE C O. Towards Operational Monitoring of Terrestrial Systems by Moderate-resolution Remote Sensing[J]. Remote Sensing of Environment，2002，83：

351-359.

[24] 施夏蓉，杨聪斌，洪清华. 基于 Taguchi 和 ANOVA 方法的 HPLC 中药成分检测实验优化设计[J]. 海峡药学，2008，8：45-47.

[25] 王茜. 利用轨迹模式研究上海大气污染的输送来源[J]. 环境科学研究，2013，26（4）：357-363.

[26] ZHANG Y W，ZHANG X Y，ZHANG Y M，et al. Significant concentration changes of Chemical components of PM_1 in the Yangtze River Delta area of China and the implication for the formation mechanism of heavy haze-fog pollution[J]. Science of the Total Environment，2015，538：7-15.

附　录

大气降尘、可吸入颗粒物和细颗粒物的区别与联系

近年来，随着公众环保意识的提高，大气污染、水污染和土壤污染等成为人们关注的热点。其中，空气是每一个人赖以生存的基础，所以大气环境问题就成为普通百姓关注的焦点，尤其是大气颗粒物污染问题。由于暴露于大气中的物质复杂多样，影响大气颗粒物浓度变化的因素众多，因此大气颗粒物溯源一直是地理科学、大气科学、化学、环境科学等学科研究的热点和难点。大气降尘、可吸入颗粒物和细颗粒物是大气环境中常见的 3 种颗粒物，它们之间既有区别又有联系。

首先，根据颗粒物粒径的差异，大气中颗粒物可分为总悬浮颗粒物、可吸入颗粒物和细颗粒物。总悬浮颗粒物是指悬浮在空气中的、空气动力学当量直径≤100 μm 的颗粒物，简称 TSP；大气降尘是总悬浮颗粒物中粒径较大（空气动力学当量直径通常＞10 μm）、依靠自身重力自然降落于地面的颗粒物；可吸入颗粒物是指空气动力学当量直径≤10 μm 的颗粒物，简称 PM_{10}；细颗粒物则是指空气动力学当量直径≤2.5 μm 的颗粒物，简称 $PM_{2.5}$。

可以看出，大气颗粒物统称总悬浮颗粒物，粒径较粗（＞10 μm）的部分受重力影响明显，以降尘形式降落于地表，可以反映大气颗粒物的自然沉降量，具有重要的环境指示意义；粒径较细（PM_{10}）的部分，在气象条件不利时，可以长时间悬浮于近地面上空并可被人体吸入，沉积在呼吸道等部位，从而引发身体不适，其中 $PM_{2.5}$ 是主要的致霾粒子，由于其颗粒粒径小，比表面积大，可携带有毒有害物质，通过呼吸等作用进入血液，并存留于肺部深处，对人体危害较大。

其次，大气中 3 种颗粒物的化学组分和来源既相似又有差异。大气降尘主要由一次土壤颗粒、地表沉积物等矿物颗粒以及烟尘颗粒等组成，它的来源受局地

污染排放（如周边燃煤、工业生产、建筑扬尘、交通等）和本地土壤颗粒源的影响较大。而可吸入颗粒物（PM_{10}）及细颗粒物（$PM_{2.5}$）的化学组分中除一次矿物颗粒和烟尘颗粒外，还有有机物、硝酸盐、硫酸盐和铵盐等二次气溶胶粒子；它们既来源于机动车、燃煤、工业生产、扬尘等局地污染排放，又有区域传输的贡献。

灰霾是指悬浮在大气中的大量微小尘粒、烟粒或盐粒的集合体，使空气浑浊，水平能见度降低到 10 km 以下的一种天气现象。$PM_{2.5}$ 是灰霾天能见度降低的主要原因。大气降尘中的重金属主要来自地壳元素和局地排放（燃煤活动、汽车尾气排放、工业活动等），而 $PM_{2.5}$ 中的重金属多来自机动车排放、煤燃烧、冶金及机械制造等；近期大气降尘重金属的研究成果，仅说明北京大气降尘中重金属的污染状况，但是 $PM_{2.5}$ 中的重金属含量如何、是否超标还有待进一步研究。此外，无论是大气降尘，还是可吸入颗粒物、细颗粒物，其所含的重金属被吸入人体后，都会对人体健康产生影响，但其危害的大小与吸入量、暴露途径及暴露时间均有密切关系。

后　记

本专著在博士论文的基础上，经过反复修改与完善，终于画上了句号。为了两年前定的一个“小目标”——工作后出版自己的博士论文研究成果，我克服困难，全力准备书稿的相关撰写工作，并积极寻求出版经费资助。在本书即将付梓之际，我要感谢本书写作和出版期间，默默支持和帮助我的家人、同事和亲朋好友。

首先，要感谢我的博士生导师赵文吉教授对我博士论文的悉心指导，让我逐渐找到搞研究、做学问的兴趣。6 年来赵老师在学业上给予我的鞭策和勉励，生活上对我的关心和照顾，我感激不尽。我的博士论文从选题、实验设计到开题，再到撰写与修改，每一步都是赵老师严格把关、耐心指导。还要感谢首都师范大学大气颗粒物课题组的大力支持，感谢束同同、陈凡涛、郑晓霞等师弟师妹在实验采样工作中给予我的支持和帮助。

其次，感谢父母和家人。谢谢你们克服家庭经济上的困难，二十多年如一日地支持我在学业上奋进。因为在学校准备博士论文修改和毕业答辩，我没能陪伴在爱人身边，谢谢她最大限度地信任、包容、理解和支持我，让我无后顾之忧，专心完成学业！谢谢父母给了我生命，并教会我历尽生活的艰辛与磨难仍要微笑面对，不放弃、不屈服。你们永远是我成长和进步的精神动力！

此外，也要感谢中国环境出版集团的曹玮编辑。虽未曾谋面，但是曹编辑的热心和责任心打动了我，让我放心地把本专著的出版工作托付给她。本书的编辑、校稿正是在曹编辑的全程参与和指导下得以按期高质量地完成。

最后，感谢东华理工大学测绘科学与技术一流学科等经费对本专著的资助。本专著是我作为东华理工大学的研究人员，基于博士期间的研究成果整理撰写出来的，获得了东华理工大学测绘科学与技术一流学科等的资助，在此表示感谢。

熊秋林

写于东华理工大学南昌校本部广兰校区

2021 年 3 月 31 日